空间微波遥感研究与应用丛书

星载主动微波遥感云和降水技术与应用

陈洪滨　尹红刚　何文英　著

科学出版社
北京

内 容 简 介

本书从云和降水物理学和微波雷达探测原理出发，系统地介绍当代星载微波降水和云雷达的技术与特点，包括热带降雨测量卫星上在轨工作近 20 年的单频降水雷达（TRMM PR）、2014 年发射的全球降水测量卫星上双频降水雷达（GPM DPR）、2006 年发射的云卫星上单频云廓线雷达（CloudSat CPR）、即将发射的欧洲地球监测云卫星上的双频多普勒云雷达（EearthCARE CPR），以及我国正在研发的风云气象卫星上的双频降水雷达。书中给出星载降水和云雷达各级产品生成的步骤和主要算法，读者可以了解不同产品的应用方向。最后，对星载降水和云雷达的技术与应用进行了展望。

本书可供大气微波遥感领域的科技人员、全球降水资料业务应用人员（包括云和降水物理研究者、天气分析和预报工作者和气候变化研究者等）以及高等院校相关专业的师生阅读使用。

图书在版编目（CIP）数据

星载主动微波遥感云和降水技术与应用 / 陈洪滨，尹红刚，何文英著. —北京：科学出版社，2020.6

（空间微波遥感研究与应用丛书）

ISBN 978-7-03-065273-7

Ⅰ. ①星… Ⅱ. ①陈… ②尹… ③何… Ⅲ. ①星载雷达-测云雷达-研究 Ⅳ. ①TN959.4

中国版本图书馆 CIP 数据核字（2020）第 090562 号

责任编辑：彭胜潮 / 责任校对：何艳萍
责任印制：肖 兴 / 封面设计：黄华斌

科学出版社 出版
北京东黄城根北街 16 号
邮政编码：100717
http：//www.sciencep.com

中国科学院印刷厂 印刷

科学出版社发行 各地新华书店经销

*

2020 年 6 月第 一 版 开本：787×1092 1/16
2020 年 6 月第一次印刷 印张：13 3/4
字数：326 000

定价：138.00 元

《空间微波遥感研究与应用丛书》
编　委　会

丛　书　序

空间遥感从光学影像开始，经过对水汽特别敏感的多光谱红外辐射遥感，发展到了全天时、全天候的微波被动与主动遥感。被动遥感获取电磁辐射值，主动遥感获取电磁回波。遥感数据与图像不仅是获得这些测量值，而是通过这些测量值，反演重构数据图像中内含的天地海目标多类、多尺度、多维度的特征信息，进而形成科学知识与应用，这就是“遥感——遥远感知”的实质含义。因此，空间遥感从各类星载遥感器的研制与运行到天地海目标精细定量信息的智能获取，是一项综合交叉的高科技领域。

在20世纪七八十年代，中国的微波遥感从最早的微波辐射计研制、雷达技术观测应用等开始，开展了大气与地表的微波遥感研究。1992年作为“九五”规划之一，我国第一个具有微波遥感能力的风云气象卫星三号A星开始前期预研，多通道微波被动遥感信息获取的基础研究也已经开始。当时，我们与美国早先已运行的星载微波遥感差距大概是30年。

自20世纪“863”高技术计划开始，合成孔径雷达的微波主动遥感技术调研和研制开始启动。

自2000年之后，中国空间遥感技术得到了十分迅速的发展。中国的风云气象卫星、海洋遥感卫星、环境遥感卫星等微波遥感技术相继发展，覆盖了可见光、红外、微波多个频段通道，包括星载高光谱成像仪、微波辐射计、散射计、高度计、高分辨率合成孔径成像雷达等被动与主动遥感星载有效载荷。空间微波遥感信息获取与处理的基础研究和业务应用得到了迅速发展，在国际上已占据了十分显著的地位。

现在，我国已有了相当大规模的航天遥感计划，包括气象、海洋、资源、环境与减灾、军事侦察、测绘导航、行星探测等空间遥感应用。

我国气象与海洋卫星近期将包括星载新型降水测量与风场测量雷达、新型多通道微波辐射计等多种主被动新一代微波遥感载荷，具有更为精细通道与精细时空分辨率，多计划综合连续地获取大气、海洋及自然灾害监测、大气水圈动力过程等遥感数据信息，以及全球变化的多维遥感信息。

中国高分辨率米级与亚米级多极化多模式合成孔径成像雷达 SAR 也在相当迅速地发展，在一些主要的技术指标上日益接近国际先进水平。干涉、多星、宽幅、全极化、高分辨率SAR都在立项发展中。

我国正在建成陆地、海洋、大气三大卫星系列，实现多种观测技术优化组合的高效全球观测和数据信息获取能力。空间微波遥感信息获取与处理的基础理论与应用方法也得到了全面的发展，逐步占据了世界先进行列。

如果说，21世纪前十多年中国的遥感技术正在追赶世界先进水平，那么正在到来的二三十年将是与世界先进水平全面的“平跑与领跑”研究的开始。

为了及时总结我国在空间微波遥感领域的研究成果，促进我国科技工作者在该领域研究与应用水平的不断提高，我们编撰了《空间微波遥感研究与应用丛书》。可喜的是，丛书的大部分作者都是在近十多年里涌现出来的中国青年学者，取得了很好的研究成果，值得总结与提高。

我们希望，这套丛书以高质量、高品位向国内外遥感科技界展示与交流，百尺竿头，更进一步，为伟大的中国梦的实现贡献力量。

主编：**姜景山**（中国工程院院士　中国科学院国家空间科学中心）
吴一戎（中国科学院院士　中国科学院电子学研究所）
金亚秋（中国科学院院士　复旦大学）

2017 年 6 月 10 日

前　言

过去20多年，随着搭载降水和云测量雷达的几颗卫星成功发射升空，它们在轨观测为我们提供了大量的遥感数据，半个世纪几代科学家的持续努力有了丰厚的回报。同时，空间主动遥感云和降水的技术与应用研究发展很快，呈现出大量的研究文献和一些著作。我们编写本书的目的，是想通过对大量文献和书籍的调研梳理，结合我们自己的一些工作积累，对空间主动遥感云和降水领域做一简明的、专业与科普兼容的介绍，使有关学者，尤其是年轻学者、工程技术人员和研究生在阅读本书后，对此领域能够有快速和较全面的了解，有利于促进有关技术的研发与资料的应用。

本书由陈洪滨、何文英和尹红刚三人执笔撰写：陈洪滨撰写第1章、第2章、第6章和第8章大部分；何文英撰写第3章和第4章；尹红刚撰写第5章和第7章；三人合写第8章和第9章。初稿完成后，三人一起统稿、润色。

复旦大学金亚秋院士倡议和指导了本书的撰写，没有他的鼓励和鞭策，本书很难按计划完成。我们的同事施红蓉博士、彭亮博士、滕玉鹏、常越和潘继东等帮助绘制部分图表。科学出版社对全书做了十分专业和细致的编辑与审校。在此一并表示衷心的感谢。

本书出版得到国家重点研发计划“超大城市垂直综合气象观测技术研究及试验”(2017YFC1501700)、“近海台风立体协同观测科学试验”(2018YFC1506401)和国家自然科学基金项目(No 41627808，No 41575033)、国防科工局“十三五”项目子课题“云雨测量雷达数据处理算法研究”等多项国家和相关部委项目的资助。

最后，我们要说，由于作者的知识面和研究水平有限，本书中难免有不全和不当之处，热忱地欢迎读者批评指正。

作　者

2019年9月国庆节前于北京

目　录

第1章 概　　论

1.1 引　　言

云和降水是全球水和能量循环中的重要环节，在天气和气候变化中起着举足轻重的作用。云和降水不仅是天气现象，其异常变化也是气候变化的指示，反过来也影响区域气候。为了改进天气预报精度和减少气候预测的不确定性，需要使用多种技术手段对全球的云和降水分布进行高时空分辨率的监测。

卫星遥感是获取全球范围地球环境参数的主要技术。卫星可见光、红外和微波成像仪的被动遥感反演，可以得到云量、云光学厚度(cloud optical depth, COD)、云液态水路径(liquid water path, LWP)、降水范围和强度等要素。早在1982年，世界气象组织(World Meteorology Organization, WMO)和国际科学协会理事会(International Council of Scientific Unions, ICSU)共同发起并建立了国际卫星云气候计划(the international satellite cloud climatology project, ISCCP)，它是世界气候研究计划(world climate research project, WCRP)的一个重要组成部分，目的是通过收集和分析卫星辐射观测资料获取全球的云分布，包括云的日变化、季节变化和年际变化特征。目前可获得的云参数包括云量(总云量、高中低云的云量、8种不同云型的云量)、云顶温度、云顶气压、云光学厚度和平均云水路径等。详细信息见https://isccp.giss.nasa.gov/。全球降水气候计划(the global precipitation climatology project, GPCP)也是WCRP的一部分，旨在联合使用地面雨量计、卫星观测和探空资料来定量给出全球范围的降水分布特征，目前可获得资料有：全球范围2.5°×2.5°的月平均降水资料(1979年至今)和全球范围1°×1°的日平均降水资料(1996年至今)，见https://www.gewex.org/data-sets-global-precipitation-climatology- project-gpcp/。

应该注意到，地理不均匀分布的地面站点和短期的飞机观测不能实时提供覆盖全球范围的云和降水资料，卫星可见光、红外和微波被动遥感不能准确提供云和降水垂直结构及微物理特性信息。由于微波尤其是低频微波对云层有很强的穿透性，微波雷达具有较高的径向(垂直)分辨率，因此扫描式主动微波遥感技术可以提供降水和非降水云体或云系的三维立体信息，这有助于我们了解云内水成物的分布结构及其演变特征，有助于构建更为实际的云场和降水场，为数值模式模拟提供验证资料或初始场与同化资料，从而改进数值天气模式预报和气候模式预测的准确性。

为了更好地了解星载主动微波遥感云和降水的原理和技术，本章首先介绍作为遥感对象的云和降水的一些基本知识，接着介绍空间主动微波遥感云和降水的历史。

1.2 云的介绍

全球50%以上的天空为各色各样的云所覆盖，某些地区(例如中国的西南地区)的天空常年为云遮盖的时间可以大于90%。

云按其出现的高度和形态分为四族十类，四族云分别是高云、中云、低云和直展云。一般，低云位于2 km以下，中云位于2～6 km，高云位于6 km之上，但具体高度范围还与纬度和季节有关。直展云又叫对流云，是在较强的上升气流作用下形成的，一般其垂直尺度与水平尺度相当。与对流云对应的是层状云，其水平尺度远大于垂直尺度。

云的水平尺度差异很大，从几百米的云块、一二十千米的云团到上千千米的云系。云的垂直厚度差异也很大，从一二百米量级厚度的薄云到十多公里的深厚对流云。

高中低云可以单独出现，也可以同时出现；单层云出现的频数一般不大于总云数的1/3。现有观测资料分析表明，高低云出现的频数要大于中云。此外，极地平流层云(polar stratospheric clouds, PSCs)和在85 km高度附近出现的中间层云(又称夜光云)，通常不在天气学和气象学研究范围之内。

云的形成一般需要空气中有云凝结核(cloud condensation nuclei, CCN)或冰核(ice nuclei, IN)、过饱和水汽和一定的上升运动。空气块上升膨胀降温，到一定高度(例如抬升凝结高度)过饱和水汽在凝结核或冰核上集聚，逐渐长大形成云粒子(云液滴或冰粒)；众多云粒子存在于某层大气中就形成云。

根据云中温度和粒子相态，又分为暖云(水云)、冷云(冰云)和混合相态云(图1.1)。

图1.1　三类云的示意图

暖云(包括暖雾)，就是整个云层的高度都在大气 0 ℃层高度以下，其整层温度都高于 0 ℃，所以由液态小云滴组成。暖云多出现在热带地区和夏季中纬度地区。

冷云，也称作高云，云层的高度都在 0 ℃高度以上，所以由固态粒子(冰晶和未降落的雪花)组成。

混合相态云，其云层跨越大气 0 ℃层高度上下，通常其下部是液滴，云上部是冰晶雪花，而 0 ℃层上下则是混合相态粒子。在混合相态云的中上部往往存在过冷水滴。在冬季产生冻雨的混合云是“三明治”结构，即云上下部是冰晶雪花，而在中下部有一液水粒子层。还有，在地面温度低于 0 ℃的极地地区和冬季，一些混合相态云的底部是固态粒子，而中上部是过冷水滴层。

液态云粒子是球形的，而固态粒子会展现出不同的形状：球形、柱形、板状、针状和枝状等及几种粒子的粘连体。除了需要知道云中含水量(单位：g/m^3)外，还需要知道单位体积中云粒子的大小分布，即云粒子谱(droplet size distribution, DSD)。云粒子谱通常由机载云粒子仪穿云飞行测量，一些高山云雾站的“地面”测量也给出了有价值的结果。液态云粒子尺寸一般从几微米到十几微米，固态粒子从几微米到几十微米。一般，将粒子直径大于 100 μm 的水成物定义为降水粒子。

虽然云的不同部位和发展阶段的云粒子谱千差万别，但大量测量结果的统计平均显示，云粒子谱一般可以用修正伽马分布(modified-Gamma distribution)表达，即云内某处单位体积内大小粒子数密度 $n(D)$ 可表达为

$$n(D) = aD^{\alpha}e^{-\gamma D} \tag{1.1}$$

式中，D 是粒子直径；参数 a 决定总数目；α 和 γ 共同决定大小粒子的比例和谱宽度。当粒子为非球形时，一般将其简化为相同体积的球形粒子。

也有研究人员使用对数-正态分布(log-normal distribution)描述云粒子谱，介绍从略。当云中尤其是混合云中存在多种云粒子形成条件时，可用两个或多个修正伽马分布来描述。

1.3　降水云的结构与特征

云中不同的水成物，当其尺寸和质量大到一定程度后可以克服上升气流的举力，在重力作用下下降至地面就成为降水。降水强度定义为单位时间(例如 1 分钟或 1 小时)落在单位面积的降水量，其单位通常用 mm/h。在气象台站和水文站点，降水强度通常使用自动雨量计来测量，一定时间的累积就给出这段时间的总降水(雨)量，例如 6 小时或 24 小时的降水量。现在部分台站部署了一维或二维雨滴谱仪，同时测量降水粒子数浓度和下落速度，经过简单计算可以得到降水强度。

同暖云、冷云和混合相态云对应的有暖云、冷云和混合相态云降水。暖云降雨，冷云降雪和霰粒子等；混合相态云一般也是降雨，但在极地或冬季降冻雨时例外。根据降水云垂直厚度与水平尺度的比例，可分为层状(stratiform)、对流(convective)和混合型降水(图 1.2)。

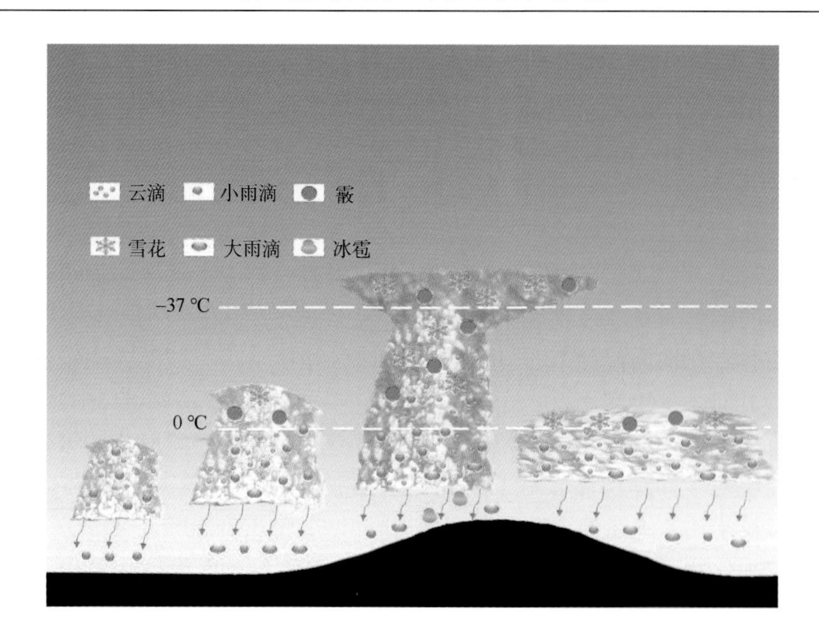

图 1.2　几类降水云示意图

层状性降水(图 1.2 右侧)的水平尺度远大于垂直尺度，降水范围大(几十至几百千米)，云中的上升速度较小。这类降水伴随冷锋、暖峰和低涡等天气系统。在中纬度地区除冬季外，这类降水云最上部含有冰晶、霰和雪花等，−5～−15 ℃层常含有丰富的过冷水滴，有时在−40 ℃的云层中也存在过冷水滴。0 ℃以下几百米的层中，固态粒子在下降过程中逐渐融化成为球形水滴，落速加快；这一大粒子融化层，在地基天气雷达的观测图像上呈现出一条回波强度较高的亮带，一般称为 0 ℃层亮带(bright band, BB)，这是气象雷达观测层状云降水时的一个显著特征。层状型降水云的下部是降雨，这类降雨在一定时间和空间范围内相对比较均匀。在中高纬的冬季，或在高海拔地区，当地面的温度低于或接近 0 ℃时，层状性降水是下雪。个别时候，当地面的温度接近或略低于 0 ℃时，会降雨夹雪或下冻雨。冻雨在空中时呈液态，降落到地面或植被上则结成冰。

对流性降水(图 1.2 左侧)的水平尺度与垂直尺度相当，降水范围在几至几十千米，云中的上升(下降)速度较大(每秒几到几十米)。这类降水可以以单体形式出现，也可以成簇、成系统地出现，例如飑线(squall lines)和中尺度对流系统(mesoscale convective systems, MCSs)。在夏季，强对流降水不仅降雨，有时还降下冰雹，甚至伴有雷电、大风(下击暴流)和龙卷。强对流降水在某个局部地区停滞少动，其暴雨易于造成洪涝灾害。所以，强对流降水是需要特别加强高时空分辨率监测与预警的灾害性天气。

混合型降水，这里是指大面积层状性降水中嵌有一些对流性单体降水，有时降水效率很高，在局部地区可以产生大到暴雨。

为了深入研究降水形成机制、计算气象雷达的测量参数和评估降水效应等，需要测量降水粒子尺度分布(很多时候称为雨滴谱，即 drop size distribution, DSD)。同云粒子谱一样，虽然不同类型降水、在不同发展阶段的粒子谱差异很大，但大量地面和飞机测量的统计平均显示，降水粒子谱一般可以用修正伽马分布(modified-Gamma distribution)表达[同式(1.1)，但具体参数不同]。有时为了简化起见，在模式和计算研究中还应用Marshall-Palmer谱分布(张培昌等, 2000)，即

$$N(D)=N_0e^{-\Lambda D} \tag{1.2}$$

其中，层状性降雨：N_0=0.08 $m^{-3}cm^{-1}$，Λ=4.1 $R^{-0.21}$；降雪：N_0=0.025 $m^{-3}cm^{-1}$，Λ=2.29$R^{-0.45}$；R 是降水强度。这一公式与修正伽马分布相比少一个参数，但有时会过多地估计小粒子数目，在计算时需要选择适当的粒子尺度下限。雨滴最小直径通常选 0.1 mm，雨滴最大直径可达 6～7 mm，更大直径的雨滴在下落过程中很快破碎，难以到达地面。小的雨滴呈球形，而大雨滴(直径 1 mm 以上)逐渐呈椭球形和扁椭球形。在强侧风作用下，大雨滴的形状更加偏离球形和椭球形，其表面产生振荡，使得电磁波散射参数的计算更加复杂。这在双偏振天气雷达探测资料解译反演时需要考虑。

强对流云中有时降下冰雹，其形状、尺寸、结构和含水量差异很大，最大的冰雹可达 10 cm。

1.4 空间主动微波遥感云和降水的历史

为了给出全球云和降水分布特征并展示当前测量分析和预报的水平，图 1.3 显示 2018 年全年总云量和总降水的全球分布，是从欧洲中期天气预报中心(European Centre for Medium-Range Weather Forecasts, ECMWF)的再分析资料 ERA-Interim(ECMWF re-analysis-interim)得到的(见 https://apps.ecmwf.int/datasets/data/interim-full-daily/ Levtype = sfc/)。总云量（图 1.3（a））由多种资料与模式结果融合得到，图中 0%(白色色标)表示该地区全年无云，100%(深蓝色色标)表示该地区全年为云覆盖。可见，北半球高纬地区、赤道附近部分地区、南半球 70°S 和南极极区附近为高云量覆盖区，而在南北纬 25°附近云量较少；这种全球云量分布特征主要由大气环流所决定。2018 年全年总降水量（图 1.3（b））由模式结果得到，这是因为多种观测资料集之间还有很大的差异。由图可见，赤道附近有大片区域全年降水量超过 3 000 mm，这对应赤道辐合带(inter-tropical convergence zone, ITCZ)，是热量和水汽极为丰沛的哈德莱环流上升区；在非洲北部大片地区、大洋洲中部、中亚和我国新疆等区域降水量稀少，造成大片的干旱沙漠。

以上是年时间尺度上的图像，对于大气环流研究和气候模式验证等有一定的参考价值，但目前所获得的资料在时间和空间分辨率以及精度方面，还远不能满足科学研究与业务工作的需要。地面气象站网和气象雷达网络在天气监测与预报业务中发挥了极其重要的作用，但对全球云和降水的分布与变化的监测还存在许多空白，尤其是在广袤的大洋、荒漠和极地地区。利用人造卫星星座，搭载主被动微波遥感器，是实现全球范围云和降水的(准)实时监测的良好途径，而星载微波雷达是获取全球云和降水三维结构信息的最佳技术手段。

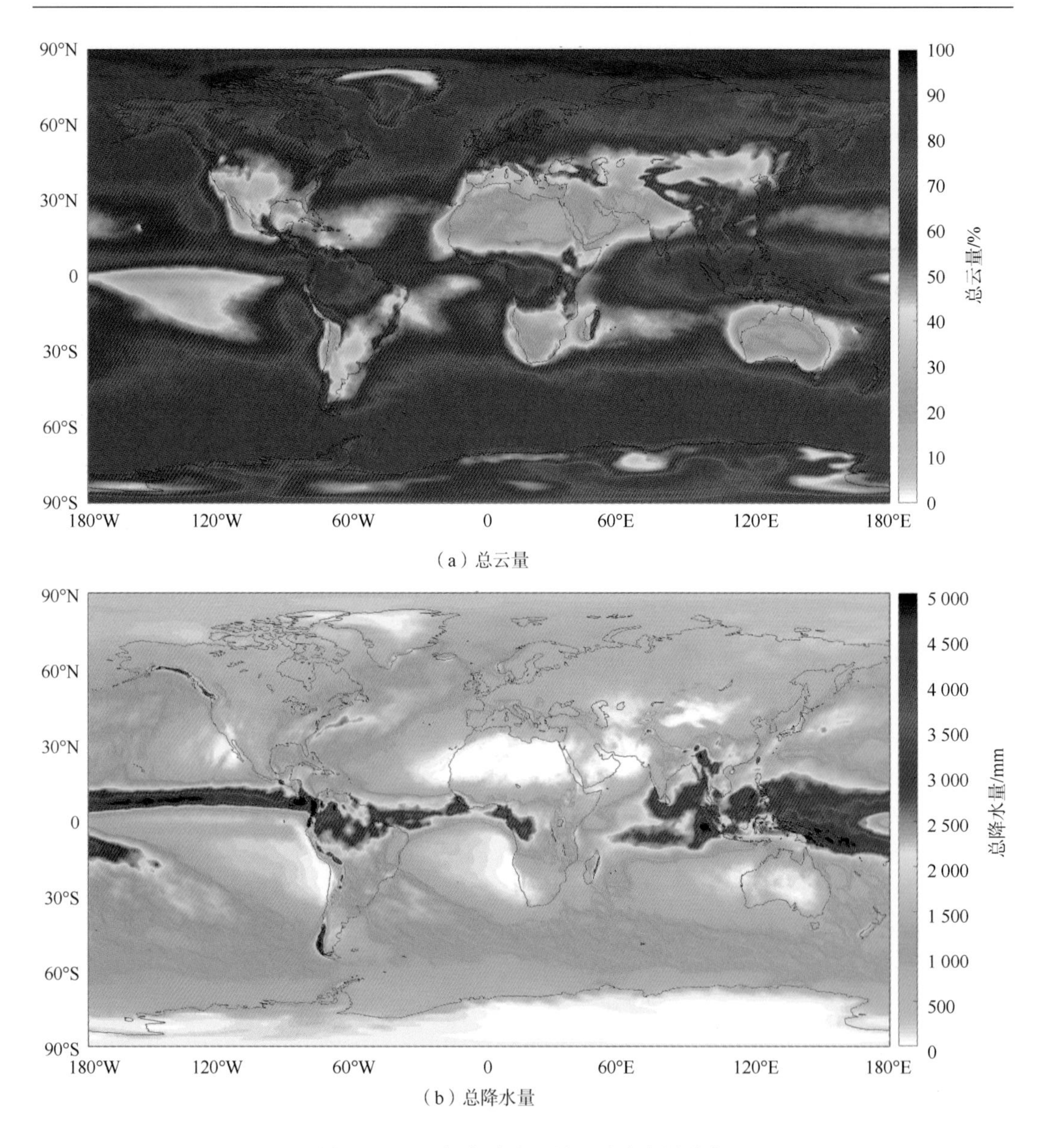

（a）总云量

（b）总降水量

图 1.3　2018 年全球总云量和总降水量分布

在 1997 年测量降水和云的微波雷达还未上天之前，卫星遥感反演降水使用可见光、红外和微波波段成像仪的观测资料，虽然发展了一系列的反演方法和算式，能够提供广大区域(尤其是无实地观测的海上区域)的降水信息，但这些被动遥感技术仅仅是从观测的(降水)云的上部信息来间接地反演近地层的降水，因此存在较大的不确定性。而搭载在卫星上的微波雷达探测，大大减小了近地降水反演的误差，而且提供了降水垂直分布的资料。

20 世纪 80 年代，美国国家航空航天管理局(National Aeronautics and Space Administration, NASA)和日本航空研究开发机构(the Japan Aerospace Exploration Agency,

JAXA）合作研制和发射了热带降雨测量卫星（the tropical rainfall measuring mission, TRMM），其轨道倾角35°，轨道高度350 km（前3年多）和400 km（后14年）（提升到此高度是为了节省燃料）。其上的主载荷是一部Ku波段的降水雷达（precipitation radar, PR）（Kummerow et al., 1998）。该卫星于1997年11月发射升空，至2015年4月中旬停止工作，共在轨运行17年多，获得的资料服务于热带气旋、对流系统、降水气候和模式验证等研究。

20世纪90年代，美国NASA与加拿大航天局合作研发了太阳同步云探测卫星CloudSat，其上搭载了W波段的云廓线雷达（cloud profiling radar, CPR）。CloudSat与另一颗卫星CALIPSO（cloud-aerosol lidar and infrared pathfinder satellite observation）于2006年4月28日采用一箭双星方式同时发射升空，虽然设计寿命为5年，但至今仍在正常工作。CPR工作波长在3 mm，因此对高层薄云和弱降水云的探测能力很高。CPR与CALIPSO上激光雷达探测资料的融合，提供了云分类、云垂直结构、相态和云水含量等多种产品。

在热带降雨测量卫星TRMM和云雷达CloudSat的应用取得成功的同时，美国和日本又发起全球降水测量（global precipitation measurement, GPM）合作研制计划。GPM核心观测站（GPM core observatory, GPM-CO）于2014年2月成功发射升空，其上搭载了Ku和Ka波段双频降水雷达（dual-frequency precipitation radar, DPR），双频衰减差提供降雨与降雪的区分。GPM上的多波段微波成像仪（GPM microwave imager, GMI）提供更大的扫描范围，GPM-CO具备在±65°纬度范围内测量0.2～100 mm/h降水的能力（Huffman et al., 2007；2017）。

鉴于云-气溶胶-辐射相互作用在气候变化研究中的重要性和迫切性，在CloudSat和CALIPSO成功应用的基础上，欧洲空间局（European Space Agency, ESA）和日本JAXA共同发起并研发地球云-气溶胶-辐射探索者卫星（earth clouds，aerosols and radiation explorer, EarthCARE），将携带国际上首个有多普勒功能的云廓线雷达（cloud profiling radar，CPR），能够在相对水平均匀条件下测量云中的垂直速度。该卫星预计发射时间数次后延，最近的计划是2022年年底发射升空。

热带降雨测量卫星TRMM降水雷达PR、CloudSat上云廓线雷达CPR、全球降水测量卫星GPM（星座）DPR和EarthCARE CPR的技术性能、反演算式和示范应用，分别在后面专门章节中逐一介绍。我国的星载降水测量雷达也在研制中，在本书第5章中进行详细介绍。第7章系统介绍星载降水雷达资料的处理方法和流程；第8章简明地介绍星载降水雷达和云廓线雷达资料的一些应用；第9章展望未来卫星主动微波遥感降水和云的技术及其应用。

第2章　微波主动遥感原理

为了保证本书的完整性和系统性，本章介绍微波雷达主动遥感云和降水的基本原理。首先，介绍大气对微波的吸收；接着，介绍大气粒子的微波散射，这是微波雷达测量云和降水参数的物理基础；然后，简要介绍雷达系统的基本组成及其功能，为后面介绍特殊设计的星载降水和云雷达打下基础；最后，介绍雷达工作原理和雷达方程，建立雷达接收功率与回波强度之间的关系式。

2.1　微波的大气吸收

微波，通常是指频率范围在 1～300 GHz 的电磁波，对应的波长为 30 cm～1 mm。微波在大气中传播时与气体分子相互作用，或多或少地被大气吸收，从而其强度有所衰减，一般气体的吸收衰减随频率增高而增加。

在一些气体的吸收波段吸收作用很强，水汽在 22.235 GHz 和 183.3 GHz 有强吸收线；氧气在 60 GHz 附近有复合吸收带，在 118.75 GHz 处是一条强吸收线；其他气体(例如臭氧、二氧化硫和二氧化碳等)在微波波段也有许多吸收线，但在大气中低层(对流层)中其总吸收与水汽和氧气相比很弱，一般忽略不计。探测云和降水雷达的工作波长需避开气体强吸收波段，使用吸收波段之间的“窗区”通道。但是，微波被动遥感水汽或大气温度等正是利用了这些强吸收波段的大气微波辐射信号进行反演。

雷达的工作频率在 10 GHz 以下时，大气的吸收作用较小，而工作在毫米波段的雷达探测需要考虑大气吸收衰减的订正。大气微波吸收系数(单位：m^{-1} 或 dB/km)已有相当成熟的模型和软件程序进行计算，例如，使用详细光谱数据库的逐线(line-by-line, LBL)积分模型(Gordon et al., 2017)，Liebe(1989)研发的微波传输模型(an atmospheric mm-wavepro pagation model, MPM)。图 2.1 给出在标准大气中海平面 1～300 GHz 的大气吸收系数谱。由图可见，除了水汽和氧气的吸收线(带)外，在高频段其远翼的吸收也不可忽略，在 100 GHz(波长 3 mm)处的气体吸收比 10 GHz(波长 3 cm)处的要大 1～2 个量级。

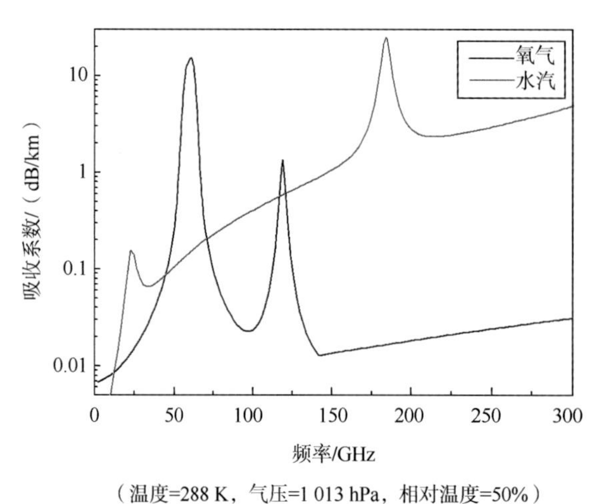

图 2.1　微波 1～300 GHz 大气吸收系数谱

2.2　云和降水粒子的散射

当大气中传播的电磁波作用在云或降水粒子上时，一部分被粒子吸收转化为热能，一部分将以散射的形式向四面八方辐射。这里先考察单个球形粒子的散射特征(见图 2.2)，根据粒子直径 D 与雷达工作波长 λ 比 (D/λ) 的大小分为瑞利散射(Rayleigh scattering)和米散射(Mie scattering)。要说明的是，雷达照射(某一)目标所测量的回波强弱，一方面取决于雷达本身的性能；另一方面取决于目标的远近、性质和大小尺寸。所以，度量目标的“强弱”通常采用雷达截面(radar cross-section, RCS)这一参数。因此，对于雷达遥感测量云和降水，我们关心的是粒子的后向散射截面，以及相应的总散射截面和吸收截面。

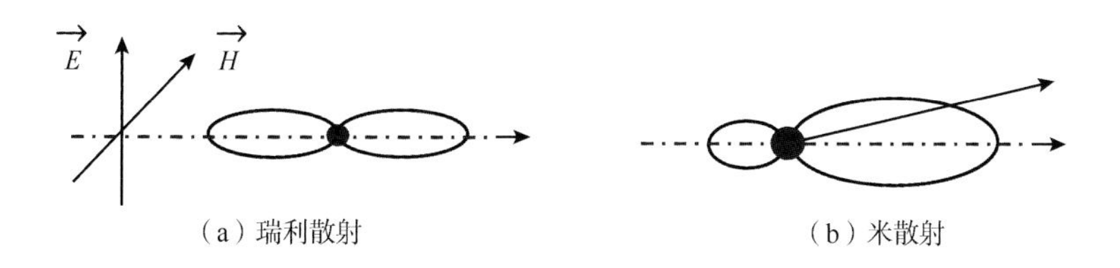

图 2.2　单个球形粒子散射方向性图

图中，X 轴为入射电磁波传播方向；中间实心球表示粒子，椭球圆表示散射方向

(1) 瑞利散射。当 $D/\lambda \ll 1$，或$\alpha=\pi D/\lambda<0.6$(α 称为米参数——Mie parameter，无量纲)，粒子散射的方向性图如图 2.2(a)所示。可见，瑞利散射前后向是对称的，而在垂直传播方向没有散射，且对于线偏振电磁波无其他偏振方向的散射辐射。

如果非导体球形粒子内外无自由电荷，对于单频入射的平面偏振电磁波，其瑞利总散射截面σ_s(单位：cm^2 或 m^2)为

$$\sigma_s = \frac{2\lambda^2}{3\pi}\alpha^6\left|\frac{m^2-1}{m^2+1}\right|^2 \tag{2.1}$$

式中，下标 s 表示散射(scattering)；m 是粒子的复折射指数，其实部和虚部是波长(频率)和温度的函数。$\left|\frac{m^2-1}{m^2+1}\right|^2$ 在雷达气象学文献中常简写为$|K|^2$，对于水粒子在 2～10 cm 降水雷达波段经常取值 0.93；但它随波长和温度变化，尤其是在短波长和低温区，例如在波长 0.85 cm 对应温度−20～0 ℃，$|K|^2$ 变化 0.8～0.88，对应 0～30 ℃变化范围为 0.88～0.91。

后向散射截面σ_b为

$$\sigma_b = \frac{\pi D^6}{\lambda^4}|K|^2 \tag{2.2}$$

式中，下标 b 表示后向散射(backscattering)。由式(2.2)可见，在瑞利散射区，后向散射

截面与波长的四次方成反比，例如，对同样大小的粒子，3 mm 波长处的后向散射截面比 3 cm 处的大 10 000 倍，即工作于短波长的雷达更适合探测小粒子组成的云。

(2) 米散射，又称为大粒子散射。当 $D/\lambda \approx 1$，或，米参数 $\alpha = \pi D/\lambda > 0.6$，粒子散射的方向性图如图 2.2(b) 所示。此时，前后向散射不再对称，垂直于传播方向也有辐射；球形粒子向任何方向散射的偏振状态仍与入射波的相同。同样对于内外无自由电荷的非导体球形粒子，在单频入射的平面偏振电磁波照射下，粒子的散射截面 σ_s 和后向散射截面 σ_b 可以应用米氏散射理论精确计算，因公式较长，此处从略。想深入学习了解的读者，可参见《大气辐射学》和《雷达气象学》等专著(张培昌等，2000；Bringi and Chandrasekar, 2010；廖国男，2012)。

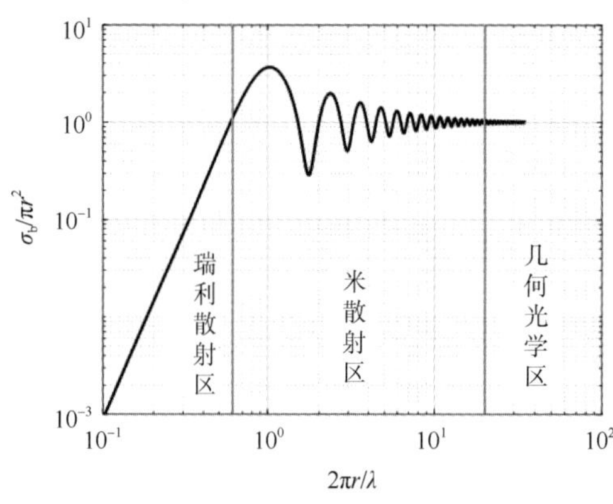

图 2.3　球形粒子后向散射效率
竖线分出三个区

应用米理论可以计算球形粒子的后向散射截面(或雷达截面：radar cross-section，RCS)，与粒子几何截面的比称为(后向)散射效率，其随米参数 α 的变化如图 2.3 所示。可见，对于一定的波长，在瑞利散射区，散射效率随粒子几何尺寸增大而增大；在米散射区，散射效率先随粒子尺寸增大而增大，后呈振荡型变化，振荡幅度逐渐减小(注意：在振荡区有时随着粒子尺寸增大，雷达截面反而减少，这是为什么有时大冰雹的回波强度并不是最强的原因)；当 α 大于 50 时，进入几何光学散射区，后向散射效率接近 1，意为雷达截面 RCS 等于球形目标的截面积。

(3) 非球形粒子的散射。大雨滴、雪花、冰雹和冰晶一般都不是球形的，其散射在不同方向的分布计算较为复杂。一定大小范围内的大雨滴在空气中下落时，呈现为轴对称的椭球体(水平轴长于垂直轴)，在其他偏振方向也将产生散射辐射，还在传播相位上产生差异。形状更为复杂的粒子散射更是如此。

非球形粒子散射参数的计算虽然复杂，但经过学者多年的努力，已研发出多种实用的算法和相应的软件程序，可以计算任意形状粒子的散射参数。感兴趣的读者可参阅有关文献和书籍[例如文献（廖国男，2012)]。值得一提的是，有优势取向的非球形粒子(例如椭球形大雨滴)，对不同偏振方向电磁波的散射有一定差异，其传播相位也有差异(气象雷达通常应用水平与垂直双线偏振；水平与垂直方向折射率的差异造成水平与垂直偏振回波的相位差)。测量这些偏振参数(差异)可以帮助区分非球形粒子、云中不同水成物、不同降水类型，以及进行进一步的定量化遥感反演，例如定量降水估计和雨滴谱参数反演等。

(4) 粒子群散射。微波雷达可以探测跟踪单个目标，例如一架飞机和一只悬挂在空中的金属球等。但在探测云和降水时，照射的是一定体积内的众多云或降水粒子，雷达接收到的回波是这一体积内粒子群的散射之和。由于雷达照射体积很大(取决于脉冲宽度、波束宽度和探测距离)，一般用单位体积粒子的雷达截面之和来度量回波强度；在瑞利散射条件下，可以联合使用降水(云)粒子谱和式(2.2)来计算。

2.3　雷达工作原理与系统组成

雷达的英文为 RADAR，是“RAdio Detection And Ranging”的缩写，意为无线电侦测与测距(搜索)，由英国科学家和工程师在第二次世界大战期间发明，开始时用于飞机和舰船的侦探，其后在多个遥感领域得到了越来越广泛的应用。

雷达的工作原理是：通过天线将发射机形成的(脉冲)电磁波定向成束发射出去，遇到目标后一部分能量向各个方向散射开来；接收天线(通常与发射天线共用)接收到散射信号，传给接收机和信号处理器进行处理，然后显示和存储。参见图 2.4，根据天线的指向，获得目标的方位和仰角信息；根据发射脉冲和接收到回波的时间差 t，计算得到目标的距离 R，即 $R=ct/2$(c 是光速)。

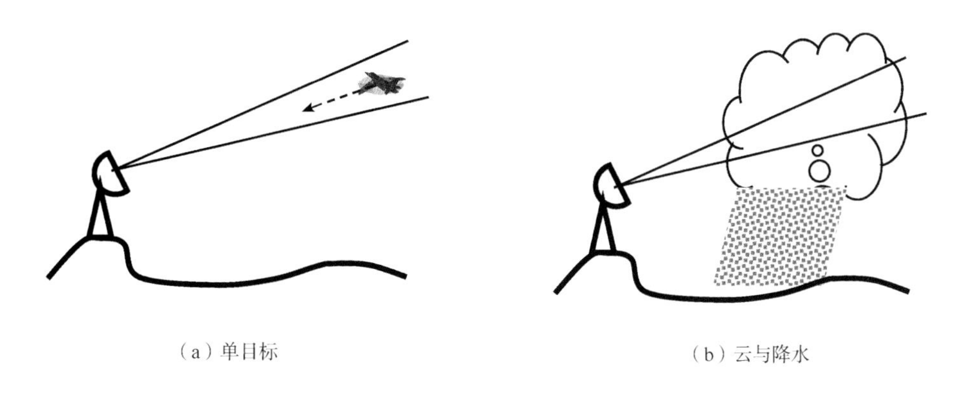

(a) 单目标　　(b) 云与降水

图 2.4　地基雷达工作原理示意图

以下介绍微波雷达的基本组成。无论是何种类型的微波雷达(包括雷达高度计和微波散射计等)，基本都由发射机、天线、接收机和计算机四个子系统组成，如图 2.5 所示。

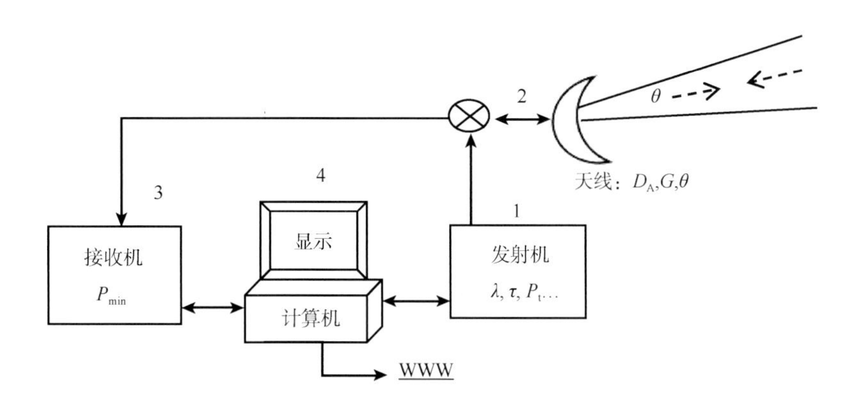

图 2.5　雷达系统组成框图

(1) 发射机子系统。主要功能是形成某一频率、足够强功率的电磁波脉冲；定量遥感对发射机的频率稳定性、带宽和功率稳定性有很高的要求。

雷达工作波长 λ 的选择主要取决于探测对象，表 2.1 给出当前大气科学和气象学探测云和降水所使用的波段。传统地基测雨雷达工作在 X-C-S 波段，测云气象雷达主要工作在 W-Ka 波段(2.7 mm～1.2 cm)。星载测雨雷达常选择 Ku 波段(1.7～2.5 cm)乃至 K 或 Ka 波段(0.75～1.2 cm)，这是因为在垂直方向经过云和降水的路径并不长，由云或降水产生的衰减影响相对较小。较短的波长对云和弱降水有较好的探测能力，对天线尺寸和发射功率的要求相对较低。

表 2.1　当前大气科学和气象学中使用的雷达的波段

名称	波段	频率/GHz	波长/mm*
云毫米波	W	75.0～110.0	2.7～4.0(3.15/3.19)
云毫米波	Ka	26.5～40.0	7.5～11.3(8.5/8.6)
云/降水厘米波	Ku	12.0～18.0	16.7～25.0(23)
云/降水厘米波	X	8.0～12.0	25.0～37.5(30.8)
云/降水厘米波	C	4.0～8.0	37.5～75.0(54)
天气厘米波	S	2.0～4.0	75.0～150.0(106)

* 括号中的是已有雷达所用的波长

在 1 s 时间内发射多少个脉冲，称为脉冲重复频率(pulse repetition frequency, PRF)，此参数决定雷达的最大探测距离 $R_{\max}$，气象雷达的 PRF 典型值是几百到几千赫兹。

雷达探测弱小目标的能力还取决于脉冲峰值功率 P_t，发射功率越大回波功率自然也大，接收机更易检测识别。

脉冲宽度以时间长度 τ 来度量，地基气象雷达的典型 τ 值是 1 μs(对应的空间长度是 300 m)，而卫星高度计(altimeter)的为 1 ns。由于在半脉冲宽度内的回波(散射辐射)可以同时到达天线，所以脉冲宽度决定着雷达波束径向分辨率 ΔR ($=c\tau/2$)；在通常技术手段下，两个目标的距离要大于 ΔR 才能被分开识别出来。

(2) 天线及其伺服子系统。天线的主要作用是将来自发射机的电磁波脉冲成束地发射出去；在发射两个脉冲之间的时间段，收发共用天线截获来自目标的散射辐射，然后传递给接收机。在天线之前的收发开关负责发射和接收通道之间的切换。

表达天线将电磁波能量集聚成束能力的参数是天线增益 G(单位：dB，无量纲)，其物理意义是天线主波束电轴中心方向发射的能流密度与各向同性发射时的比。根据天线的互易性，接收天线的增益也是 G。第一旁瓣与主瓣(主波束)增益比，也是衡量天线性能的一个重要参数，旁瓣电平越低越好。

天线波束宽度 θ 定义为主波束 1/2 功率点的宽度。天线的样式和形状多种多样，以真实孔径圆形抛物面天线为例，波束宽度 θ 与工作波长 λ 成正比、与天线直径 D_A 成反比，有

$$\theta = 72.8\lambda / D_A \tag{2.3}$$

式中，θ的单位为度(°)，地面天气雷达的波束宽度一般为1°。为了获得较高的方位和仰角方向的空间分辨率，工作在较长波长(例如10 cm)的雷达需要更大直径的天线。

为了实现对多方向的三维立体探测，抛物面天线需要在方位和仰角方向转动，这由天线伺服子系统控制运作，这是所谓的机械扫描观测方式。对于星载雷达，为了减小大天线转动对卫星本体的影响，采用了一种偏馈天线，大的偏置反射面不需要运动，而小的馈源在一定范围转动，实现对地方向一定跨轨观测刈幅(300～600 km)的扫描；这种天线扫描方式使得波束宽度和副瓣电平随扫描角度变化。先进的相控阵天线由多个收发单元组成，能够进行快速的电扫描，这更加适合卫星的遥感探测。

(3) 接收机子系统。功能是将来自天线截获的微弱信号进行放大、处理和鉴别，输出目标回波的数字化信息，包括回波强度、多普勒频移和相位(差)等。相同的目标在不同的距离所产生的回波强度不同，所以在接收机中对不同距离处的回波进行距离订正。衡量接收机的一个参数是最小可测功率 $P_{\min}$，当目标回波功率低于这个值就不能被检测。为了减少回波的随机扰动并提高信号/噪声比，接收机对一定数量脉冲的回波进行积分处理。接收机另外一个重要性能参数是动态范围，即能处理和输出最弱至最强回波的范围。

(4) 计算机或服务器。当代雷达都配置工控机或服务器，一方面指挥协调各子系统的工作；另一方面对雷达探测资料进行处理、显示和存储。雷达可以按预设的程序进行扫描观测，也可通过人机“对话”方式改变雷达的工作模式，例如，改变天线的方位或仰角扫描范围以及扫描速度等。此外，已经研发一些雷达资料处理分析软件植入服务器中，能够对雷达目标回波进行实时分析，给出目标的类型、三维结构和运动等信息，对于云和降水回波生成云粒子分类、云水含量、降水分类和定量降水估计(quantitative precipitation estimation, QPE)等更为实用的产品资料。

卫星上搭载的微波雷达也由以上介绍的四个子系统组成，但是，由于对功耗、重量和空间水平分辨率等有更严格的限制，各个子系统都有特殊的设计与研制考虑。这在以下有关星载降水和云雷达的专门章节中介绍。

在星载降水和云雷达系统设计中，工作频率(波长)是首先要考虑的。在大气微波吸收谱(图)中，有几个“窗区”可以选择，具体频点首先需要与国际电信联盟(International Telecommunication Union, ITU; https://www.itu.int/)协调。

从粒子散射分析可知，在瑞利近似条件下，散射能力与频率 f 的四次方成正比，即短波波段对于小(云)粒子更为敏感，回波信号更强；根据天线理论，对于同样几何尺寸的天线，短波长的波束宽度窄，更容易获得更高的空间分辨率。但是，随着粒子尺度的增大，短波长的散射将进入米散射区，回波功率与粒子谱之间的关系更为复杂；此外，短波长的大气气体和云与降水的衰减作用都不可忽略，需要进行订正。目前，空间测云雷达通常采用 15GHz、35GHz 和 94GHz 三个频点，以现有技术可实现的性能列在表 2.2 中。随着观测要求的提高和相关技术的进步，表中的技术性能将不断改进。

表 2.2　星载 15 GHz、35 GHz 和 94 GHz 多普勒雷达的性能参数设计

频率/GHz	15	35	94
波长/mm	20	8.6	3.2
峰值功率/kW	5	2	1
平均功率/W	50	20	10
脉冲宽度/μs	1	1	1
脉冲重复频率/kHz	10	10	10
天线直径/m	10	5	1.8
波束宽度/（°）	0.12	0.1	0.1
300km 高度星下点像元/km	0.6	0.5	0.5
接收机噪声/dBm	−109	−107	−104
最小可检测因子/（dB/cm）	−126	−114	−100
最小反射率因子/dBZ	−23	−22	−25
10mm/h 双程衰减/（dB/km）	1.2	4	9.7

2.4　气象雷达方程

建立的雷达接收功率 P_r 与目标回波特征参数之间的关系式，就是雷达方程，是定量反演目标参数的基础(Ulaby et al., 1986；张培昌等，2000；Bringi and Chandrasekar, 2010；Andronache, 2018)。先以单个目标为例(例如一架飞机或一只大鸟等)，设在距离 R 处的该目标后向散射截面(或 RCS)为σ_b，则雷达方程为

$$P_r = \frac{\sigma_b P_t G^2 \lambda^2}{(4\pi)^3 R^4} \tag{2.4}$$

方程中的符号已在前一节中介绍过，具体推导过程从略。需指出的是，推导此单目标雷达方程时已假设：①目标在雷达主波束内，天线增益在主波束内为常数；②从天线至接收机输出端没有信号衰减和其他干扰信号。在实际雷达装置中，必须对通道中衰减进行订正，对各种杂波信号和噪声进行抑制处理；雷达机内配置多种仪器对多个雷达参数进行监测，使用软件结合的方法对雷达输出量进行标校。

对于云和降水气象目标，雷达波束照射的是一个很大体积内的云或降水粒子群，此时假设：①在照射体积内水成物粒子谱分布均匀；②在空间随机分布的粒子散射是独立的；③在一定时间内(例如 0.01 s)照射体内回波信号积分是各个粒子散射信号之和，则有以下方程

$$P_r = \frac{P_t G^2 \lambda^2 h \theta^2}{1024(\ln 2)\pi^2 R^2} \sum\nolimits_{\text{unit}} \sigma_{bi} \tag{2.5}$$

式中，$h(=c\tau)$是脉冲几何长度(又称为照射深度)；$\sum_{\text{unit}}$ 表示单位体积内对全部气象粒

子的求和。此方程已对主波束内增益 G 的变化进行了一定的修正。

由方程(2.5)可见，只有求和项与气象目标有关，所以定义雷达反射率(radar reflectivity) η，即

$$\eta = \sum_{\text{unit}} \sigma_{\text{b}i} \tag{2.6}$$

在瑞利(小粒子)散射时，将式(2.2)代入上式，得到

$$\eta = \frac{\pi}{\lambda^4}|K|^2 \sum_{\text{unit}} D_i^6 \tag{2.7}$$

可见，在工作波长确定和目标粒子相态已知的情况下，雷达反射率仅取决于粒子的大小与分布。再定义雷达反射率因子(radar reflectivity factor) Z，为

$$Z = \sum_{\text{unit}} D_i^6 \tag{2.8}$$

这就是云和降水气象雷达探测输出的回波强度，与雷达参数无关(不同波长雷达测得的一样，有利于比较分析)，其单位是 mm^6/m^3。由于从小云(雾)滴到大冰雹 Z 值的变化范围达 5～6 个数量级，雷达气象学中习惯使用 dBZ，定义为

$$\text{dBZ}=10\lg Z \tag{2.9}$$

云层目标的雷达反射率因子变化范围是−40～20 dBZ，降水的是 15～75 dBZ。

方程(2.5)中没有考虑天线、波导和接收机部分损耗以及噪声功率，这些损耗和噪声通常在雷达出厂前进行了检测标定。如果将方程中的常数和雷达参数(包含 $\left|\frac{m^2-1}{m^2+1}\right|^2$)合并记为一个符号 C_{R}(简称为“雷达常数”)，则雷达方程的形式更为简洁，为

$$P_{\text{r}} = C_{\text{R}} \frac{Z}{R^2} \tag{2.10}$$

在雷达常数 C_{R} 很稳定时，以及雷达系统进行了距离平方订正后，气象雷达输出的基本探测量就是雷达反射率因子 Z，可显示出 Z 的垂直剖面(距离－高度)、水平分布或时间序列(时间－高度)。如果建立了 Z 与降水强度 I 或云含水量 M 的关系(即：Z–I 关系式和 Z–M 关系式)，就可直接输出提供 I 或 M 的时空分布与变化的资料。

在米(大粒子)散射情况下，雷达反射率因子不能简单从式(2.8)得到。此时，从雷达方程可以定义一个等效雷达反射率因子 Z_{e}(equivalent radar reflectivity factor)，它与雷达波长有关，公式略。

当雷达电磁波受到降水、云层和气体明显的衰减作用的时候，就必须对雷达方程进行衰减订正。通常，毫米波云雷达在探测到浓厚云层和降雨时，X 波段降水雷达在探测中等强度以上降水时，就需要对远处所测回波进行衰减订正。此时，雷达方程为

$$P_{\text{r}} = C_{\text{R}} \frac{Z}{R^2} e^{-2\tau_{\text{R}}} \tag{2.11}$$

式中，τ_{R} 是雷达至目标路径上总衰减系数的积分。衰减订正一般是径向由近及远地逐步进行。

由目标散射返回到达雷达天线的电磁波，除了强度不同外，还含有多普勒频移和相位的信息，有多普勒功能的雷达能测得目标运动的径向速度 V_r(张培昌等，2000；俞小鼎等，2007)。对于气象目标在积分时间段内由于大小粒子的随机运动，测得的 V_r 将有一定的扰动，其扰动范围就成为可测的速度谱宽 W。要注意的是，当径向速度大于某一值时将产生所谓的速度模糊(折叠)(velocity ambiguity)，许多时候可以根据流场的连续性来消除。地基密集组网的多部雷达能够对同一降水区域进行观测，二至三个方向的径向速度合成就可以反演三维风场。

地基和机载多普勒雷达测量目标径向速度的相对难度要小，因为目标运动矢量在雷达波束方向往往有较大的分量。而对于星载雷达对地观测来说，测量云和降水层内的径向速度，是个极大的挑战。

地基雷达观测时受到地球曲率的影响，在远处不能探测到近地面的目标(存在超折射现象时例外)，所以气象台站的天气雷达要尽量架高，以免受到四周高大建筑和地形阻挡。星载雷达对地的观测由于受到地表或海表强回波的影响，也不能直接获得贴地层云(雾)和降水的资料。

星载天气雷达采用脉冲压缩技术保证径向分辨率，在以一定入射角探测近地降水和云层时，距离(空间)副瓣的地物回波可能产生很大的干扰，所以希望副瓣电平越低越好。地物回波对近地降水探测的影响中，主波束宽度也是一个重要因子。这在以后章节中再加以讨论。

此外，星载天气雷达有时测得海面(陆地面)—降水—海面的镜面反射回波，即出现了低于海面的降水层，这在实际资料释用时应该加以注意。

第 3 章　星载降水雷达 TRMM PR

3.1　引　　言

全球大气能量平衡研究表明，驱动全球大气环流变化的能量中，四分之一源自太阳直接辐射能量，其余四分之三源自海洋上空水分蒸发，即水汽由海表升起，通过凝结释放潜热，尤其占全球降水三分之二的赤道地区充足水汽凝结形成云和雨滴时释放大量潜热。这些潜热无法直接观测到，可是降雨量作为这些能量转换物能很好地体现出来，因此热带降水亦被称为气候发动机。目前已经建立多种降雨模型，但是在热带地区的定量化估算降水方面存在显著差异，与其相关的能量方案对全球能量估算影响也差异显著。主要原因就是缺乏高质量的热带降水观测，对高时空变化的降水结构缺乏系统而又准确的认识。

全球热带地区的海洋覆盖率约 75%，适合采用覆盖空间范围大的卫星观测方式进行热带降水监测。卫星观测主要是通过红外、可见光和微波波段来遥感降水。可见光和红外波段易受云或降水粒子衰减影响不能穿透云层，只能探测云顶部信息，属于间接遥感降水；微波波长较长，能穿透一定云层和降水，微波低频甚至能探测到地表内部，因此微波信号可以直接反映降水云内部结构，与降水关系更为直接，成为卫星探测降水的主要技术手段。为此，20 世纪 80 年代学者们提出星载主被动微波设备联合探测降水，并在 1984 年 9 月由美国 Goddard 空间飞行中心(Goddard Space Flight Center, GSFC)向美国国家航空航天管理局(National Aeronautics and Space Administration, NASA)正式申报“Tropical Rainfall Measuring Mission”(TRMM，热带降雨测量任务)研究计划，并于 1986 年举行首届 TRMM 研讨会(Simpson et al.，1988a，b)，日本受邀参加 TRMM 卫星计划，并且同意承担研制测雨雷达。经过研究热带辐合带(intertropical convergence zone, ITZC)多年雷达观测资料，提出合适的卫星轨道高度和倾角。1997 年 11 月 27 日美国 NASA 和日本宇宙航空研究开发机构(Japan Aerospace Exploration Agency, JAXA)联合发射了 TRMM 卫星(Kummerow et al., 2000)。

TRMM 卫星是一颗低轨卫星，最初的飞行高度为 350 km，过赤道倾角是 35°，主要测量研究 35°S～35°N 之间的降水，并且每日能够对某一固定地区进行多轨扫描以获取降水日变化特征。TRMM 卫星最初预计工作 3 年，到 2001 年整个系统工作状态良好，为了减少系统功耗，获取更长时间观测数据，2001 年 8 月后将轨道飞行高度提升到 402.8 km，探测的空间分辨率略有降低；随后整个系统继续正常工作。2009 年 5 月 29 日降水雷达突发异常，雷达上信号处理系统不能正常工作，观测数据丢失，为此启用系统冗余组件，在 2009 年 6 月 17 日重启雷达恢复正常工作，然后一直持续工作到 2015 年 4 月 1 日，整个系统停止工作；获取的热带降水观测资料长达 17 年，超常完成 TRMM

卫星观测计划。

作为第一个专门侧重研究热带和副热带降雨的地球科学任务，TRMM 卫星主要目标是测量热带和亚热带地区的降水三维结构及其能量变化，估算潜热释放。TRMM 卫星上测量降水的主要载荷是测雨雷达(precipitation radar, PR)、微波成像仪(TRMM microwave imager, TMI)，可见/红外扫描仪(visible and infrared scanner, VIRS)，各载荷的主要指标参数如表 3.1 所示。TRMM 卫星首次采用星载雷达 PR，直接探测降水云内部翔实的垂直结构，结合多通道被动微波成像仪 TMI 探测的整层云雨的吸收和散射辐射信息，以及 VIRS 探测的云顶辅助信息，能更为准确获取降水系统三维立体结构。因此，通过星载主被动微波探测器联合观测以及多波段综合观测，TRMM 卫星能够提供热带地区降水和潜热三维分布的重要观测信息。

表 3.1　TRMM 卫星主要载荷的指标参数

TRMM 测雨主载荷	微波成像仪(TMI)	测雨雷达(PR)	可见/红外扫描仪(VIRS)
频率或波长	10.65 GHz，19.35 GHz，21.3 GHz，37.0 GHz，85.5 GHz(21.3 GHz 是垂直极化，其他频率都是双极化通道)	13.8 GHz	0.63 μm，1.6 μm，3.78 μm，10.8 μm 和 12 μm
扫描模式	圆锥扫描(入射角 52.8°)	跨轨扫描	跨轨扫描
地面分辨率	从 85 GHz 的 5 km 到 10 GHz 的 45 km	4.3 km(星下点)	2.2 km
扫描幅宽	760 km	215 km	720 km

TRMM 的 TMI 是一个 9 通道被动微波成像仪，基本延续美国国防气象卫星(DMSP)上应用多年的微波成像仪(the special sensor microwave imager, SSM/I)的设计，不同之处是增加了低频 10.65 GHz 水平和垂直极化通道，并且为了避免热带地区容易发生的水汽饱和问题，把水汽通道由 SSM/I 的 22.235 GHz 调整到 21.3 GHz。TRMM 卫星较低的轨道高度使得 TMI 观测的水平分辨率比 SSM/I 显著提高，尤其高频 85.5 GHz 的有效视场(effective field of view, EFOV)达到 5 km。结合多通道微波亮度温度信号，TMI 可以提供降水云中降水粒子含量，如雨水、云水和云冰等柱含量以及降雨强度和降雨类型(如层状或对流性降水)。

TRMM 卫星上的可见/红外扫描仪（VIRS）是一个 5 通道的成像光谱仪，覆盖的波长范围为 0.6～12 μm，通道设计和中心频率基本与美国 NOAA 气象卫星上搭载的 AVHRR 接近，不同之处是 VIRS 星下点的瞬时观测视场(instantaneous field of view, IFOV)为 2.11 km，略大于 AVHRR 的 1.1 km 视场。由于 VIRS 工作波长覆盖可见光波段到红外，因此能够提供高分辨率的云量、云类型和云顶温度的观测信息。

图 3.1 显示了三个主载荷的观测扫描几何示意图。采用不同观测方式，三个主载荷观测覆盖的时空范围各不同，但是能从不同方面获取降水系统的观测信息。TMI 和 PR 同步观测能相互弥补各自的不足：被动微波辐射计测量扫描路径上降雨云的吸收和散射累积效应，多频率通道能够探测不同层次的降雨云，但是具体对应的降雨云高度不是很明确；雷达的主动微波探测，基于降雨云的后向散射回波信号能获取具体的降雨云层高

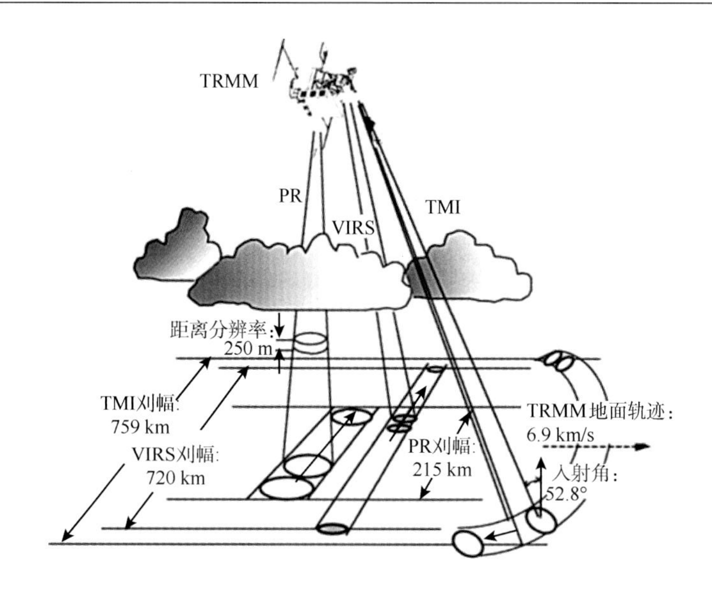

图 3.1　TRMM 卫星上主要载荷 TMI、PR 和 VIRS 扫描几何示意图
（引自：Kummerow et al.，1997）

度信息。TRMM 上 VIRS 能增加云顶温度和云高信息，为主被动微波仪器遥感探测降雨云提供更多帮助。尽管 VIRS 不能如微波传感器直接探测降水云的内部信息，但是对于构建观测质量高而频次有限的 TMI/PR 微波观测信息和静止卫星上长期高时间分辨率的可见光、红外观测数据的相互关系发挥着重要作用。

可以说，TRMM 卫星首次真正实现了星载微波主被动联合遥感探测，并结合可见光和红外波段探测，充分发挥不同波段探测大气云雨的优势，对热带降水系统实施立体全方位观测，为深入认识热带降水提供丰富的观测数据。

除了主要载荷，TRMM 卫星还搭载了两个与地球观测系统(earth observation system, EOS)研究相关的设备：云和地球辐射能量系统(clouds and the earth's radiant energy system, CERES)和闪电成像系统(lightning imaging sensor, LIS)。CERES 和 LIS 虽然是为地球观测系统研究而考虑的两个设备，但是在 TRMM 卫星的科学目标方面也发挥重要作用。闪电传感器 LIS 除了监测热带和亚热带地区闪电事件分布，还能结合降水探测信息分析闪电出现的机理和特征分布，增加降水和闪电之间相互影响机制的认识。CERES 传感器能够提供观测范围内总的辐射能量平衡状态，结合降水释放的潜热信息，能够显著改进大气能量系统演变的认识。

3.2　TRMM PR 的组成与技术性能

TRMM PR 是全球首个星载雷达，也是 TRMM 卫星唯一一个能直接探测降水垂直结构的设备。测雨雷达 PR 由美国 NASA 和日本 JAXA 共同开发，工作频率为 13.8 GHz，天线波束宽度为 0.71°，脉冲宽度是 1.67 μs，能提供 250 m 垂直探测分辨率。表 3.2 给出测雨雷达主要指标参数。PR 观测的主要目标是：①提供降雨三维结构，尤其是垂直分布；

②获取洋面和陆地上定量降水观测信息；③结合 TRMM 上多种传感器，如 TMI、VIRS，改进卫星观测反演的降水精度。

表 3.2　TRMM 测雨雷达 PR 的主要指标参数

参数		指标
频率及其敏感性		13.8 GHz（最小雨强 0.7 mm/h）
轨道幅宽		215 km
垂直观测范围		地面到 15 km
水平/垂直分辨率		4.3 km/0.25 km（星下点）
天线	类型	128 单元平面相控阵
	波束宽度	0.71°×0.71°
	天线孔径	2.0 m×2.0 m
	扫描角度	±17°（扫轨扫描）
接收/发射组件	类型	128 个固态功放组件（SSPAs）、低噪声放大器（LNAs）
	功率峰值	＞500 W（天线输入）
	脉冲宽度	1.67 μs（发射脉冲）
	重复频率	2 776 Hz
	动态范围	＞70 dB
数据传输率		93 kbps
重量		465 kg
功率		250 W

为了保证雷达天线波束频繁而有效的扫描，信号接收和发射之间迅速切换，测雨雷达 PR 是由 128 个缝隙阵列天线组成的有源相控阵雷达，并且采用固态功率放大器以减少馈源损耗。为了增加探测灵敏度，获取更高信噪比，雷达系统采用频率捷变技术在固定的脉冲重复频率 2 776 Hz 内获取 64 个独立观测样本。具体的雷达功能模块如图 3.2 所示，即主要包括天线子系统、功率发射/接收（T/R）子系统、信号处理子系统以及热控、结构和集成等冗余组件。其中，测雨雷达的 T/R 子系统由 128 套固态功放组件（solid-state power amplifiers，SSPAs）、低噪声放大器（LNAs）和 PIN 二极管移相器（PHSs）组成，并且每对 SSPA 和 LNA 采用一个 2 m 缝隙波导天线连接，组成一个 2 m×2 m 天线阵列矩阵。雷达的信号处理子系统由频率转换和中频单元（FCIF）、系统控制与数据处理单位（SCDP）组成，后者主要用于控制移相器实现波束扫描，控制 PR 工作模式、实现与卫星遥控总接口以及数据处理等功能。整个测雨雷达机械结构尺寸为 2.3 m×2.3 m×0.7 m。

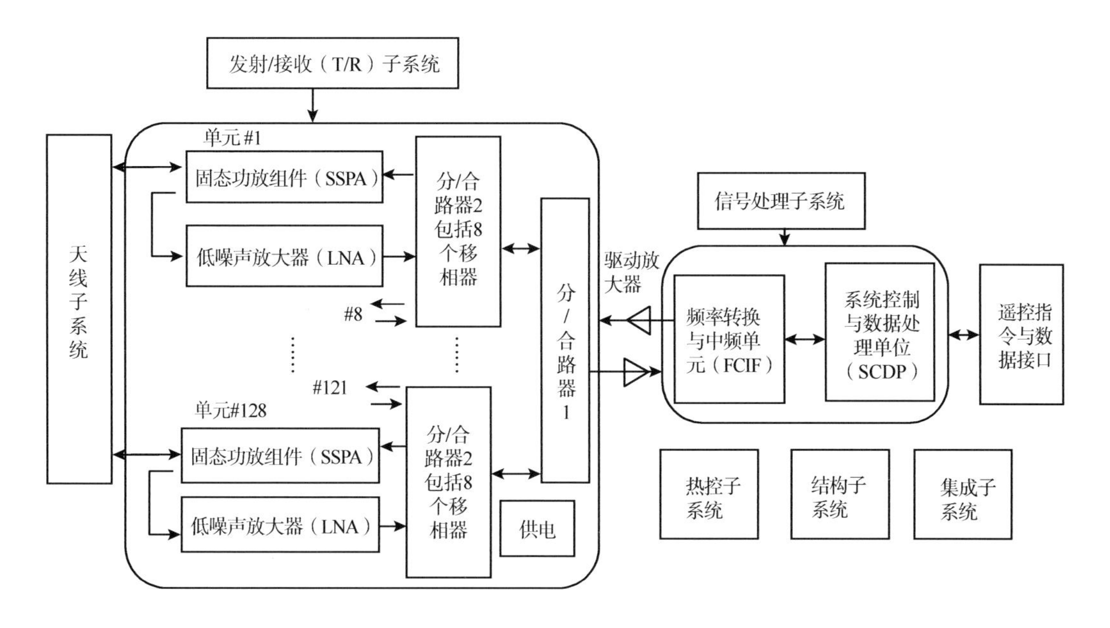

图 3.2　测雨雷达 PR 的功能模块图

三个降水观测载荷中，微波成像仪 TMI 与可见和红外扫描仪 VIRS 都有类似设备在其他卫星上使用过，而 TRMM PR 最具原创性，具有以下一些先进而富有挑战性的技术要求。

(1) 低功率。作为星载雷达正常运行最基本需求，就要有足够电源维持整个雷达系统在 350 km 高度上长久运行，确保 PR 能够探测到雨滴散射的弱回波。目前 PR 完成正常观测只需要 204W，相当于居家使用的小灯泡功耗。

(2) 高分辨率的三维扫描。另外一个挑战就是卫星快速经过局地暴雨过程的短暂扫描时间内，如何收集高分辨率的降雨三维分布信息。由于星载雷达天线尺寸受限，只有采用较高频率获取更高分辨率和高质量的暴雨观测。为此，日本国家信息通信科技研究所(NICT) 选取了一种频率高于典型地基雷达频率 3 倍的星载雷达，并且采用有源相控阵天线和先进的信号处理技术，得到快速电子扫描的天线波束，确保发射和接收雷达脉冲的同步性。同时，采用固态功率放大器(128 个单元)用于保存电能并提供所需能量。

(3) 雷达波束宽度。对于星载雷达，一个要克服的问题就是，需要窄波束扫描足够小的目标区而从中提取出有效观测信息，即较高地面分辨率的要求。另外一个问题是，当卫星沿着轨道运行时，需要一定宽度的波束能更好覆盖地面观测范围。在 NICT 努力下，研制了电子扫描、128 个阵列天线组成的有源相控阵测雨雷达，实现同时得到特定方向窄波束和沿轨道运行方向上一定波束宽度的要求。

3.3　TRMM PR 工作方式

为了获取热带降水的三维结构，图 3.1 显示 TRMM PR 对地扫描方式，即在 350 km

高度上跨轨横扫地面 215 km，为此 PR 天线以 0.71°步长在±17°内来回对地扫描，扫描周期 0.6 s，形成 49 个扫描像元，对应星下点像元的地面水平分辨率约为 4.3 km；PR 的脉冲宽度为 1.67 μm，对应 250 m 的垂直分辨率。

除了上述最为重要、基本的天线跨轨对地扫描模式外，PR 在空间的工作方式还包括内部和外部定标模式、分析模式、待机模式、自检模式和安全模式，具体定义如表 3.3 所示(Kozu et al.，2001)。为了确保星载雷达在轨运行正常，PR 除了不断进行常规的科学观测，即对地±17°内跨轨扫描观测降水系统，还周期性地开启雷达外部和内部定标模式。外部定标主要用日本一个地面定标站上的有源雷达定标器(active radar calibrator, ARC)，每年实施四次外部定标，用以估计在轨雷达系统增益的漂移状况，长期累积的定标数据可以监测 PR 设备参数的变化趋势。内部定标模式则是针对 PR 接收机输入–输出端的信息传输功能定期进行内部自循环定标，周期基本是每隔一天运行一次。此外，临时停止射频辐射而上传相位编码的待机模式、检测 128 个低噪声放大器(LANs)工作状态的分析模式、检测信号处理子系统中 SCDP 模块内存工作状态的自检模式以及 PR 关闭停止工作的安全模式，都是 PR 在轨运行的工作模式，为 PR 正常在轨工作提供重要维护信息和帮助。

表 3.3　TRMM PR 的工作模式

PR 工作模式	方法
常规观测	指定的科学观测，跨轨道来回 17°扫描地面
外部定标	采用地面 ARC 对 PR 各参数绝对定标
内部定标	对接收机信息传输功能测量的内部循环定标
待机模式	临时停止射频辐射，上传相位编码信息
分析模式	利用地表返回信息进行 LNA 功能检测
自检模式	自动检测 SCDP 模块内部 ROM/RAM 工作状态
安全模式	雷达关机，只维持雷达系统必需环境

除了不同工作模式，PR 接收到的雷达回波种类也不同，主要包括降水和地面回波以及镜像回波和过样本回波，具体扫描方式如表 3.4 所示。降水回波是 PR 观测到的主要目标，测量地面回波是为了估计雷达波束扫描的路径长度及其路径上总衰减强度(path-integrated attenuation, PIA；Okamoto and Kozu, 1993)；镜像回波主要反映地面反射的降雨回波信号，为地面降雨量估算提供辅助信息(Meneghini and Nakamura, 1987)。对于降雨回波空间变化频率较大的地带，如地面或零度层亮带附近，增加过采样回波测量来改进这些地区降雨回波的反演精度。通常，降雨回波功率是通过雷达接收到的总功率减去系统噪声功率，而降雨回波功率的准确性一般用有效信噪比(S/N)来表征，这是降雨回波功率的均值与标准偏差的比值。PR 能探测的最小回波强度是 17 dBZ，对应的有效信噪比为 3 dB。

表 3.4　TRMM PR 接收的回波类型

雷达回波类型	定义
降雨和地面回波	地面到 15 km 高度，250 m 垂直分辨率，扫描角度±17°
镜像回波	地面到 5 km 高度，250 m 垂直分辨率，只在星下点扫描
过采样的地面回波	地面回波峰值处±0.5 km，125 m 垂直分辨率，扫描角度±9.94°
过采样的降雨回波	地面回波峰值处到 7.5 km，125 m 垂直分辨率，扫描角度±3.55°

3.4　TRMM PR 数据产品和反演算法

TRMM PR 直接观测降水内部垂直结构，获取的雷达反射率因子廓线数据直接反映降水强度。但是，对于 13.8 GHz 的测雨雷达，雷达回波功率严重受扫描路径上降水粒子衰减的影响，如何正确订正衰减影响的雷达回波，并且将订正后的雷达回波转换成降雨率是 PR 降水反演算法中的关键问题(Iguchi et al.，2000；2009)。

图 3.3 显示 PR 降水反演算法处理流程图。TRMM PR 标准算法形成三种级别的标准产品，分别是 Level 1 级数据，指 1B21 和 1C21 数据产品；Level 2 级数据，包括 2A21、2A23 和 2A25 数据产品；Level 3 级数据，包括 3A25 和 3A36 数据产品。其中 Level 1 级和 2 级产品是 PR 瞬时扫描视场观测数据处理的结果，而 Level 3 级则是在二级产品基础上进行时空平均的统计结果。

最初的 TRMM PR 探测数据是 Level 0 级数据，主要是电压计数值。通过 PR 内部和外部定标过程将电压计数值转换成雷达接收功率，生成 PR Level 1B 数据，即 1B21 产品，主要包含接收功率、噪声级别、回波信号质量等初始观测数据，数据存储量相当可观，每日基本 2.2 G。为了减少雷达数据存储量，方便用户下载使用 PR 观测数据，PR Level 1C 数据只保留与降水探测紧密相关的数据，即根据式(3.1)将 Level 1B 中接收功率转换成更能直接反映降水强度的雷达反射率因子，并且只保留回波强度大于 15 dBZ 的观测样本，形成数据存储量急剧减少到 450M 的 1C21 数据产品，注意 1C21 中的雷达反射率因子没有经过任何衰减订正。

$$Z_{m_0} = \frac{2^{10}10^{18}\ln 2}{\pi^3 c} \frac{(r)^2 \lambda^2 P_r}{G_t G_r \theta_a \theta_c \tau |K|^2 P_t} \tag{3.1}$$

式中，r 是探测距离；c 是光速；λ 是波长；τ 是发射脉冲宽度；P_t 是发射功率；P_r 是接收功率；G_t 是发射天线增益；G_r 是接收天线增益；θ_c 是跨轨方向波束宽度；θ_a 是沿着轨道方向波束宽度。

基于 PR Level 1 级数据，反演生成 PR 最为主要的 Level 2 级降水产品，包括 2A21、2A23 和 2A25，其中 2A25 是 PR 反演的降雨率标准产品，也是 PR 核心产品，前两个产品都为准确获取降雨率的 2A25 产品提供重要参数信息。

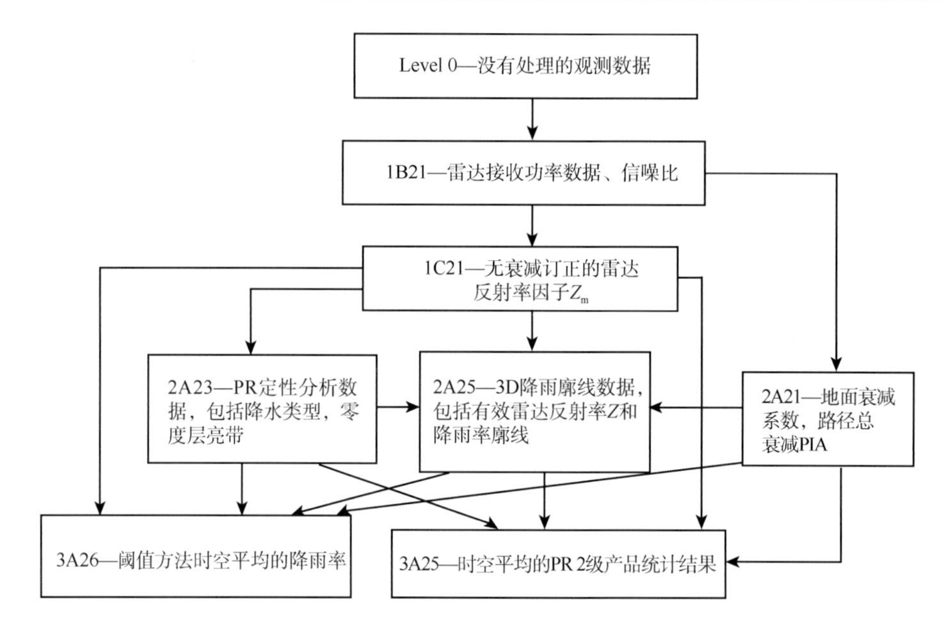

图 3.3　TRMM PR 降水反演算法流程图

2A21 产品主要提供雷达扫描路径上的总衰减 PIA。通常，降水对雷达回波产生的衰减可以通过 Hitschfeld-Bordan（HB）方法（Hitschfeld and Bordan, 1954）估算，具体公式如下：

$$k(r) = \alpha(r) Z_e(r)^{\beta} \tag{3.2}$$

式中，r 是雷达探测距离；Z_e 是有效雷达反射率因子；α、β 都是系数，其中 α 与雷达探测距离紧密相关。对于单波长雷达，HB 方法在降雨衰减大时估算的结果很不稳定，因此引入另外一种方法估算降雨衰减，即地面参考技术（surface reference technique，SRT；Meneghini et al.，2000；2004）方法。SRT 方法就是通过 PR 测量的地面后向散射截面和参考地面的后向散射截面相比较来调整 k-Z_e 关系，进而估算出扫描路径上的总衰减 PIA。2A21 产品的输入数据是 1B21 产品，然后视地面为参考目标，采用 SRT 方法，首先计算无雨条件下扫描视场内洋面和陆面的地面散射系数时空分布特征，然后以此为参考计算降雨时扫描路径上总衰减 PIA。更为详细的降水衰减订正会在第 7 章介绍，这里不再赘述。

2A23 产品主要提供降水类型以及零度层亮带（bright band, BB）相关信息。其反演算法是基于 1C21 提供的雷达反射率因子廓线，结合辅助数据首先判断降水样本是否存在 BB。辅助数据是日本气象局提供的全球大气再分析场数据产品 GANAL，其中大气温度廓线确定零度层高度。在零度层高度之下 0.5 km 附近雷达反射率因子若存在明显的变化，则表明存在 BB，并且变化最为显著之处即为 BB 峰值位置，进一步确定 BB 的上下边界高度及其 BB 宽度。

确定 BB 后，对 PR 观测的降雨样本进行降雨类型划分。先分别采用垂直和水平方法进行类型划分，然后综合两者归类得到三种降雨类型：层状降水、对流降水和其他。垂直方法是针对降水样本的雷达反射率因子 Z 廓线进行分析。若发现 BB 存在，则为层状降水，除非最大反射率因子超过 40 dBZ 可划为对流降水。若没有 BB 存在，符合下面两种条件之一都是对流降水：①有效回波高度范围内 Z_{max} 超过 40 dBZ；②降水回波顶高度(storm top)超过 15 km，否则归为其他降水。水平方法则是检查降雨样本附近反射率因子分布变化，若水平方向的 Z_{max} 超过 40 dBZ 或者显著超过周围其他降雨样本，则视为对流性降水，并且对流中心及其附近降雨样本都为对流性降雨。若不是对流性降水，但是 Z_{max} 也不是很小可认为是层状降水；若 Z_{max} 非常小，几乎接近噪声回波，则归为其他降水类型。

此外，对于单个或只有两个相邻的降水样本，可以作为降水小单体，基本视为对流降水。对于降雨回波顶高度远低于零度层高度的降雨样本看作浅薄降水，也归为对流降水。最后汇总这几方面分析结果，得到一个综合统一的降水类型划分结果。

PR 标准产品中核心产品就是 2A25，主要目标是订正受降水衰减影响的雷达反射率因子，然后估算处于瞬时视场内降雨率垂直分布，从而得到降雨率三维空间变化特征，其算法流程图如图 3.4 所示。首先，需要将 Level 1C 级产品中的雷达测量的反射率因子 Z_m 转换成衰减订正后的有效雷达反射率因子 Z_e，这一步需要结合 Level 2 级产品中 2A21 提供的雷达在地面的衰减系数和路径总衰减、2A23 提供的降雨高度、降雨类型等信息对 PR 探测的 Z_m 进行衰减订正。式(3.3)显示测雨雷达观测的 Z_m 与有效反射率因子 Z_e 之间关系，其中 $A(r)$ 是扫描路径上衰减因子，k 是衰减系数，并且 $k=\alpha Z_e{}^{\beta}$，因此获取正确的 α、β 对于 Z_m 转换到 Z_e 尤为关键。

$$Z_m(r)=Z_e(r)\times A(r)=Z_e(r)\exp\left(-0.2\ln 10\int_0^r k(s)\,\mathrm{d}s\right) \tag{3.3}$$

衰减订正主要是基于地表参考技术(surface reference technique, SRT)，即认为雷达在地表处显著减少的雷达截面是由于降水路径上衰减所致。因此 k–Z_e 关系中系数 α 是基于雷达测量 Z_m 廓线估算的路径总衰减 PIA 与 2A21 中 SRT 方法计算的 PIA 相匹配而进行调整，这种方法也叫 α 调整参数方法。地表参照技术在雷达探测的地表衰减显著变化情况下，能积极发挥衰减订正作用，对于弱降水过程，地面衰减改变不是很显著时候，该方法容易引入较大误差。为了避免小雨时不正确的衰减订正，需要综合使用地面参照技术和 Hitschfeld-Bordan 方法才能有效订正衰减(Iguchi and Meneghini, 1994)，两个方法的相对权重也是随着衰减强度变化。当降雨很弱总衰减也较弱时，来自于地表参照技术估算的 PIA 可以忽略不计，主要采用 Hitschfeld-Bordan 方法估算 PIA。因此最终 k–Z_e 关系中系数 α 是根据这两种方法综合估算的 PIA 信息进行调整。

需要说明的是，式(3.3)中反映的衰减订正关系是假设扫描像元内降雨均匀分布。对于非均匀降水分布，还需要考虑非均匀波束充塞(non-uniform beam-filling, NUBF)订正。对于雷达观测的反射率因子 Z_m 廓线，不仅要对衰减订正的 k–Z_e 关系采用 NUBF 订正，还需要对 Z_e–R 关系进行订正，因为对于非均匀波束扫描，这些参量之间存在着非线性变化关系。也有相关研究表明，NUBF 订正对于降雨率反演结果影响相对较小，通常情况下不到 5%。尽管如此，PR 降水产品在不断的版本升级中，也不断改进 NUBF 订正误差(Iguchi et al., 2000)。

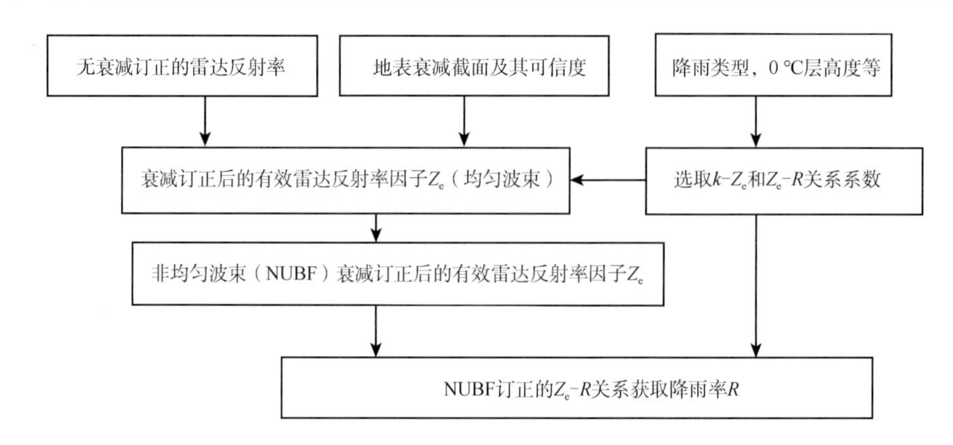

图 3.4　TRMM PR 2A25 产品反演算法流程图

在获得降水衰减订正后的有效雷达反射率因子 Z_e 之后，根据 $R = aZ_e^{\ b}$ 关系，就反演得到 2A25 产品中的降雨率廓线。这里系数 a 和 b 是基于降雨类型、零度层高度以及降雨回波顶高度来确定，并且 a、b 系数也与 $k = \alpha Z_e^{\ \beta}$ 的系数 α 存在函数关系，因此也随着衰减订正中系数 α 改变而改变。其实，在 k–Z_e 关系和 Z_e–R 关系建立过程中，都涉及粒子谱函数(drop size distribution，DSD)，正确选取 DSD 分布形式对于降水率反演很重要。通常，根据 2A23 中提供的降水类型选取其对应的层状或对流降水的 DSD 模型，这两种 DSD 模型也是基于全球近洋面上大量观测资料累积分析的 Z–R 关系得到。

一旦 DSD 模型确定后，就能根据降水类型、降水廓线的温度以及降水粒子垂直分布确定 k–Z_e 和 Z_e–R 关系的系数初值。具体方法如下：对于存在零度层 BB 的层云降水，根据图 3.5(a)所示，首先确定 A～E 这 5 个重要位置的初始系数，其中 A 是雷达回波顶高度，E 是有效雷达回波最低处，C 是 BB 峰值位置，B、D 分别是距离 C 位上下各两个扫描点，即 500 m。D 的位置接近 0 ℃高度，因此 E-D 之间基本都是液态降水粒子，而 D 以上随着高度增加，液水粒子逐渐减少，而冰相粒子为主导。对于无零度层亮带的层云或对流性降水，A-E 关键点则是基于图 3.5(b)所示，其中 A 和 E 选取方法与图 3.5(a)一样，主要是 C 点位置有所变化，直接在 0 ℃处高度，而 B、D 距离 C 位置上下各三个扫描点，即 750 m，其中虚线部分是降水类型为“其他”(others)时，并设定液水粒子在 0 ℃以下。基于这 5 个高度的系数初始值，可以通过线性插值方法获取降水有效回波范围内的任一高度处系数初值，然后在反演过程中通过逐次迭代分析获取最佳的 k–Z_e 和 Z_e–R 系数值。

对于 PR 核心产品 2A25，从 TRMM PR 发射至今，一直有大量工作在研究降水反演算法，也在分析 PR 反演降水率存在的误差原因。Iguchi 等(2009)认为，2A25 产品中主要有三种误差来源：①与雷达自身硬件系统以及定标系统有关；②与大气和云物理模式自身存在不确定性有关；③从地面散射模式估算路径总衰减 PIA 过程中产生。对于第一种仪器测量误差的定量化分析不是很难，因为 PR 在轨运行状态一直很稳定，硬件方面的误差订正在算法研究中已经不是大问题。而对于大气和云模式产生的误差定量化估算

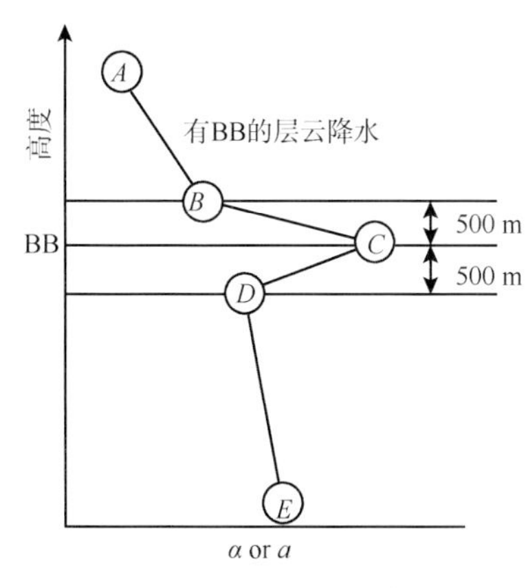

(a) 有零度层亮带的层云降水

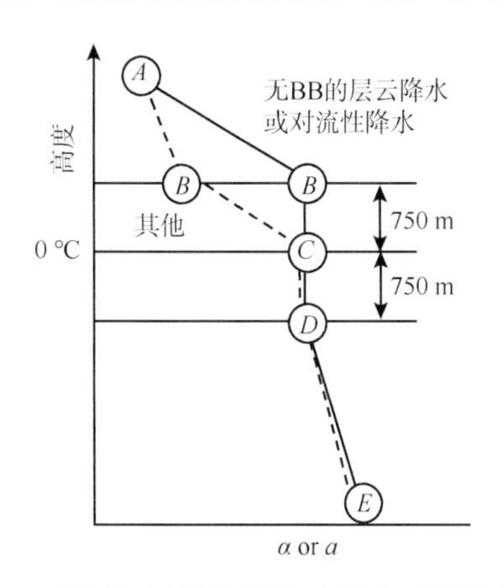

(b) 无零度层亮带的层云降水或对流降水

图 3.5　k-Z_e 和 Z_e-R 关系系数 α 和 a 初值选取示意图

非常困难，因为降水是一个非线性变化过程，而大气和云模式自身精确程度有限，难以准确描述多种影响因子引入的不确定，如降水粒子相态、粒子谱分布、降水粒子温度以及降水非均匀性等。对于 PIA 估算引入的误差，需要结合更多辅助信息来加以完善，如增加频率，利用双频比值，结合 HB 和 SRT 方法提高 PIA 估算正确性。

基于 PR 瞬时扫描观测数据生成的 Level 2 级降水产品，进一步形成时空平均的 PR Level 3 级产品，包括 3A25 和 3A26。其中 3A25 就是对标准产品 2A21、2A23 和 2A25 的时空平均统计结果，主要计算一个月内 PR 2 级标准产品的统计变化，空间尺度有两种：5°×5°(标准) 和 0.5°×0.5°(精细)，计算的统计参数包括：平均值、标准偏差和出现概率，统计直方图、相关系数和 Z-R 关系系数 a 和 b。3A26 的主要目标是计算一个月内 5°×5° 网格点内时空平均的降雨率分布特征，输出结果包括 4 个高度上，即 2 km、4 km、6 km 和降雨整层平均降雨率经时空平均后的概率分布函数、均值和标准偏差。

一般用户主要使用 PR 二级和三级降水产品。二级数据是基于 PR 实时轨道扫描观测数据反演的每日多轨的降雨产品，广泛应用于个例研究和天气系统研究；三级产品则是对二级轨道产品进行网格化处理，形成逐月平均的 5°×5°降水产品，主要应用于大尺度天气学和气候学研究。

3.5　TRMM　PR 地面验证

卫星观测降水能提供大范围的降水信息，在应用到科学研究和业务数值预报模式时，对降水数据的质量及其不确定需要有定量化的评估认识，这就需要开展更多的验证比较。目前主要有三种方式来检验 PR 反演的降雨率廓线：一种是直接和其他相当可靠的星载测量降水产品进行比对，比如同时搭载在 TRMM 卫星上的微波成像仪 TMI 估算的降雨率；另一种就是基于物理原理检验降水反演的自我一致性；最后一种就是开展地面验证 (ground validation, GV) 工作，这也是 TRMM 任务中相当重要的一部分 (Wolff et al., 2005; Amitai et al., 2006)。其实，专门有 TRMM GV 项目一直在对 TRMM PR 反演的降水产品进行质量评估。GV 项目是美国 NASA 下 Goddard 空间飞行中心的 TRMM 卫星验证办公室负责开展，主要收集地基雷达、雨量计和雨滴谱观测数据，尤其是整个热带地区大量站点的观测。自 TRMM 卫星发射后，PR 反演的瞬时和月平均标准降水产品经过地基雷达验证后才发布。TRMM 卫星的地面验证雷达数据主要源自四个地方：美国佛罗里达州的墨尔本市(MELB)、马绍尔群岛共和国的瓜加林环礁(KWAJ)、美国得克萨斯州的休斯顿市(HSTN)和澳大利亚的达尔文市(DARW)，这四个站点基本穿过整个热带地区，具体位置如图 3.6 所示。四个雷达站点中，KWAJ 在太平洋中部，地基雷达探测 150 km 范围内只有 7 个雨量计，DARW 则有 33 个地基雨量计，HSTN 有 165 个雨量计，MELB 则在 300 km 狭长范围内由四部分组网雨量计共形成 209 个地面雨量计，空间分布不是很均匀。近几年，在 MELB 和 KWAJ 站点还增加冲击型雨滴谱仪(Joss-Waldvogel)，提供更为准确的粒子谱分布信息，为获取高质量的地面降雨数据提供重要帮助。

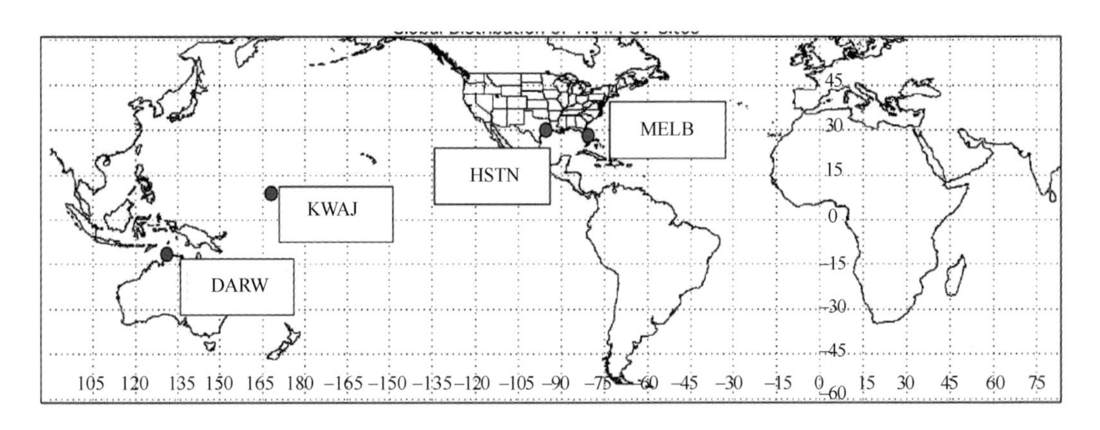

图 3.6　TRMM 卫星地面雷达验证点的分布

地面验证工作需要收集并质控处理大量地基观测数据，结合地面验证雷达观测资料及其附近雨量计数据，建立高质量的地面验证产品，用于评估 TRMM 卫星反演的降水产品。图 3.7 描述了几种主要的地面验证产品形成过程。首先将地面雷达体扫观测数据输入到地面验证系统，建立最大探测距离为 230 km 的原始观测一级数据 1B51。然后剔除非降水雷达回波，采用反射率因子阈值参数、信号质量等处理方法得到质控后最大探测距离为 200 km 的 1C51。进一步将 1C51 数据转变成笛卡儿坐标系下的三维格点数据 2A55，最大探测范围 150 km，最高探测到 19.5 km，含有 151×151×13 个像素点，水平分辨率 2 km×2 km，垂直分辨率 1.5 km。类似地，地面雨量计测量数据在匹配之前也需要进行质量控制处理，执行常规雨量计自动检测程序得到分钟级质控的雨量计数据 2A56。接下来 2 km 格点的雷达观测反射率数据 2A55 与质控的地面雨量计数据 2A56 进行时空匹配，这需要四个步骤：①首先从质控雷达数据中提取出雨量计位置处的雷达反射率因子 Z。②时空匹配质控的雨量计降雨量 R 及其对应的 Z，建立 Z–R 匹配数据。③采用自动质控方法再次处理匹配的 Z–R 数据，去除不可靠的雨量计测量数据，选取更佳 Z–R 匹配数据。④采用窗区概率匹配方法(window probability matching method,

WPMM；Rosenfeld et al., 1994）建立 Z–R 关系查找表。所谓 WPMM 方法就是通过概率匹配雷达观测的反射率和雨量计测量的降雨强度 R，即 Z–R 匹配数据中雷达反射率因子估算的降雨率概率密度函数（probability density function, PDF）和对应雨量计观测雨量的 PDF 在月统计尺度内分布一致。最后将 Z–R 关系应用到 2A55 格点数据中，得到地基雷达估算的地面雨量产品 2A53。

近些年，TRMM GV 项目一直为获取更高质量的地面验证产品而努力，其中数据质量控制是一个关键部分。针对雷达数据的相对定标调整（relative calibration adjustment, RCA）方法是一个重要成果（Silberstein et al., 2008）。RCA 方法是利用地物回波的雷达反射率因子分布特征来检查和订正降雨观测的雷达反射率因子。该方法能探测和订正雷达定标变化到±0.5 dB 和天线俯仰角扫描误差在±0.1°，并且能预测雷达系统失误状况。RCA 方法订正并恢复 KWAJ 站点以往 12 年的历史数据，为研究洋面 GV 站点的降水气候变化提供宝贵数据。目前，RCA 方法已经完全业务化应用到 KWAJ 站点，能够近实时反映雷达可能出现的问题。除了相对定标，KWAJ 站点的地基双偏振雷达提供的双极化数据还能用自我约束方法进行绝对定标，还能验证 RCA 相对定标结果。并且，基于双极化观测建立一个自动质控算法应用于 KWAJ 雷达资料分析，显著改善数据质量（Marks et al., 2009；2011）。

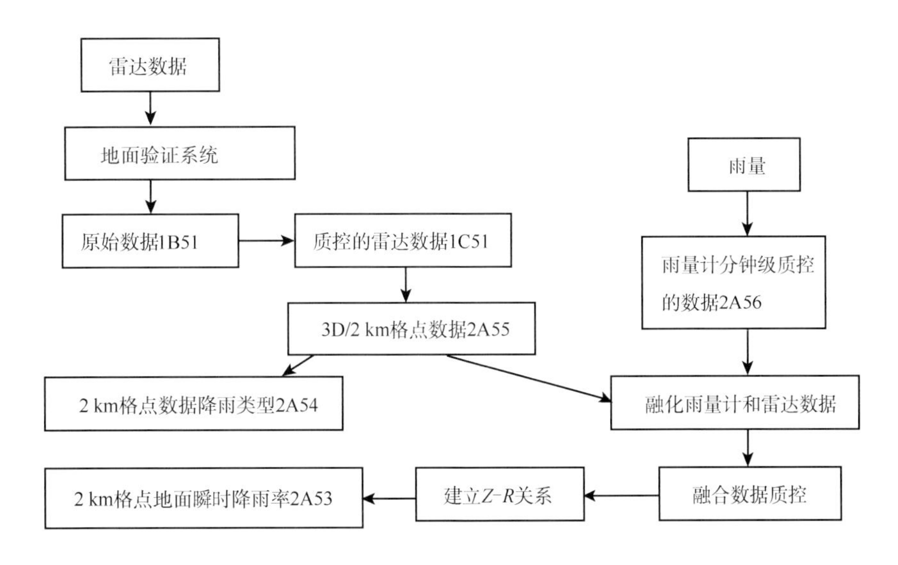

图 3.7　TRMM 卫星地面验证产品处理流程图

TRMM GV 产品已经广泛应用于各种验证研究中。更多 GV 站点或其他地方的雨量计测量进行验证，发现雨量计和雷达估算的降雨量具有较好一致性。比较 GV 估算的雨强和 TRMM TMI，PR 以及两者结合估算的雨强，发现洋面一致性更好（Wolff et al., 2005）。Liao 和 Meneghini（2009a）使用十年的 GV 雷达 MELB 观测数据评估 TRMM/PR 衰减订正的有效性。Schwaller 和 Morris（2011）使用 TRMM GV 数据和质控算法在美国东南部发展另外一个地面验证区，不仅支持 TRMM GV 工作，还用于 GPM 发射前算法研发，最终用于 GPM 降水反演的验证。

此外，TRMM GV 数据还用于验证其他全球降水产品，如 TRMM 融合多个卫星的降水产品 3B42(Huffman et al., 2007)，气候数据中的 CMORPH 产品(Joyce et al., 1997)和神经网络方法统计的遥感降水产品 PERSIANN(Hsu et al., 1997)。

由于降水的高度时空变化性，获取极端天气条件下多种状况和独特气候地区的高质量 GV 数据很重要。同时，迫切需要长时间序列的 GV 产品，能够有效获取降水的季节、年际变化特征，从而验证卫星降水产品的气候变化。因此，未来仍然需要长期的 GV 观测资料，还需要更多 GV 工作获取更加可靠的验证数据，验证方法需要更为精细。持续的 GV 工作对于监测各种卫星设备正常运行也非常重要。所以，TRMM GV 项目还需要继续收集和处理地面验证数据，需要继续拓宽和结合 GPM 的验证工作。

3.6 结　　语

TRMM 卫星是 1997 年年底美国和日本合作发射的。作为首颗热带降水测量卫星，TRMM 首次实现星载主被动微波设备联合探测降水，采用低轨倾角 35°观测，采用当时世界上研究热带降水以及热带天气和气候过程最为先进的空基观测设备，尤其是首个星载测雨雷达 PR 能够观测精细的降水垂直结构变化。整个系统在轨运行非常稳定，不仅完成最初 3 年的观测计划，而且持续工作长达 17 年，为研究全球热带地区降水提供丰富的观测资料，广泛应用于热带降水天气系统和气候特征研究。

TRMM 卫星在 17 余年观测期间，发生两次重大变动：第一次是为了节约能耗在 2001 年 8 月提升卫星观测高度至 402.5 km，使得各设备扫描地面的宽度增加，对应的地面像元分辨率减弱；第二次是 2009 年 5 月 TRMM PR 的信息处理子系统不能正常工作，数据丢失，为此启用冗余组件使得 PR 能够继续工作。针对这两次变动，对应的观测数据及其反演产品也进行调整升级。其中，从数据版本 V5 到 V6，主要改进体现在：衰减订正中考虑云中液态水、水汽和氧气分子的吸收衰减；再次评估 SRT 方法和降雨回波中估算的 PIA 误差(Liao and Meneghini，2009b)。在 PR 降雨产品的验证比较中，发现 PR 估算的降雨率偏低，尤其在非洲地区较为明显，为此进一步从 V6 升级到 V7，算法改进方面主要包括：引入改进的 NUBF 订正方法；采用新的降水粒子相态模式廓线；提出新的 DSD 模式。多年不断调整变化的 TRMM 降水产品的一致性对于热带降水的气候变化研究很重要，Kanemaru 等(2017)分析 17 年 PR 降雨资料一致性时，发现 2009 年 6 月测雨雷达异常前后的数据存在显著不连续性，尤其是信噪比数据。为了保持数据一致性，将 PR 的噪声功率数据在 2009 年异常前后调整一致，即增加后期显著偏低的噪声功率，尽量和前期保持一致，如此调整后发现估算的降雨顶高以及其他降雨参数的前后差异明显减弱，也表明该调整的有效性。

基于 TRMM 提供的多年降水观测，尤其具有精细的降水三维结构，结合其他研究和业务卫星提供的降水产品，形成新的降水数据，即 TRMM 多卫星降水分析产品(TRMM multi-satellite precipitation analysis, TMPA；Huffman et al., 2007)。TMPA 主要融合 TRMM 在 17 年观测中不同被动微波辐射计获取的降水信息和静止卫星提供的红外信息，融合数据源主要包括：TMI Level 1 亮温，AMSR-E、SSMI、AMSU-B、MHS 的 Level 2 降水估算，静止卫星上红外 Level 1 亮温。为了确保多种数据的准确性，统一采用 PR 观测作为定标参照物，从而获得全球更为统一、时空分辨率更好的降水数据。可以说，TRMM 从最初只研究热带降水的试验卫星已经演变成研究和业务卫星系统中的重要卫星，联合其他卫星降水数据可以分析全球时间尺度从 3 小时到年际变化的降水特征。

TRMM 卫星总的科学目标是认识热带降水、对流系统和暴雨过程的时空变化特征，以及这些分布特征如何改变全球水资源和能量循环。多年 TRMM 观测数据，尤其首个星载雷达提供丰富的降水信息，已经广泛应用于热带降水研究，并取得不少科学成就，比如减少估算热带洋面降雨量的不确定；获取热带降水系统的区域性、日变化和年际变化特征；首次建立潜热廓线数据库；增强对热带对流系统和热带气旋等灾害性降水过程的认识；拓宽人类活动对降水分布影响的认知；等等，具体相关应用研究在第八章将有更多的介绍。

TRMM PR 可以说是空基微波观测降水的一次飞跃，极大地丰富了热带降水的研究资料和应用研究，定量化加深对全球水资源和能量循环的认知，为综合使用多种降水测量卫星提供新的思路和方法。为了获取时间连续的降水观测资料，更为深入、系统地认识全球降水的气候变化特征，在 TRMM 卫星 2014 年 7 月能量耗尽之前，全球降水测量计划 GPM 核心卫星在 2014 年 2 月成功发射，上面首次搭载了双频测雨雷达，不仅延续了 TRMM PR 降水观测任务，而且采用更先进的双频雷达探测技术开启了新一阶段的全球降水测量宏伟计划。

第4章 星载双频降水雷达GPM DPR

4.1 引 言

降水作为联结水循环的一个重要环节，对于研究全球大气能量的传输及长期气候变化是很重要的。对长期气候预测而言，全球降水的变化不仅是一个重要的被预报量，也是一个重要的预报因子。同时，全球降水的时空分布是气象、气候、水文、生态以及经济、农业和其他学科系统研究中最重要的变量之一。随着经济和社会的不断发展，人们对提高监测和预报降水精度的需求更加迫切。

由于降水过程在时间和空间上存在很大的不均匀性，常规使用的雨量计和地基天气雷达只能测量有限的空间范围，使得降水成为最难测量的气象水文参数之一。作为空基观测重要手段的卫星观测，由于较大的空间覆盖性，可以对全球降水分布做出时间和空间上较为连续的观测，成为监测研究全球降水变化的一种重要手段。

从20世纪90年代以来，美国国家航空航天管理局（NASA）正式开展地球观测系统(EOS)项目，包括一系列星载微波设备观测降水计划。其中，美国和日本于1997年合作发射的热带降雨测量计划卫星(TRMM)是卫星降水遥感史上的一次飞跃，首次将星载测雨雷达(PR)和多波段微波成像仪(TMI)搭载在同一卫星上，为主被动联合反演降水提供有利的条件。多通道、多仪器结合的TRMM卫星为监测全球范围内热带及亚热带降水以及能量交换过程提供丰富的观测资料，为全球天气以及气候模式提供一个较为可靠的初始场。原本计划观测3年的TRMM卫星自发射后，在轨观测状态非常稳定，一直持续工作到2014年出现明显异常，最终在2015年4月停止工作。TRMM卫星超常完成热带降水观测计划，尤其首个星载雷达PR在轨运行状态稳定，为进一步开展星载雷达观测奠定坚实基础，也为拓宽星载雷达技术应用创造有利条件。TRMM卫星提供长达17年的降水观测资料，尤其星载测雨雷达提供高分辨率的降水垂直结构，丰富和加深学者们对热带降水及其能量循环的认知，在研究热带天气系统演变和全球气候变化方面发挥重要作用。

为了获取连续的星载雷达降水观测资料，继承TRMM卫星上测雨雷达的成功运行，2014年2月27日，美国NASA和日本宇宙航空研究开发机构JAXA继续合作发射了全球降水计划(global precipitation mission, GPM)核心卫星(Hou et al.，2008；2014)，搭载着目前世界上最为先进的多通道被动微波成像仪(GPM microwave imager, GMI)和双频测雨雷达(dual-frequency precipitation radar, DPR)。GPM核心卫星是一颗非太阳同步卫星，轨道倾角为65°，轨道周期为93分钟，每天绕地球约有16条轨道，能够获取从热带到高纬度极区的降水观测。因此，GPM核心卫星不仅比TRMM卫星观测的降水范围更广，而且观测设备技术更为先进，尤其是采用双频测雨雷达 DPR。

作为国际性的全球降水观测计划，GPM 基本目标是开展比 TRMM 卫星观测频率和准确率更高的全球降水观测。目前一些国家已有自己的星载微波观测降水卫星，为了集合并统一多种降水观测资料，GPM 任务初衷就是形成一个国家和国家之间以卫星合作关系开发的空基降雨观测组网卫星星座。目前参与 GPM 任务的国家有美国、日本、法国等，各国合作卫星如图 4.1 所示，即 GPM 任务目前由一颗核心卫星和 9 颗辅助卫星组成。这些辅助卫星上降水测量的微波设备主要有：①被动微波成像仪和探测器 SSMIS；②先进微波成像仪 AMSR-2；③多频率微波扫描辐射计 MADRAS 和多通道微波湿度探测器 SAPHIR；④多通道微波湿度探测器 MHS；⑤先进技术微波探测仪 ATMS。后续，将有更多国家的卫星观测参与到 GPM 任务中，如中国风云三号卫星 FY-3 上微波成像仪 MWRI 和微波探测器 MWTS 与 MWHS，和俄罗斯卫星“MTVZA”上的微波成像和探测器。在 GPM 任务中，参与的各国卫星都有自己的科学计划和任务目标，只需要分享微波设备观测的微波亮温数据。因此，各国既是合作关系也是独立的，通过共享卫星观测数据和地面验证测量以及科学应用试验，形成一个全球高时间分辨率的空基降水观测系统。

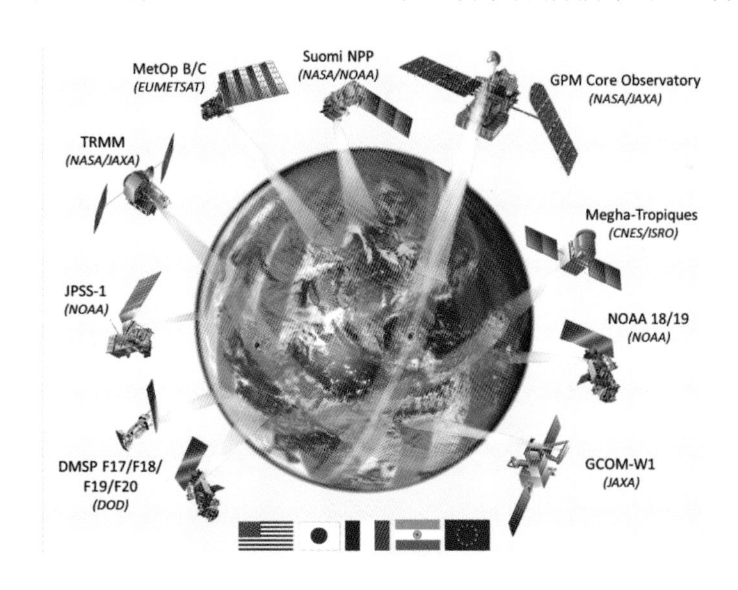

图 4.1　GPM 任务的组网卫星

为了统一多种星载被动微波辐射计和微波垂直探测器对降水云雨的观测资料，GPM 任务在核心卫星上搭载了目前最为先进的两个微波设备：被动微波辐射计 GMI 和主动双频测雨雷达 DPR，除了提供高精度的降雨观测数据，另一个主要用途是标定 GPM 任务中其他卫星上搭载的被动微波传感器探测的降雨数据，最终形成一个统一的高时间分辨率（0.5～3 h）和空间分辨率（5～15 km）的全球降水资料。可以说，为了实现 GPM 的基本目标，首先通过合作建立 GPM 核心卫星上先进的 GMI 和 DPR 微波主被动探测结合，获取准确的降水三维结构；然后以此为基准，对 GPM 任务中辅助卫星观测的降雨数据进行内部统一标定，最终融合多种数据形成全球高时间分辨率的降水数据。

当然，国际性 GPM 任务更多深远的科学目标主要体现在以下几点：

(1) 为了探测更为精准的降水系统微物理属性和垂直结构，在较宽的波段范围内改进星载主动遥感降水技术以及微波主被动遥感结合技术；

(2) 提供全球降水时空变化的四维(4D)测量数据，更好理解暴雨结构、水和能量收支平衡、淡水资源以及降水和其他气候参数之间相互作用，改进降水系统、水循环变化和淡水使用的认识；

(3) 提供地表水通量、云和降水微物理以及大气中潜热释放的测量数据，改进地球系统的模拟和分析能力，改进气候模式和预测能力；

(4) 通过准确而高频次的空基观测，将受降水影响的微波辐射信息和瞬时降雨率信息及其量化误差特征同化在天气预报和数据同化系统，改进天气预报和数据同化分析场质量；

(5) 通过降尺度方法提供高分辨率的降水数据，为水文模型提供更为丰富的初始化信息，改进水文模型对高影响自然灾害事件的预测率，改进水文模式和预测能力。

为了实现这些目标，NASA 的 Goddard 空间飞行中心负责研制 GMI，日本宇航局(JAXA)和日本国家情报通信研究机构(National Institute of Information and Communications Technology, NICT)合作研制 DPR。设备的使用时间预设为 3 年，提供的燃料基本能维持 15 年之久。图 4.2 是 GPM 核心卫星上 GMI 和 DPR 扫描示意图，飞行高度为 407 km，被动微波成像仪 GMI 沿飞行方向跨轨圆锥扫描，地面扫描宽度为 885 km；双频雷达 DPR 也是跨轨扫描，在地面扫描宽度分别为 245 km 和 125 km，垂直方向分辨率到达 250 m 和 500 m。

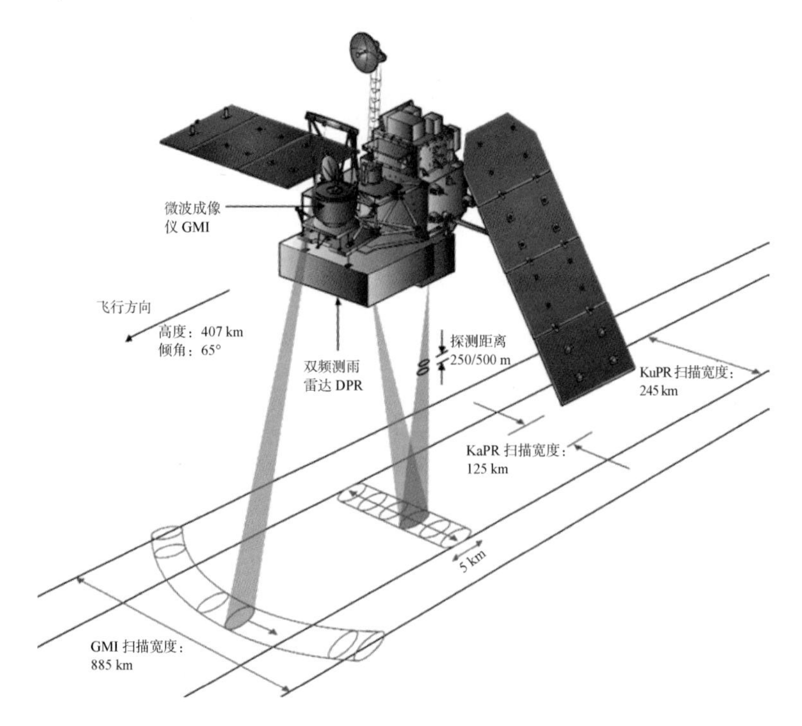

图 4.2　GPM 主卫星上主要设备扫描示意图

作为核心设备之一，13 通道的微波成像仪 GMI 基本是在 TRMM 卫星微波成像仪 TMI 9 个通道基础上升级，拓宽增加 4 个高频通道，分别是 166 GHz 水平和垂直极化通道，183.3 GHz 附近两个垂直通道，具体参数特征见表 4.1。其中，最低频率的 10.65 GHz 通道适用于液态降水探测，19 GHz 和 37 GHz 适用于洋面弱到中等强度降水，水汽吸收通道 23.8 GHz 主要为了订正水汽吸收效应，89 GHz 适合探测洋面和陆地降水中冰相粒子，166 GHz 适合探测热带地区以外的弱降水，183 GHz 适用于探测更小冰相粒子散射和探测积雪覆盖地区的弱降水或降雪。可以说，GMI 把目前星载被动微波辐射计能使用的最佳探测通道都基本用上，是目前覆盖微波频率最广、最为先进的星载微波成像仪，为进一步利用 GMI 观测信息标定 GPM 任务中辅助卫星上微波成像仪观测奠定良好基础。

表 4.1　GPM 微波成像仪 GMI 参数

频率/GHz	10.65 V&H	18.7 V&H	23.8 V	36.5 V&H	89.0 V&H	166 V&H	183.31 ±3V	183.31 ±7V
分辨率/km	19.4×32.2	11.2×18.3	9.2×15.0	8.6×15	4.4×7.3	4.4×7.3	4.4×7.3	4.4×7.3
样本敏感度 NEDT/K	0.96	0.84	1.05	0.65	0.57	1.5	1.5	1.5
测量精度/K	0.99	1.05	0.71	0.53	0.69	0.69	0.66	0.66
带宽/MHz	100	200	400	1000	6000	400	3500	4500
入射角/（°）	52.8				49.19			
功率，重量，尺寸，数据量	162 W，166 kg，1.4 m×1.5 m×3.5 m，30 kbps							

4.2　GPM DPR 组成与技术性能

全球降水测量计划 GPM 核心观测设备之一就是双频降雨雷达 DPR，即包括一个 Ku 波段(13.6 GHz)测雨雷达(简记 KuPR)，一个 Ka 波段(35.5 GHz)测雨雷达(简记 KaPR)。两个测雨雷达同时运行能提供地面 5 km 水平分辨率的降雨信息。采用 DPR 的目标主要是：①提供全球洋面和陆面降水以及降雪的三维结构；②改进空基降水测量的精准度；③标定其他卫星上微波成像仪和微波探测器探测的降水数据。日本研制方在首个测雨雷达 TRMM PR 成功运行基础上，继承并改进生产出第二代星载测雨雷达 DPR(Miura et al., 2011)。三个雷达的主要参数比较见表 4.2。

表 4.2　星载测雨雷达特征参数比较

设备	GPM KaPR	GPM KuPR	TRMM KuPR
飞行高度/km	407	407	305
天线类型	主动相控阵雷达(128 单元阵列)		
频率/GHz	35.55	13.6	13.8
水平分辨率/km	5	5	4.3

续表

设备	GPM KaPR	GPM KuPR	TRMM KuPR
垂直分辨率/m	250/500	250	250
垂直探测范围/km	0～19	0～19	0～15
脉冲宽度/μs	1.6/3.2（×2）	1.6（×2）	1.6（×2）
脉冲重复频率/Hz	4275±100（变化）	4206±170（变化）	2776（固定）
发射峰值功率/W	146	1013	500
样本数	108～112	104～112	64
最低探测强度和雨强	12 dBZ（0.2 mm/h）	18 dBZ（0.5 mm/h）	18 dBZ（0.7 mm/h）
数据率/kbps	78	112	93.5
重量/kg	324	430	465
功耗/W	315	423	217
物理尺寸/m	1.4×1.2×0.8	2.5×2.4×0.6	2.2×2.2×0.6

对于 KuPR，尽管工作频率和 TRMM PR 基本一样，但是 KuPR 探测能力明显有所改进，可以说是 TRMM PR 的升级版。最为显著差异之处就是 KuPR 发射功率明显增强，几乎是 PR 功率的两倍，因此 KuPR 探测降水灵敏度增强，能够获取超过 PR 约两倍的观测样本，提高降水测量精度，也提高最小雨强探测能力，如由 PR 探测的最小雨强 0.7 mm/h 改进到 0.5 mm/h。而采用高灵敏度扫描模式的 KaPR，更能显著增强 DPR 最小雨强探测能力，将最小雨强能力提高到 0.2 mm/h。

作为首个星载雷达，TRMM PR 是空基降水观测历史上革命性的飞跃。但是单频率雷达观测信息有限，不能很好地解决降水反演中多个影响因子。TRMM PR 在降雨率反演中一个主要误差来源就是雷达反射率因子转换成降雨率的不确定性影响，其中随地区、季节和降雨类型等易变的雨滴谱分布（drop size distribution, DSD）是引起不确定的主要来源（Liao et al., 2014）。采用双频测雨雷达，可以根据 KaPR 和 KuPR 共同扫描的降雨像素反映的不同衰减差异，较为准确、量化估算出 DSD 分布；并且结合双频雷达观测差异可以更为准确地估算降水粒子相态转变的高度。DSD 和粒子相态转变高度都是微波遥感反演降水中重要的参数，利用 DPR 观测提取的这些参数信息建立一个先验数据库，应用到后续降水反演中，不仅提高 DPR 反演降水精度，而且对被动微波成像仪 GMI 改进降水反演也有帮助，更将有助于 GPM 任务中其他卫星伙伴上搭载的微波成像仪的降水反演。

图 4.3 是基于 Haddad 等（2006）个例研究数据进一步分析的 DSD 参数对于降水估算的不确定影响（Hou et al.，2008），对于中等强度降水，如 1～15 mm/h，相比较 TRMM 卫星一直较高的不确定性（40%），GPM 核心卫星估算地面降雨率的不确定性显著降低到 20%以内，这表明 DPR 观测对于降水精度的提高发挥显著作用。此外，GPM 核心卫星观测范围已经由 TRMM 卫星侧重的热带和亚热带地区扩展到 65°S～65°N，即热带到高纬度极地地区，对于高纬度地区常出现的弱降水或降雪过程，可以用频率较高的 KaPR 雷达来实现观测，因为其波长较短，对于弱降水或降雪更为敏感，也拓宽 GPM 核心卫星在中高纬度地区探测降雪的能力。

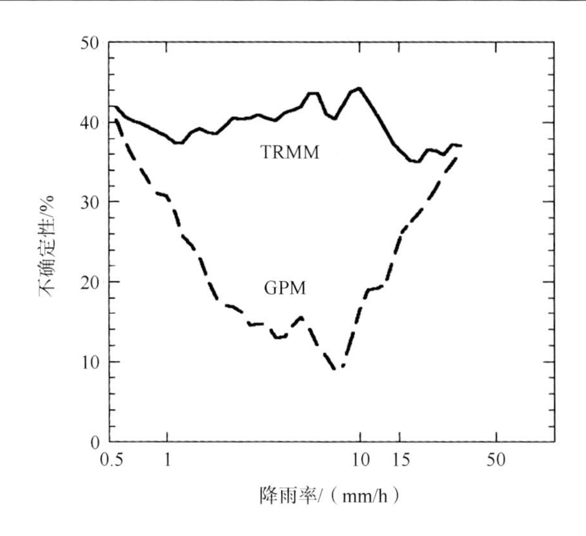

图 4.3　GPM 核心卫星和 TRMM 卫星反演地面降雨率的不确定性比较
（引自：Hou et al.，2008）

因此，第二代星载测雨雷达 DPR 联合 Ka/Ku 波段雷达观测的衰减差分信息更为准确获取降水粒子谱分布、粒子相态及其转变高度等重要信息，消减降水反演中不确定性，提高反演降水精度。为了增强探测灵敏度，有效探测弱降水和降雪，DPR 采用变脉冲重复频率(varied pulse repetition frequency, VPRF)技术，能够增加每个瞬时视场 IFOV 内样本数目，提高最小降水探测能力达到 0.2 mm/h。

硬件技术方面，DPR 总体设计与 TRMM PR 很类似。首先，双频测雨雷达都是由 128 个缝隙阵列天线组成的有源相控阵雷达。具体的雷达功能模块与图 3.2 很接近，主要包括天线子系统，功率发射/接收(T/R)子系统、信号处理子系统等辅助系统。DPR 雷达收发(T/R)子系统基本与 PR 一样，还是发射机采用固态功率放大器 SSPA，接收机采用低噪声功放 LNA，还有移相器(PHS)组成。只不过这三个部件组合方式与 PR 设计稍有不同，DPR 的每个 T/R 模块是由一组 SSPA、LNA 和 PHS 组成，然后每 8 个 T/R 模块组成一个 T/R 单元，这样 DPR 的每个雷达的 T/R 子系统都是由 16 组 T/R 单元组成，而不像 PR 由 128 个 T/R 单元组成收发子系统使得电子线束体积过大；并且，为了消除射频线上单次失误点，DPR 收发系统中的分/合路器、环形器和混合器等辅助器件的设计也进行调整改变。对于 DPR 信号处理子系统，基本与 PR 一样，主要由频率转换和中频单元(frequency converter and if unit, FCIF)、系统控制与数据处理单元(system control and data process unit, SCDP)组成，只不过为了减轻设备重量，一个 SCDP 安装在 KuPR 上用于同时控制 KaPR 和 KuPR，另一个 SCDP 安装在 KaPR，只是作为备份组件。此外，为了提高观测灵敏度，KaPR 在不同扫描模式中采用变脉冲重复频率 VPRF 技术，能够获取更多观测样本。

4.3　GPM DPR 工作方式

从图 4.2 显示的 GMI 和 DPR 扫描示意图可以看到，KuPR 扫描刈幅宽基本是 KaPR

的两倍。具体两个雷达对地扫描像素点的空间分布如图 4.4（a）所示，其中 KuPR 扫描方式与 TRMM PR 接近，以波束 0.71°步长在±17°范围内跨轨扫描，扫描刈幅宽度为 245 km，每次扫描 49 个像素点(图中蓝色点)，对应地面分辨率为 5 km；KuPR 的脉冲宽度是 1.6 μs，对应的垂直分辨率为 250 m。KaPR 以波束 0.71°步长在±8.5°范围内跨轨扫描，扫描刈幅宽度为 120 km。由于 KaPR 采用大角度扫描时旁瓣影响显著，不能很好地探测较薄的雪云信息，因此 KaPR 采用较窄的扫描角度；并且为了有效地探测弱降水或降雪，KaPR 采用两种扫描模式获得 49 个像素点。一种是匹配扫描 KaMS(matched scan, MS)，这是为了实现与 KuPR 同步扫描，即 KaPR 在 120 km 扫描宽度上与 KuPR 扫描中心区的 25 个像素重合匹配，即 KaPR 的前 1～25 个样本(图中黄色点)对应 KuPR 的 13～37 样本；这时 KaPR 采用脉冲宽度是 1.6 μs，因此与 KuPR 具有同样的垂直分辨率。另一种是高灵敏度扫描 KaHS(high-sensivity scan, HS)，主要用于探测弱降水或降雪，即在与周围匹配像素点交错的位置进行扫描，得到 KaPR 的第 26～49 个像素点(图中红色点)；为了增强探测灵敏度，此时 KaPR 采用脉冲宽度 3.2 μs，对应的垂直分辨率是 500 m。

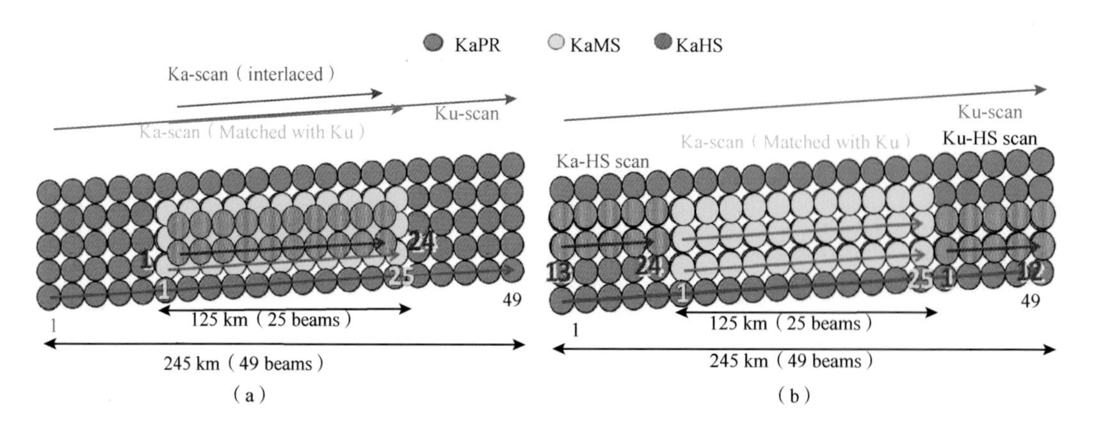

图 4.4　KuPR 和 KaPR 扫描的空间样本分布图

2018 年 5 月 21 日之前(a)和之后(b)，不同颜色代表不同扫描方式及其相应的扫描样本数

值得注意的是，KaPR 采用匹配扫描，其目的是想获得与 KuPR 同步扫描，但是两个扫描像素的重合程度会存在一定差异，通常是在 1 000 m 以内。DPR 具有在轨调整波束匹配的能力，可以调整不同行进方向的参数促使两个雷达波束匹配更好。主要方法是：跨轨方向上调整相位编码，沿轨道前进方向上调整 KuPR 和 KaPR 观测时间差异，并结合地面雷达定标器检测波束匹配的正确性。

图 4.4(a)所示的扫描方式一直使用到 2018 年 5 月 21 日，然后 KaHS 扫描方式发生改变，具体如图 4.4(b)所示，即曾经扫描轨道内部像素转变成扫描轨道之外，并且与 KuPR 相匹配的像素。具体表现为：KaPR 采用 KaHS 扫描时的 24 个像素点分成两部分，前 12 个像素点对应于 KuPR 的 38～49 像素点，后 12 个像素点对应于 KuPR 的 1～12 像素点。这样，所有 KaMS 像素点和 KaHS 前 12 个像素点都能和 KuPR 的 13～49 像素点相匹配，比原先扫描方式增多两个雷达的匹配像素，并且 KaPR 与 KuPR 匹配像素点之间的重合差距明显减小，如 2018 年 5 月 21 之前，两者在星下点位置差距约 300 m，而现在缩小

到约 30 m，明显提高两个雷达同步扫描重合度。对于 KaHS 的后 12 个像素，即 KaHS 的 13～24 像素点只能与 KuPR 沿轨道运行的下一轨中 1～12 像素点匹配，两者重合程度受到影响，样本重合差距基本为 400 m。

DPR 的工作模式和 PR 基本一致，总共有 7 种工作模式(Kojima et al.，2012)：①常规科学观测模式，即上述介绍的 KuPR/KaPR 跨轨对地扫描模式，主要为了获取降雨回波；②外部定标模式，主要采用地基雷达定标器，如接收定标器或发射定标器，对 DPR 上主要参数进行点对点的绝对定标；一般定标周期较长；③内部定标模式，主要对信号数据处理子系统中的 FCIF 和 SCDP 单元进行内部自动定标，频次较高。这种模式下，临时停止射频辐射；④分析模式，主要用于检测收发子系统中接收机的低噪声功放 LAN 和发射机的固态功放 SCDP 工作状态。这种模式下，常规科学观测不能进行；⑤自检模式，主要用于检测信号和数据子系统中 SCDP 内存，RAMS 和 ROMs，工作状态，此时科学观测和射频传输都不能进行；⑥待机模式，用于上传相位编码、变化脉冲重复频率 VPRF 数据、调整 KuPR 和 KaPR 之间时间差异、更新 SCDP 运行软件等。采用这种模式时，也不能进行科学观测和射频传输；⑦安全模式，即关闭 DPR 只维持系统环境，主要用于 GPM 核心卫星发射初期，系统工作待稳定之前。

同样，DPR 接收的雷达回波类型也与 PR 一致，主要有降水回波、地面回波、镜像回波和过采样回波。具体定义见表 3.4。

4.4　GPM DPR 降水反演算法

GPM DPR 中 KuPR 与 TRMM PR 基本一致，只是多了 KaPR 探测信息，因此 DPR 反演降水算法主要的挑战，就是如何结合新的 KaPR 数据和 KuPR 来反演降水。其实，降水反演方面 DPR 更具优势之处就是同时收到两个不同频率的雷达回波，根据两者受降水衰减的强度差异，可以获取降水粒子谱分布 DSD、粒子相态以及相态转变高度，很大程度上减少从雷达反射率因子转换为降水率过程中的不确定性，这也是增加 KaPR 的主要原因之一。

由于扫描方式不同，DPR 有 3 种 Level 2 级降水产品反演方法：①DPR 反演算法；②KuPR 算法，即只使用 KuPR 观测数据的反演算法；③KaPR 算法，即只用 KaPR 观测数据的反演算法。后面两种算法也叫单频(single frequency，SF)反演算法，DPR 算法也称为双频(double frequency，DF)反演法。DPR 反演算法是采用 KuPR 和 KaPR 的二级产品作为输入条件，因此三种反演算法在对每一轨 DPR 观测数据进行处理时，首先进行单频反演算法，然后再进行双频反演算法。至于单频算法，KaPR 和 KuPR 算法的顺序则没有优先固定。

DPR 观测像素根据 KuPR/KaPR 扫描方式不同也分为三类：第一种是 KuPR 和 KaPR 同时观测的轨道内部正中相匹配的像素点，也叫双波束(double beam，DB)像素；第二种是 KuPR 常规扫描的轨道外侧像素；第三种是 KaPR 采用高敏感性模式扫描的像素，后两者也可以称为单波束(single beam, SB)像素。通常可以从轨道内部双波束像素的双频测量信息差异中获取粒子谱分布、粒子相态以及相态改变高度，然后再应用于轨道外部的单频像素降水反演算法。一般采用双频反演算法估算效果要优于只采用单频的反演算法。

无论双频或单频反演算法，反演流程基本一致，具体如图 4.5 所示，即主要包括 6 个模块：准备模块(PRE)、廓线模块(VER)、分类模块(CSF)、粒子谱分布模块(DSD)、地面参考技术模块(SRT)和求解模块(SLV)。对于单频 SF 算法，即 KaPR 或 KuPR 算法，为了获取更可靠的衰减订正的雷达反射率因子，需要从 VER 到 SLV 模块重复运行两次；而对于双频 DF 算法只按照这个流程运行一次即可，因为 DF 算法直接使用两个 SF 算法提供可靠的雷达发射率因子输出结果。

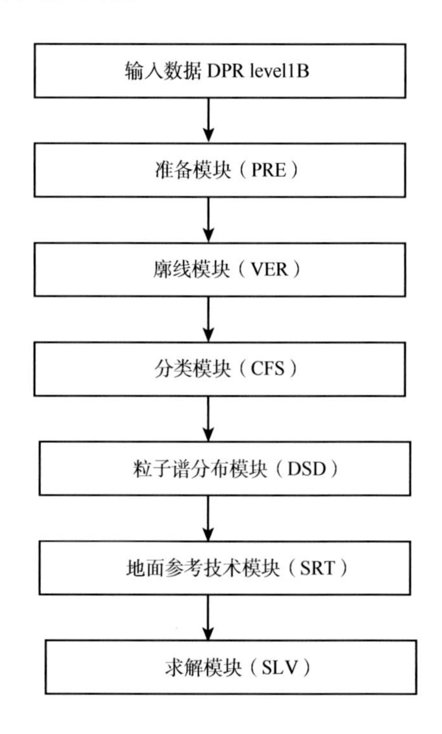

图 4.5　GPM DPR Level 2 级反演算法流程

三种反演算法的输入信息都是 DPR L1B 数据，主要包括雷达回波功率、地表类型、积雪或冰面信息等。

作为第一步，PRE 模块就是基于 DPR L1B 数据输入信息判断是否有降水，识别降水样本，然后基于式(4.1)和式(4.2)将 DPR L1B 数据中的雷达接收功率数据转换成雷达反射率因子 Z_{m_0} 和地面衰减截面 σ_{m_0}，注意这一步没有进行任何衰减订正。

$$Z_{\mathrm{m}_0}=\frac{2^{10}10^{18}\ln 2}{\pi^3 c}\frac{(r)^2\lambda^2 P_\mathrm{r}}{G_\mathrm{t}G_\mathrm{r}\theta_\mathrm{a}\theta_\mathrm{c}\tau|K|^2 P_\mathrm{t}} \tag{4.1}$$

$$\sigma_{\mathrm{m}_0}(\theta_\mathrm{z})=P_\mathrm{r}(r_0)\frac{512\pi^2\ln 2}{P_\mathrm{t}G_\mathrm{t}G_\mathrm{r}\lambda^2}\frac{\cos\theta_z r_0^2}{\theta_\mathrm{a}\theta_\mathrm{bp}}\bullet\frac{\mathrm{loss}}{1} \tag{4.2}$$

式中，$\theta_{\text{bp}} = \dfrac{1}{\sqrt{\theta_{\text{c}}^{-2} + \theta_{\text{p}}^{-2}}}$；$\theta_{\text{p}} = \dfrac{c\tau}{2r_0 \tan\theta_z}$；$r$ 是探测距离；c 是光速；λ 是波长；τ 是发射脉冲宽度；P_{t} 是发射功率；P_{r} 是接收功率；G_{t} 是发射天线增益；G_{r} 是接收天线增益；θ_{c} 是跨轨方向波束宽度；θ_{a} 是沿着轨道方向波束宽度；θ_z 是天顶角；loss 是带通滤波器损耗。

接下来，VER 模块则是结合辅助数据提供的大气廓线信息，如气压、温度、水汽和液态水廓线，计算非降水粒子的路径总衰减(path-integrated attenuation, PIA)，进而得到受非降水粒子衰减影响而订正的 Z_{m} 和 σ_{m}。目前辅助数据主要是日本气象局(Japan Meteorological Agency, JMA)提供的全球分析场数据产品 GANAL，水平分辨率为 0.5°×0.5°，垂直方向 12 层，从地面到 100 hPa，时间间隔 6 h。对于非降水粒子，影响 PIA 的主要是大气中水汽、氧气和云中液态水吸收衰减。

对于频率在 100 GHz 以内的微波波段，水汽和氧气吸收系数 k 根据式(4.3)和式(4.4)分别计算出来：

$$\kappa_{\text{H}_2\text{O}}(f) = 2f^2\rho_{\text{v}}\left(\frac{300}{T}\right)^{3/2}\gamma\left[\left(\frac{300}{T}\right)e^{-644/T}\cdot\frac{1}{(494.4-f^2)^2+4f^2\gamma^2}+1.2\times10^{-6}\right] \tag{4.3}$$

$$\kappa_{\text{O}_2}(f) = 1.1\times10^{-2}f^2\left(\frac{P}{1013}\right)\left(\frac{300}{T}\right)^2\gamma\left[\frac{1}{(f-f_0)^2+\gamma^2}+\frac{1}{f^2+\gamma^2}\right] \tag{4.4}$$

式中，γ 为线宽参数(GHz)，定义为吸收谱线 1/2 峰值强度处谱线宽度的一半，也称为谱线半峰宽度或者吸收谱线半宽度，是温度和气压的函数。公式中的 f 是频率(单位：GHz)，f_0=60 GHz；T 是温度(单位：K)；ρ_{v} 是水汽含量(单位：g/m^3)。

云中液态水也是影响非降水粒子总衰减的一部分，云滴有效半径约 15 μm，与 DPR 波长相比可采用瑞利近似处理云水吸收衰减，计算公式为

$$\kappa_{\text{cloud}}(\lambda) = \left(\frac{0.6\pi}{\lambda\rho}\right)\text{Im}(-K)\cdot M \tag{4.5}$$

式中，λ 是波长(单位：cm)；M 是云中液态水含量(单位：g/m^3)，由辅助数据提供；ρ 是水的密度，单位与含水量一致；K 是水或冰的复折射指数，主要是波长和温度的函数。

这样，非降水粒子的路径总衰减 PIA 由式(4.6)计算得到

$$\text{PIA}_{\text{NP}}(r) = 2\int_0^r(\kappa_{\text{H}_2\text{O}}(r)+\kappa_{\text{O}_2}(r)+\kappa_{\text{cloud}}(r)) \tag{4.6}$$

最后，通过式(4.7)和式(4.8)得到受非降水粒子衰减影响而订正的 Z_{m1}、σ_{m1}：

$$Z_{\text{m1}}(r) = Z_{\text{m0}}/\exp(-0.1\ln(10)\text{PIA}_{\text{NP}}(r)) \tag{4.7}$$

$$\sigma_{\text{m1}} = \sigma_{\text{m0}}/\exp(-0.1\ln(10)\text{PIA}_{\text{NP}}(r_{\text{sfc}})) \tag{4.8}$$

非降水粒子衰减影响估计完成后，进入第三步 CSF 模块专门处理降水样本。从星载雷达观测中估算出可靠的降雨率，降雨粒子分布 DSD 是一个重要影响因子。DSD 一般与降雨类型紧密相关，划分降雨类型的 CSF 模块在 DPR 反演算法中发挥重要作用。通常，测雨雷达把降雨类型划分成三种：层状降水、对流降水和其他。层状降水主要特征是大范围较弱雷达回波，并时常出现零度层亮带(bright band, BB)。为此，CSF 模块首

先判断降水样本是否存在零度层亮带，然后结合雷达反射率因子和其他辅助数据将降水样本归为三种降水类型：层状降水、对流云降水和其他（Awaka et al., 2016）。

DPR 三种降水反演算法可分为单频算法（SF，包括 KuPR 和 KaPR 算法）和双频（DF）算法，它们在 BB 判断和降雨类型判断过程中采用的方法有所不同。

单频 SF CSF 模块如图 4.6（a）所示，和 TRMM PR 的 2A23 产品处理过程非常接近（Awaka et al., 1998；2009）。首先针对 PRE 模块确定的降雨样本提取出有效降雨回波出现的高度范围，然后从 VER 模块提供的温度廓线中确定零度层高度，选取 BB 容易出现的窗区范围。基于 TRMM PR 以及其他雷达数据分析，BB 窗区范围一般选为零度层高度以下 0.5 km 范围内，通常 BB 峰值会出现在这里。然后如图 4.6（a）中所示，采用垂直方法，即分析雷达反射率因子廓线的垂直变化特征确定 BB 的存在，一般 KuPR 观测中会有显著的 BB 峰值，而对于不易找到 BB 峰值的 KaPR，则利用 BB 附近反射率廓线变率的明显改变探测出来。确定 BB 后，开始对单频观测（只有 KuPR 或 KaPR）降水样本进行降雨类型划分，与 TRMM PR 处理方法基本一致，先分别采用垂直和水平方法进行划分，然后综合统一；对于个别浅薄降水和若干降水小单体也进行独立的降水类型划分，都归为对流降水；最后汇总这几方面结果，得到划分的三种降雨类型：层云降水、对流降水和其他。

双频 DF CSF 模块如图 4.6（b）所示，基本构架和单频 SF CSF 模块很接近，只是垂直方法使用美国科罗拉多州立大学开发的新方法（Le and Chandrasekar，2013a，b），即测量的双频比值法（measured dural-frequency ratio, DFR_m），用于探测融化层（melting layer, ML）和划分降雨类型。DFR_m 方法是因为双频反演算法同时使用 KuPR 和 KaPR 观测资料，由此定义一个反映双频反射率因子差异的 DFR_m 参数，具体公式如下：

$$DFR_m = 10\lg\left(Z_m(\mathrm{Ku})\right) - 10\lg\left(Z_m(\mathrm{Ka})\right) \tag{4.9}$$

因此，DF 算法中可以直接获取与双频雷达反射率因子廓线相对应的 DFR_m 廓线，DFR_m 方法就是基于 DFR_m 廓线包含的丰富信息进行融化层判断和降雨类型划分，主要包括两大模块：降水类型划分模块和 ML 判断模块。

DFR_m 方法中探测融化层 ML 而不是零度层亮带 BB，主要是考虑通常 ML 比 BB 范围更宽，探测到 ML 基本就包含着 BB，并且采用 DFR_m 方法划分的降水类型是层状、对流和过渡性降水，即最后一种与单频方法不同。

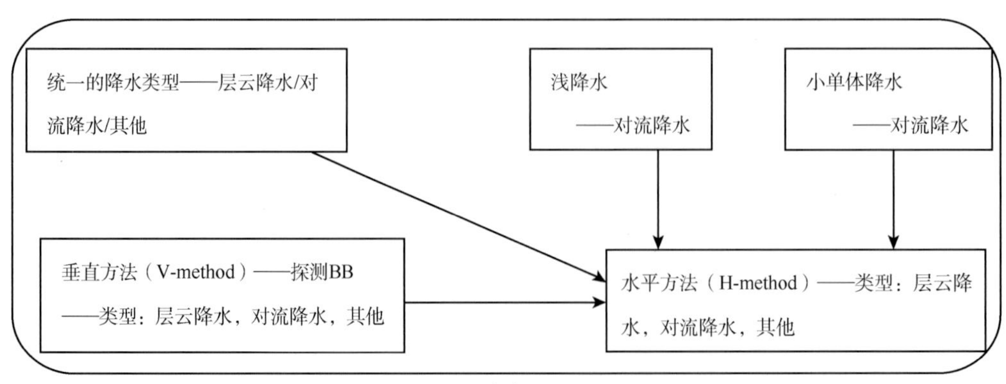

（a）

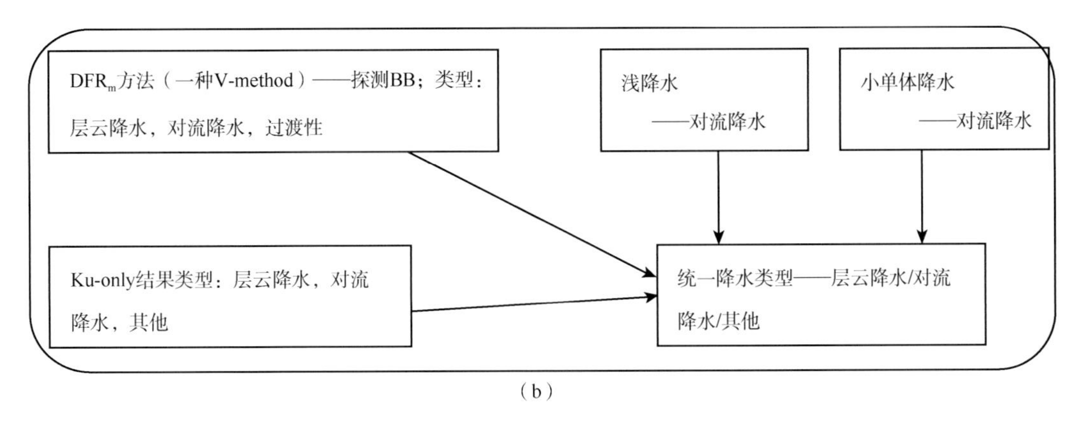

（b）

图 4.6　不同算法的 CSF 模块结构图

（a）单频 SF CSF 模块；（b）双频 DF CSF 模块

基于大量的 GPM DPR 观测数据分析，降水样本若存在融化层，其典型的 DFR_m 廓线分布基本如图 4.7 所示，会存在图中所示四个关键点 A～D，其中 A 是 DFR_m 廓线变率最大的位置，B 和 C 是 DFR_m 最大和最小值时，D 是 DFR_m 最接近地面时。

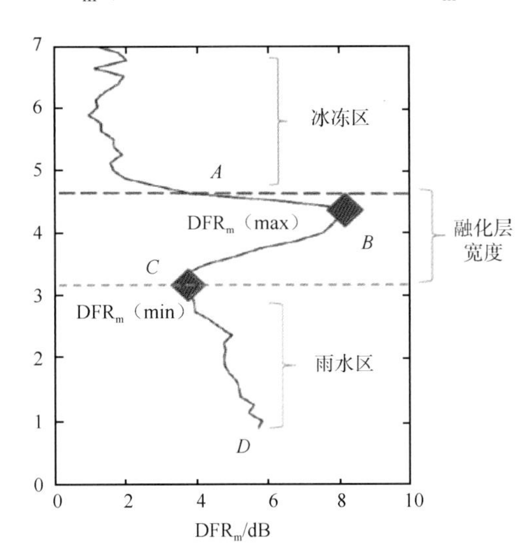

图 4.7　典型 DFR_m 廓线中 A～D 四个关键点

（B 和 C 点对应 DFR_m 的最大和最小值位置）

DFR_m 方法在分析 DFR_m 廓线变化划分降雨类型时，会用到图 4.7 中所示的 A～D 四个关键点，根据这四个点信息，形成 3 个变量：V_1、V_2 和 V_3，具体定义如下：

$$V_1 = \frac{DFR_m(\max) - DFR_m(\min)}{DFR_m(\max) + DFR_m(\min)}$$

$$V_2 = \mathrm{abs}(\mathrm{mean}(DFR_m(\mathrm{slope})))$$

$$V_3 = \frac{V_1}{V_2} \tag{4.10}$$

式中，V_2 是 C 点以下，即图 4.7 中雨水区，DFR_m 变率均值的绝对值。V_1 和 V_2 是与高度和融化层厚度无关的参量，通常层状降水的 V_1 要大于对流降水而 V_2 则是相反。为了更好地识别层状和对流降水之间的区别，引入 V_3 参量。统计分析大量 GPM DPR 观测资料，对于层状和对流降水，从 V_3 的累积密度函数(cumulative density function, CDF)分布中明确两个分开而独立的阈值 C_1 和 C_2，分别为 0.18 和 0.20，成为降水类型的有效判据。C_1 和 C_2 都是经验统计参数，在后续应用中还会继续完善。上述这些参量都用在 DFR_m 方法判断降水类型中，具体流程图见图 4.8。

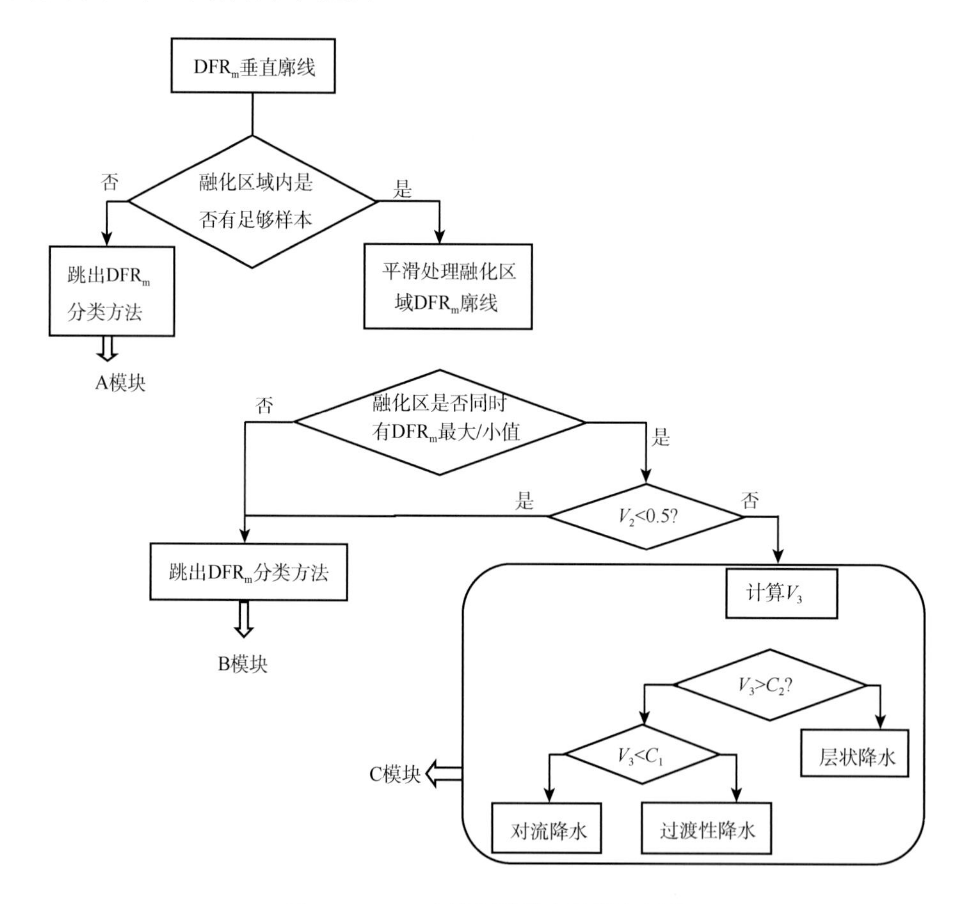

图 4.8　DFR_m 方法判别降水类型流程图

根据流程图显示，采用 DFR_m 廓线进行降水类型划分时，首先需要判断融化区域内是否有足够的有效降水观测数据。融化区间一般选取零度层高度之上 1 km 到之下 2 km，该高度范围内若有 70%以上有效观测数据就视为足够开展后续 DFR_m 方法分析，否则跳出 DFR_m 方法，即流程图中 A 模块。由于 DFR_m 廓线对噪声很敏感，在使用前先对融化区 DFR_m 进行平滑处理，然后根据 DFR_m 廓线分布判断是否同时存在最大值和最小值，若两者同时存在则继续下一步分类，否则跳出 DFR_m 方法。根据同时存在 DFR_m(max)和 DFR_m(min)可以先计算出 V_1、V_2，然后判断 V_2 是否小于 0.5，若符合条件则跳出 DFR_m 方法，反之则继续进行 DFR_m 方法判断，就进入 DFR_m 方法中降水类型归类的核心部分，即模块 C。在这里首先计算 V_3，然后基于 V_3 和两个阈值参数 C_1、C_2 比较，最终确定层状、对流和过渡性降水。对于跳出 DFR_m 方法的模块 A、B 对应的降水样本，则直接采用 KuPR 单频 CSF 模块结果。

其实，在采用类似垂直方法的 DFR_m 方法划分降水类型时，还采用 KuDR 观测资料按照单频 SF CSF 模块流程判别降水类型，并且依旧对浅薄降水和降水小单体归类。最终，将各方面降雨类型结果综合统一，形成 DF CSF 模块最终输出的降雨类型和 SF CSF 模块一样，还是层状降水、对流降水和其他。

除了判断降水类型模块，识别融化层模块也是 DFR_m 方法一个重要部分，具体流程图如图 4.9 所示。该模块主要用于识别融化层及其上下边界高度。对于同时出现 DFR_m 最大值和最小值的典型 DFR_m 廓线，基本如图 4.7 所示，其中 DFR_m 最小值的位置，即 C 点高度就是 ML 最低层高度，而 DFR_m 廓线变率最大点的位置，即 A 点高度就是 ML 顶层高度，两者之差就是 ML 厚度。

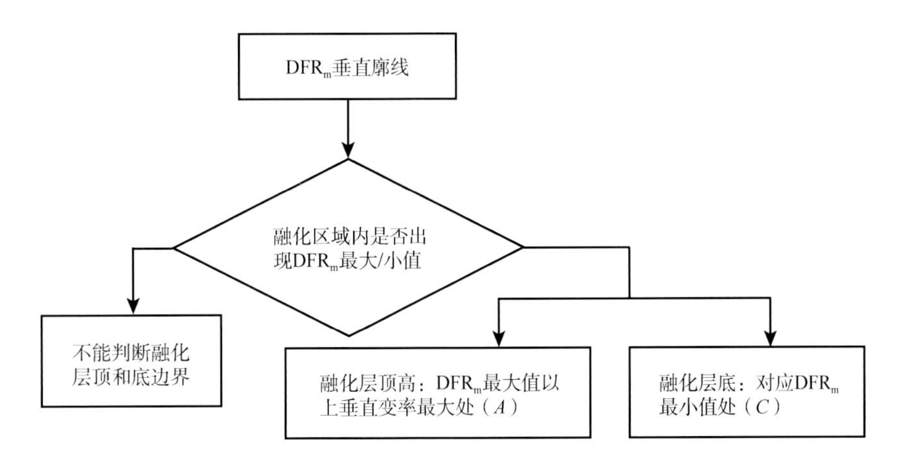

图 4.9 DFR_m 方法中融化层识别流程图

可以说，目前 DPR CSF 模块基本延续 TRMM PR 降水类型划分。对于 DPR 观测，采用 DFR_m 方法不仅能完成常规的降雨类型划分，还能识别降雪。结合降雨样本的 DFR_m 廓线变率、KuPR 最强反射率因子和降水回波顶高度形成一个降雪指数 SI(snow index)。基于已有 GPM DPR 观测资料的统计分析，SI＞17 即是降雪，反之则是降水。因此，DFR_m 方法在 DPR CSF 模块还能扩充一些降雪识别能力，只是目前降雪探测方法还在试验阶段，需要更多改进后增加到 DPR CSF 标准模块中。

确定好降水类型，就运行 DSD 模块。该模块主要根据降水类型设置降雨粒子的物理变量，如密度、介电常数、降落速度，进而获取参数化的粒子谱分布函数 $N(D)$，确定降雨率 R 和 D_m 关系，D_m 是粒子体积(或重量)权重直径。针对降水样本从地面到降雨回波顶高度之间的观测数据，根据降水类型和 BB 高度确定降水粒子相态，设置不同相态粒子的密度、降落速度和粒子谱分布 DSD 函数 $N(D)$。式(4.11)和式(4.12)是等效反射率因子 Z_e 和降雨率 R 与粒子谱分布函数关系：

$$Z_e = \frac{\lambda^4}{\pi^5} \int \sigma_b(D) N(D) \mathrm{d}D \tag{4.11}$$

$$R = \int V(D) \upsilon(D) N(D) \mathrm{d}D \tag{4.12}$$

式中，$\sigma_b(D)$是粒子后向散射截面；$N(D)$是粒子谱分布函数；$V(D)$是粒子体积；$\upsilon(D)$是粒子下落末速度。若$N(D)$能够用两个特征参数D^*和N^*来表征，如$N(D)=N^* n(D, D^*)$，通过式(4.11)，建立含有两个变量，D^*和N^*，和DPR双频测量Z_e的方程组，则能明确求解出粒子谱双参数D^*和N^*，代入式(4.12)则可以得到R–D^*关系。这就是DPR反演降雨的优势，通过观测确定较为准确的DSD函数分布，从而提高降雨率反演精度。目前对大量GPM DPR观测资料进行统计分析得到降雨率和粒子特征谱参数的函数关系具体如下：

$$\text{层状降水}\quad R = 0.401\varepsilon^{4.649} D^{*6.131}$$

$$\text{对流降水}\quad R = 1.37\varepsilon^{4.258} D^{*5.420}$$

这里，ε是调整因子，原本也是k–Z_e关系中一个调整参数，可以通过调整DPR观测计算的PIA和SRT方法估算的PIA差异程度获取最佳ε，或最佳R–D^*关系。因此接下来就是涉及衰减计算的SRT模块。

SRT模块主要作用是计算降雨样本扫描路径上总衰减PIA，处理方法与TRMM PR 2A21产品类似，只不过DPR SRT模块输出5组PIA及其相关属性：单频和双频方法计算的Ku波段衰减，单频和双频方法计算KaMS波段衰减，单频方法计算的KaHS衰减。对于每一组PIA计算，都是以无雨条件下时空平均估算的地面衰减截面作为PIA计算参考，并且通过6种不同时空平均方法进行估算，然后基于其权重和可信度产生一个有效或最佳PIA。

结合上述模块提供的信息，最后一步求解模块SLV的主要目标就是计算粒子谱分布和一些物理参量。DPR最终需要反演降雨率廓线，因此反演处理从降雨回波低处一直到顶部，这里结合一个参量Z_f来确定每层高度上最佳R–D^*关系，Z_f是当前反演高度以上更高层的反射率因子Z_m，Z_m是VER模块处理的经过非降水粒子衰减订正结果。需要从DSD模块建立的R-D^*关系中检测并调整ε在0.2～5.0之间变化，结合使用以下几个条件，选取最佳R-D^*关系。其中条件(a)～(c)适用于单频反演算法；(a)～(d)适用于双频反演算法。

(a) ε的优先级概率，即$[\log\varepsilon - \mu]^2$达到最小，$\mu$是DSD模块中建立的DSD数据库提供，如果不用改数据库μ=0；

(b) SLV模块计算的PIA和SRT方法估算的PIA之间差异最小；

(c) 当前探测层之上两个高度层的有效反射率因子差异总和最小；

(d) $(\max(Z_{f2}-Z_{f1}\ \text{of KaPR},\ 0))^2+(\min(Z_{f2}-Z_m\ \text{of KaPR},\ 0))^2$达到最小。

DPR通过双频雷达观测降水的优势，能够获取更为精准的降水粒子分布及其变化信息，显著改进单频PR降水反演中DSD不确定性问题，也是DPR优越性之一。但是DPR在降水反演方面还存在一些问题。由于Ka波段的衰减强度明显大于Ku波段，特别是云水、水汽对Ka波段的衰减影响都不是太弱，也不能很精确估算。其次，衰减和粒子尺度谱都影响 Ka 和 Ku 波段雷达反射率信息，如何区分开这两者的影响是一个重要挑战。

4.5　GPM DPR 地面验证

GPM 地面验证工作主要包括：直接统计验证、物理验证、结合水文气象的验证、试验场地验证以及特别针对地面验证开发的地基观测设备等(Hou et al., 2014)。直接统计研究就是采用 TRMM 卫星地基验证方法，即直接用地基雷达结合附近雨量计测量来验证空基雷达监测的降水结果。只是 GPM 地基验证雷达除了包括 TRMM 卫星的四个地基雷达验证点外，还有美国东南部组网观测的 21 部地基雷达和其他地区雷达，到目前总共有 59 部地基雷达观测资料通过质量控制要求用于验证 GPM 主要降水产品，相应的地面雨量计和雨滴谱仪观测数据，也比 TRMM 卫星地面验证系统丰富许多。目前已经基于高分辨率、数据质控的美国地基雷达组网观测，美国俄克拉荷马大学的强风暴试验室开发了一个用于地面验证的多雷达多传感器降水产品(multi-radar/multi-sensor, MRMS；Zhang et al., 2016)。通过多个组网地基雷达、地面雨量计和雨滴谱仪提供丰富的地基验证资料，可以更好地识别和解决地基和空基雷达监测降水过程中存在的显著差异。

物理验证方法则是结合多种地基观测资料提供的与降水物理特性紧密相关的参量，如降水粒子谱尺度、粒子类型和形状，通过云物理模式分析这些参量对降水的影响，验证评估 GPM 降水反演算法中对这些微物理参量假设处理的合理性和普适性。最终，发展和改进基于物理原理的降水反演算法，提高 GPM 任务反演降水的精度。结合水文学验证就是评估 GPM 降水产品作为水文模式和陆地模式的输入参数时，这些产品的准确性对于模式输出的影响，最终目标是为了评估卫星测量降水及其应用前景。此外，一些外场综合试验项目也为 GPM 产品验证提供丰富地面验证观测资料，如奥林匹克山区试验、GPM 冬季降水试验、中纬度大陆性对流云试验等，为研究典型天气或地区的降雨或降雪提供同步进行的高时空分辨率的地基和机载观测数据，也为地基验证分析 GPM 降水产品提供有利帮助。

为了更好地理解降水过程，也为了更好地评估和改善 GPM 算法中一些物理参数假设，GPM 地面验证团队还开发了一些独特的地基观测设备，用于观测更为精细的降雨参数，能更好地描述降水物理和变化特征，包括降水强度和类型、降水粒子尺度和形状等。这些设备主要包括：

(1) NASA 开发的车载可移动型 S 波段双偏振雷达(NPOL)，见图 4.10(a)。目前世界上仅有 2 台这样研究级别的 S 波段雷达；另一台在美国国家大气研究中心 NCAR。NPOL 波长为 10.65 cm，工作频率在 2 700～2 900 MHz，波束宽度 0.95°，具有变化脉冲重复频率(500～1 200 Hz)，抛物线天线直径达 8.5 m。NPOL 能够同时获取水平和垂直极化信息，采用体扫描获取准确的降水信息，包括降雨率、粒子谱分布、水含量和降水类型，为地基验证提供更重要和准确的观测数据。

(2) NASA 开发的双频双偏振多普勒雷达(dual-frequency dual-polarized Doppler radar, D3R)，具体见图 4.10(b)。这是一部车载可移动型的双频雷达，工作频率和 GPM DPR 一样，可以称为地基 DPR。它的用途就是评估 GPM DPR 反演的路径总衰减、降雨率、粒子谱分布、云中水含量和降雨类型等重要降水信息，尤其是降雪反演的验证。

(3)GPM 雨滴谱仪、雷达、雨量计降水观测(disdrometer，radar and raingauge observations of precipitation, DROP)。DROP 其实就是一套降水观测设备的组合，包括雨滴谱仪、雨和雪量计、微雨雷达，不仅能测量降水尺度和降水率的水平变化，还能观测降水垂直结构及其变化。DROP 几个设备同步观测可以形成一套标定数据，不仅可以验证地基雷达测量降水信息，还能验证空基雷达观测结果。

(a) NPOL

(b) D3R

图 4.10　新型地基验证设备

4.6　结　　语

GPM DPR 自发射以来，学者们就非常关注其观测数据的验证和应用。目前 GPM 数据研究的大部分成果都是源自 NASA 降水测量任务(PMM)小组成员，主要开展了降雪反演和季风研究。在 DPR 发射之前，主要是利用星载被动微波成像仪较为间接的探测降雪，因此雪的空基遥感方面还存有很多不确定性，反演算法也存有一些挑战(Skofronick-Jackon et al., 2015)。GPM DPR 的 KaPR 能够较为灵敏探测降雪，为空基遥感降雪提供有利条件。因此，在 GPM 核心卫星发射 18 天后，首个全球降雪估算分布图就发布出来，并且通过 GMI 和 DPR 结合得到 2014 年冬季全球平均降雪率、最大降雪率和降雪量的分布。尽管这些降雪估算结果还有待于全面验证，但是也初步实现 GPM 任务监测降雪的能力和需求。此外，GPM 任务能够追踪印度季风的出现和衰退，还能够捕获到印度地区丰沛的季风降水从南向北发展过程中的精细结构变化。随着更长时间尺度的降水记录，大尺度海洋-大气相互作用或气候变化引起的降水年际变化将会识别，这对于正确评估全球变化对人类社会安全的影响很重要。

要实现更为广泛的科学研究和业务应用目标，还需要结合更长久 GPM 观测资料，开展长期有效的数据分析和产品验证。可以说，GPM 任务将会提供非常有价值的全球降水信息，GPM 核心卫星观测数据，尤其首颗星载双频测雨雷达，拓宽丰富了空基雷达测量降水的能力和应用，也成为目前国际上若干被动微波探测降水卫星产品的定标标准。融合这些统一标准后的多个星载微波降水产品和红外卫星数据，将会形成一个时间分辨率到 30 分钟，空间分辨率到 0.1°×0.1°的全球降水数据库，尤其 1～5 小时降水产品对于业务气象应用很重要，有助于提高天气和气候模式预测能力。

GPM 核心卫星产品的反演算法自发射以来，已经更新好几次。其中一个重要工作就是重构自 TRMM 发射以来的各种产品，即包括所有 level 0～3 级产品，并且结合 GPM 参与国家的卫星任务，重构不同时间阶段的降水产品，从而形成长期一致的降水记录。结合 TRMM 和 GPM 任务，形成一个自 1998 年以来长期而一致性较好的全球降水记录，对于认识全球降水气候变化尤为重要。目前 GPM 观测资料在科学研究和社会应用中进展飞速，认识降水水平和垂直结构，对于改进天气预报和气候变化模式非常重要。尽管 GPM 核心卫星任务计划只是 3 年，2017 年底在轨的 DPR 和 GMI 运行状态稳定正常，和 TRMM 卫星一样，核心卫星上搭载的燃料可供运行 15 年之久，这也意味着 GPM DPR 将会为我们提供更为长久观测资料，为全球降水研究开创新的篇章。

第 5 章　中国星载降水测量雷达

5.1　引　　言

目前，我国已经进入全面建设小康社会、加快推进社会主义现代化新的发展阶段。世界多极化和经济全球化的趋势不断发展，科技进步日新月异，综合国力竞争日趋激烈。面对全面建设小康社会的迫切需求，经济高速发展，社会不断进步，对天气预报、气候预测、自然环境和自然灾害的监测要求越来越高。在台风、暴雨和强对流等灾害性天气过程中，对降水的监测和预报是业务天气预报最重要的内容。同时，降水也是全球能量/水循环中的重要过程，对降水系统瞬时结构特征和全球分布特征的认识，成为人们实现减灾防灾、理解全球气候变化的重要内容。

陆地上的降水测量主要依靠地面雨量计和天气雷达。目前，我国已经建成了 200 多部地基天气雷达，组成了气象雷达观测网络，大大增加了降水测量的空间和时间密度，在灾害性天气预报预警中发挥了重要作用。但地基天气雷达也存在着几个方面的限制。首先，天气雷达部署及运行需要一定的财力和物力保障，所以我国西部地区覆盖密度就比人口密集、经济发达的东部地区要低很多。其次，天气雷达低仰角的观测，容易受到四周地形和高大建筑物的影响，尤其是在复杂地形地区，地面杂波会严重干扰降水的测量。另外，地基不同型号雷达的定标手段不尽完善，定量降水估计产品的偏差比较大。

天基降水测量具有地基测量所无法比拟的优势，可以有效获取海洋、山区和沙漠等广大无人值守区域的降水信息，是对全球降水进行观测的有效手段。自 1988 年我国第一颗极轨气象卫星风云一号 A 星升空至今，经过 30 年的发展，已成功发射 8 颗极轨气象卫星。特别是第二代极轨气象卫星风云三号的成功发射、业务运行及其应用取得了令人瞩目的成就。极轨气象卫星在台风、洪涝和干旱等自然灾害监测中发挥了不可或缺的作用。目前，风云三号前四颗卫星的降水探测使用红外/微波辐射计等被动技术，可获得观测路径上总的降水估计。

随着应用需求和载荷研制技术进步，主动测量成为星载降水测量的发展方向(杨军，2012)。发展风云三号降水测量卫星(FengYun-3 rain measurement, FY-3 RM)，旨在通过提升我国星载降水探测能力，促进提高我国降水预报的准确性，进而增强我国应对全球极端天气和气候变化的能力，并加深对地球能量/水循环系统的认识(尹红刚等，2016)。风云三号降水测量卫星计划于 2022 年左右发射，核心载荷是降水测量雷达(precipitation measurement radar，PMR)，利用其主动测量能力可以获得全球的高精度垂直降水结构和时空分布信息。

5.2　卫星设计

5.2.1　应用需求与任务目标

1. 科学与应用需求

驱动发展风云三号降水测量卫星的科学与应用需求，首先来自国家对防灾减灾的迫切需要。中国是世界上少数几个受台风影响最严重的国家之一，历史上曾多次遭遇严重的台风暴雨、大风和风暴潮等灾害。近几年，中国的台风灾害明显表现出强度大和灾害重的特点。此外，我国在夏季经常遭遇大范围强降雨导致的洪涝灾害，而在冬季往往又会遭受大范围强降雪的影响。相比可见光/红外辐射计，低频通道微波仪器能够穿透云层，揭示台风内部的眼壁和降雨带。为了有效地探测台风等热带气旋的中心位置，相比风云三号极轨气象卫星上的微波辐射计，降水测量卫星上的微波辐射计，需要有更高的空间分辨率。另外，降水测量卫星需要获取陆地和海上降水的三维结构，进而有效监测无论是发生在海上或是陆地的风暴内部雨、云的发展过程，为监测和评估台风、暴雨、暴雪等降水及其衍生的洪涝、干旱、泥石流等自然灾害提供高精度定量探测资料。

驱动研发风云三号降水测量卫星的一个重要因素，是提高我国天基降水测量能力的需求。精确了解降水的时空分布对理解天气系统过程以及全球水循环与其他气候参数的相互作用都是必不可少的。这既需要测量热带、亚热带地区的中到大的降雨，也需要测量其他地区更为频发的小雨和降雪。降水测量卫星将为统一风云三号极轨气象卫星的微波辐射计的降水测量提供参考标准，从而能实现对全球降水时空变化的精细观测。其中，主动观测的雷达能获取诸如滴谱分布等降水的定量信息，为主动和被动反演减少先验假设，并得到更准确的降水估计。为微波辐射计发展物理基础更强的算法来反演陆地降水，特别是反演小雨和地表被积雪覆盖时的降雪，也需要雷达获得的降水微物理特征。最后，将风云三号极轨气象卫星的微波辐射计置于统一的框架下得到全球一致的降水产品，需要降水测量卫星为被动微波反演提供共同适用的云/辐射数据库。

应对气候变化的需求，是研发风云三号降水测量卫星的另一个重要驱动因素。人们对一个世纪以来全球平均气温上升的趋势早已达成共识(IPCC，2013)，也有很多研究者分析了在全球气候变暖的背景下包括中国在内的极端降水事件的发展趋势(Groisman et al.，1999；O’Gorman，2015；陈海山等，2009；孙军等，2017)。这些研究表明，在气候变化的大趋势下，极端降水事件的总数、发生频次、强度、持续时间等特征表现出较大的区域性差异。降水测量卫星提供的全球降水测量将为全球水循环和气候变化之间建立内在的联系。降水是全球能量循环中许多地球物理参数的关键性驱动因素，可以看作是快变大气过程和诸如土壤湿度、海水盐度等气候系统的慢变量之间的耦合器。热带降水测量计划卫星(tropical rainfall measuring mission, TRMM)通过定量估计潜热已经揭示了热带降水系统在全球季风系统、Madden-Julian 振荡(MJO)、赤道辐合带(ITCZ)、大尺度环流系统等中的重要作用。因此，通过与其他气象卫星被动遥感仪器和地面气象雷达/

雨量计等观测资料融合使用，降水测量卫星能获取全球范围的高精度降水分布、云/降水微物理特性和潜热释放信息，为监测全球水/能量循环、理解和应对气候变化提供客观科学依据。

加深理解风暴结构、云微物理和中尺度天气系统动力的需求，也是研发风云三号降水测量卫星的一个重要动因。降水测量卫星要能够观测风暴在整个生命周期的降水水平和垂直结构的变化，为探知风暴的动力提供途径。其搭载的主被动微波仪器的测量数据，将进一步增加对中尺度对流系统特性和区域变化的认识。为更好地区分对流/层状降水结构并研究其随地理与季节的变化，降水测量卫星需要具备对小雨、雪等弱降水的探测能力。降水微物理特征的测量还可以改进对不同环境条件下降水系统微物理变化的理解，如通过联合使用其他数据可以研究气溶胶对降水粒子中体积直径的影响。

最后，研发风云三号降水测量卫星的动因还来自于提高降水等气象预报预测准确率的需求。包括雨、雪、冰雹在内的降水是常见的天气现象，而降水预报也是天气预报的重要内容。气象卫星上的被动仪器只能进行降水的非直接测量，对雨的穿透能力较差并且易受背景影响。降水测量卫星上的主动仪器能观测降水的滴谱特性，其测量参数独立于背景辐射与降水直接相关，可以获得降水强度、降水类型、降水层高度等丰富的降水信息，结合微波辐射计的被动测量可以改进雨雪的估计精度，因此能够为提高天气预报的准确率提供支撑。

2. 任务目标

根据上述降水测量的科学和应用需求，确定的风云三号降水测量卫星 FY-3 RM 的主要任务目标是：

(1) 使用空间主动遥感技术获得降水系统的微物理特征和三维结构信息；

(2) 联合主被动遥感技术为统一和改进风云三号气象卫星微波辐射计的全球降水测量提供参考标准。

风云三号降水测量卫星将着力于台风等大范围灾害性天气系统强降水的监测，为国家各部门预测和评估与降水相关的各种极端天气事件和生态与环境灾害提供遥感信息服务；同时监测不同降水模式在全球和区域尺度上的时间变化，获取降水系统的潜热三维结构，为短期气候预测、气候变化预估提供信息服务；通过高精度测量降水、水汽等气象参数，为提高天气预报，特别是数值天气预报准确率服务。

5.2.2 中国降水特征

1. 降水的一般特征

在第 1 章中已有简要的说明，本节结合天气和气候学再做进一步更为详细的介绍。

空气的上升运动是形成降水的重要条件，根据空气上升运动的原因不同，降水的类型一般可分为四种：对流降水、地形降水、锋面降水和台风降水。影响降水的主要因素有：①大气环流，包括气压带、风带和季风环流；②太阳辐射，其决定了地球表面的热力状况，从而引起冷热不均，造成空气的运动，形成海陆风、山谷风和湖陆风等；③地面状况，包括地形地势和海陆位置。暖湿空气遇到地形阻挡抬升而形成地形雨，一般迎风坡降水多于背风坡降水；海陆位置决定了水分条件由沿海向内陆出现地域差别。④气团和锋面，气团性质的干湿状况直接影响水分状况，锋面一般会带来降水，而且锋面类型不同降水的特征也会存在差异。快行冷锋通常是狂风暴雨或者寒潮现象，慢行冷锋、暖锋和准静止锋往往会带来持续性的降水；⑤洋流，寒流对所经过的地区起到降温减湿的作用，而暖流起到增温加湿的作用，故暖流要比寒流更容易带来降水。此外，人类活动也会改变大气的温度和湿度状况，从而对降水产生影响。

夏季由于太阳对地面的加热放出大量的长波辐射，导致气温不断上升，当近地面空气膨胀变形产生不稳定的状态，会出现不同强度的向上垂直运动(热羽或热对流泡)，有时最终发展成雷阵雨等对流降水。强对流风暴的时空尺度变化较大，小的气团单体雷暴只有两三千米的宽度，持续时间不到一个小时，而大的超级单体风暴的水平尺度可达四五十千米，高度达十几千米，寿命有几到十几个小时。如果若干个对流风暴集合在一起，会构成飑线等中尺度对流系统，其长度有几百千米，宽度为数十千米，生命期通常有几个小时，有时能超过 12 小时。强对流风暴的降水强度通常较大，可以达到每小时十几毫米以上的大雨/暴雨量级，降水粒子通常都是较大的雨滴，有时会伴有冰雹。

在中纬度地区经常出现锋面气旋。在暖锋面，暖空气在冷空气上缓慢滑行，生成层状云系。对于冷锋，如果冷空气推进速度慢，冷锋坡度较小，那么暖空气也是沿着锋面缓慢被动上滑，形成与暖锋近似的层状云系。这种大规模系统性的稳定上升运动形成的层状云，在水平方向可伸展数百到上千千米，高度一般 5 km 左右，带来的层状降水持续时间可达到 10 个小时以上，降水强度一般在 10 mm/h 以下，降水粒子以小雨滴为主。如果冷锋移动迅速，坡度大，暖空气急剧上升，可发展出对流云，出现强降水。

台风的水平和垂直分布范围很大，它的直径从几百千米到上千千米，垂直厚度为十余千米。台风在垂直方向上分为流入层、中间层和流出层三部分：从海面到 3 km 高度为流入层，在这一层，气流由四周向中间辐合；3～8 km 高度左右为中间层，这里的气流主要是旋转的，流入或流出的量相对较少；从 8 km 高度左右到台风顶是流出层，气流在这里向外辐散。台风在水平方向上一般可分为台风外围、台风本体和台风中心三部分。台风外围是螺旋云带；台风本体是涡旋区，也叫云墙(或眼壁)区，它由一些高大的对流云组成，其直径一般为 200 km，有时可达 400 km；台风中心到台风眼区，其直径一般为 10～60 km，大的超过 100 km，小的不到 10 km，绝大多数呈圆形。在流入层，四周的空气作逆时针(在北半球)方向向内流入，把大量水汽自台风外围输入台风内部；气流流入现象到达云墙区基本停止，而后气流环绕眼壁作螺旋式上升运动；中间层上升气流到达流出层时便向外扩散，流出的空气一部分与四周空气混合后下沉到底层，一部分在眼区下沉，组成了台风的垂直环流区。台风眼区气压最低、气温最高，气流下沉，既无狂风也无暴雨，天上仅有薄云。在台风云墙区，上升运动强烈，是造成台风暴雨的主要区域之一，有时还会伴有冰雹。外围的螺旋云带一般是弱下沉运动和上升运动相间分布，常伴有阵性降水，降雨强度和时间随云带发展范围和强度不同而不同。

2. 总体特征

我国幅员辽阔，地形复杂，各地年降水量分布极不均匀，从整体上看我国降水空间分布的主要特征是南方多于北方，沿海多于内陆，山地多于平原(同纬度)，从东南沿海向西北内陆逐渐减少。台湾、海南和东南沿海的广东、广西、福建、浙江南部年降水量大致在 2 000 mm 左右，长江流域年降水量为 1 200 mm 左右，云贵高原为 1 000 mm 左右，800 mm 年降水量线通过秦岭淮河一线，黄河下游、陕甘南部、华北平原和东北平原为 600 mm 左右。以 400 mm 年降水量为线将我国分成西北干旱区和东南湿润区，而西北内陆年降水量则在 200 mm 以下，青藏高原西北部不足 50 mm，而南疆沙漠地区年均只有 10 mm。我国降水从时间上看，夏秋季降水多，冬春季降水少，降水年季变化也很大，绝大多数地区降水都集中在夏季。夏季降水在秦岭淮河以北地区占全年降水量的 60%，以南地区占 40%；华西山地、华东沿海地区多秋雨；台湾东北端基隆附近多冬雨。各地雨季起止时间不一，西部高原地区雨季和干季的相互转化比东部地区更加清晰。

我国降水时空分布特征的成因与降水的水汽来源有关。我国降水的水汽主要来源于夏季风，夏季风带来的热带海洋气团和赤道气团，含有丰富的水汽。夏季风影响的范围最西最北界线大致是大兴安岭-阴山-贺兰山-巴颜喀拉山-冈底斯山，此线以东以南地区，受到夏季风的影响，降水较多，为我国的湿润半湿润地区，年降水量一般都在 400 mm 以上。夏季风的前沿就是雨带的所在地，故各地雨季的迟早与时间长短和夏季风的强弱与进退密切相关。一般的规律是：5 月上旬雨季在华南出现，6 月中旬左右跳跃式移到长江中下游和淮河流域，即江淮地区的梅雨时期，7 月上旬左右雨带再一次跳跃到华北、东北，8 月下旬雨带开始向南后撤。另外，由于夏季风的强弱与降水的关系极为密切，使得降水的年际变率大，成为我国降水的一大特点。我国的北部及东北部，夏季风强的年份降水多；长江及淮河流域夏季风太强或太弱都不可能有大量降水，由于夏季风太强，它与北方南下的冷空气交锋的前沿(锋面)很快移到北方，除台风带来的降水外，一般少雨，形成南旱北涝；夏季风太弱，则缺乏充足的水汽，也不会有大量降水，这时易南涝北旱。

锋面气旋在我国活动频繁，冷锋最多，准静止锋次之，暖锋较少。暖锋在我国活动范围较小，它大多伴随着气旋而出现。春季主要活动在华南地区、江淮流域和东北地区，这是我国暖锋活动最主要的季节和地区，夏季在黄河流域也有暖锋出现。冷锋在我国活动范围甚广，几乎遍及全国，尤其在冬半年，北方地区更为常见，它是影响我国天气的最重要的天气系统之一。冬季我国大陆上空气干燥，冷锋大多从俄罗斯、蒙古国进入我国西北地区，然后南下，从西伯利亚带来的冷空气与当地较暖的空气相遇，在锋面上很少形成降水，所以，冬季寒潮、冷锋过境时，往往只形成大风降温天气。冬季时，北方多急行冷锋，南方多为缓行冷锋或准静止锋。夏季时，冷锋活动影响范围较小，北方多见。夏季，在我国西北、华北等地，以及冬季在我国南方地区出现的冷锋天气多属缓行冷锋。急行冷锋在我国活动范围广、影响大，我国北方地区夏季的暴雨、冬春季节大风或沙尘暴天气以及冬季寒潮，常与急行冷锋活动有关。每年 5 月，雨带在华南，这是因为南方暖湿气流在逐日强大，而陆上冷空气势力在逐日削弱，属于暖锋。到了 6 月，来自西太平洋副热带高压和越过赤道的西南季风(热带海洋气团)与北方南下的冷空气(已开始衰退的极地大陆气团）交界的锋面雨带，冷暖气团势均力敌，形成梅雨雨带滞留在江淮地区，属准静止锋。7 月、8 月时，雨带推进到华北和东北，此时北方冷空气势力已逐渐加强，而北上的暖湿气流势力已大大削弱，因而华北雨带类型是冷锋。

我国是世界上登陆台风最多的国家之一。台风影响范围包括中国的南方、中东部广大地区，沿内蒙古中部、陕西西部、四川西部一线的以东地区全部为影响区。台风影响最频繁的地区为台湾岛、海南岛、广东省和福建省；长江下游以南地区、湖南、贵州、广西沿海和云南东部受台风影响的频数也较大；云南中部和西部、四川南部、重庆、湖北西北部、江淮与黄淮地区、辽东半岛南部及吉林南部平均每年受到 1～3 个台风影响；东北其余地区、华北、四川大部及陕西平均每年受到不足一个台风影响。同台风降水分布类似，台风降水贡献率也是从东南沿海向西北内陆逐渐减小。台风暴雨累积日数的分布也表现为南方大于北方，东南沿海大于内陆，在东北的部分地区以及浙江沿海大部、华南的部分地区、海南岛、台湾岛的部分地区大暴雨有一半以上为台风影响所造成。我国的台风降水在时间上表现出非常强的季节变化，主要发生在 5～11 月，其中 7～9 月最盛。

5.2.3　FY-3 RM 载荷配置

1. 基本原则

风云三号降水测量卫星上遥感仪器及其通道的配置，需要根据上述的降水测量需求和任务目标确定。该卫星配置了双频降水测量雷达、微波成像仪（microwave radiometric imager, MWRI）、简化型中分辨率光谱成像仪（medium resolution spectral imager-simplified, MERSI-S）和全球导航卫星系统（global navigation satellite system, GNSS）掩星大气探测仪。

表 5.1 列出了风云三号降水测量卫星（FY-3 RM）、全球降水测量计划（global precipitation measurement, GPM）核心卫星以及下一代欧美业务极轨气象卫星（national polar-orbiting operational environmental satellite system preparatory project）和（eumetsat polar system-second generation）上的降水测量载荷配置的情况。

表 5.1　低轨卫星降水测量载荷配置比较

卫星	FY-3 RM	GPM	NPP	EPS-SG
降水测量载荷	双频降水测量雷达 微波成像仪 中分辨率光谱成像仪（简化） GNSS 掩星探测仪	双频降水雷达（DPR） 微波成像仪（GMI）	先进技术微波探测仪（ATMS）	微波成像仪（MWI）
可测关键地球物理参数	降水三维结构、降雨率，混合层特性、水凝物、大气可降水、大气温湿度廓线，地表温湿度、云参数等	降水三维结构、降雨率，混合层特性、水凝物、大气可降水，地表温湿度	地表降水、水凝物、大气可降水、大气温湿度廓线等	地表降水、混合层特性、水凝物、大气可降水、地表温湿度

注：DPR—dual-frequency precipitation radar；GMI—GPM microwave imager；ATMS—advanced technology microwave sounder；MWI—microwave imager

风云三号降水测量卫星和 GPM 核心卫星的主载荷都是一部 Ku 和 Ka 波段双频降水测量雷达(Iguchi et al.，2002)。双频降水测量雷达能观测台风、暴雨、暴雪等大气降水的三维滴谱特性，其测量参数独立于背景辐射且与降水直接相关，反演得到比被动遥感更准确的降水强度；还可以获得降水类型、降水层高度等其他丰富的降水信息。

该卫星上的另一个重要载荷是微波成像仪，将设置在大气窗区和吸收线附近的不同微波通道有机结合起来使用，能有效地降低被动微波降水反演的不确定性。同时，被动的微波辐射计和主动的降水测量雷达在降水测量上具有很强的互补性：降水测量雷达能得到降水的廓线信息，而微波辐射计得到整个传播路径上的总降水；降水测量雷达的观测刈幅较窄但精度高，微波辐射计的宽刈幅能够大大提高降水测量的地面覆盖率。

该卫星搭载的可见光红外成像仪是风云三号中分辨率光谱成像仪的简化版本，主要用于获取可见光/红外云图、云顶温度、云顶高度等，进而判断降水云的存在，并可以改进微波降水的反演。它还是联系低轨道卫星微波降水估计和静止轨道卫星红外降水估计的桥梁。此外，光学成像仪还能提供地表温度、水陆边界、植被等探测资料。

该卫星还搭载了 GNSS 掩星探测仪，能够获得高垂直分辨率的大气温度和湿度廓线。高垂直分辨率的大气参数廓线可以用来判断降水粒子的相态和融化层的位置，有助于区分对流/层状降水结构，从而提高后续降水测量雷达反演降水的精度。

2. 微波成像仪技术特点

降水测量卫星上装载的微波成像仪为降水测量提供了宽刈幅观测。表 5.2 列出了该卫星上的 MWRI、GPM 核心星上的 GMI 和欧洲 EPS-SG 卫星上用于降水测量的 MWI 的通道频点设置参数。表 5.3 给出了对 MWRI 的辐射指标要求。MWRI 相比 MWI 多了低频 10.6 GHz 的窗区通道，对陆地强降水探测具有优势。MWRI 相比 GMI 多了 52.0 GHz 和 118.0 GHz 附近两组大气氧气吸收线附近的 8 个探测通道，对陆地弱降水探测和融化层位置及厚度的探测具有优势。陆地弱降水反演是微波辐射计反演降水中最为困难的问题。以云中液态水为主的弱发射/吸收信号淹没在纷杂的强地表热辐射背景中，使得很难区分它们。晴空背景差和极化亮温差等方法都试图利用辐射变化量反演降水，但也都遇到了地表极化差强弱不一、晴空亮温推算误差大等问题(Gasiewski and Staelin，1990)。MWRI 上增加的这些氧气吸收线附近的探测通道，对于同一中心频点的通道而言，地表比辐射率相同，将这些通道的辐射传输方程联立，就降低了方程组中未知变量的个数，有效抑制了方程组的非适定性，使得陆地弱降水的物理反演成为可能(Tang et al.，2014)。

对比分析表明，MWRI 与未来在轨的 MWI 的性能相当，优于 GMI。

表 5.2　MWRI、GMI 和 MWI 通道频点设置

频点序号	FY-3 MWRI	GPM GMI	EPS-SG MWI	探测目的
1	10.65(V/H)	10.65(V/H)		强降雨
2	18.70(V/H)	18.70(V/H)	18.70(V/H)	洋面小到中等降雨
3	23.8(V/H)	23.8(V)	23.8(V/H)	水汽校正
4	36.5(V/H)	36.5(V/H)	31.4(V/H)	洋面小到中等降雨
5	50.30(V/H)		50.30(V/H)	降水热力结构、陆表弱降水
6	52.61(V/H)		52.61(V/H)	
7	53.24(V/H)		53.24(V/H)	
8	53.75(V/H)		53.75(V/H)	
9	89.0(V/H)	89.0(V/H)	89.0(V/H)	区分对流和层状降水
10	118.7503±3.2(V)		118.7503±3.2(V)	区分卷云和层状降水、弱降水
11	118.7503±2.1(V)		118.7503±2.1(V)	
12	118.7503±1.4(V)		118.7503±1.4(V)	
13	118.7503±1.2(V)		118.7503±1.2(V)	
14	165.5±0.75(V)		165.5±0.75(V)	弱降水
15	183.31±2.0(V)		183.31±2.0(V)	降水热力结构、小雨和陆地降雪
16	183.31±3.4(V)	183.31±3.4(V)	183.31±3.4(V)	
17			183.31±4.9(V)	
18			183.31±6.1(V)	
19	183.31±7.0(V)	183.31±7.0(V)	183.31±7.0(V)	

表 5.3　MWRI 辐射指标要求

中心频率/GHz	带宽/MHz	动态范围/K	灵敏度/K	测量精度/K	极化隔离度/dB	黑体温度均匀性/K
10.65	180	3～340	0.5	0.8	≥20	≤0.3
18.7	200	3～340	0.5	0.8		
23.8	400	3～340	0.5	0.8		
36.5	900	3～340	0.5	0.8		
50.30	400	3～340	0.5	0.8		
52.61	400	3～340	0.5	0.8		
53.24	400	3～340	0.5	0.8		
53.75	400	3～340	0.5	0.8		
89	3000	3～340	0.5	0.9		
118.7503±3.2	2×500	3～340	0.8	1.2		
118.7503±2.1	2×400	3～340	0.8	1.2		
118.7503±1.4	2×400	3～340	0.8	1.2		
118.7503±1.2	2×400	3～340	0.8	1.2		
165.5±0.75	2×1350	3～340	0.8	1.2		
183.31±2.0	2×1500	3～340	0.8	1.2		
183.31±3.4	2×1500	3～340	0.8	1.2		
183.31±7.0	2×1500	3～340	0.8	1.2		

3. 可见光红外成像仪技术特点

虽然可见光/红外波段的电磁波无法穿透降水云层，但是联合可见光/红外的特定波段可以获得云的微物理特征，进而通过云顶参数和地表降水强度的统计关系实现降水的反演。搭载在降水测量卫星上的 MERSI-S 共设置 8 个观测通道，其中太阳反射波段通道有 5 个，热红外通道有 3 个，全部通道空间分辨率为 500 m，具体通道配置见表 5.4。MERSI-S 以星上定标作为主业务定标手段，具备全口径全光路可见光和红外通道的星上定标功能，且为月球定标提供完整月球圆盘观测功能，实现可见光通道 5%的测量精度，红外通道 0.4 K 的测量精度，并且分别具有 1%和 0.15 K 的定标稳定性。

表 5.4　MERSI-S 通道配置

通道编号	中心波长/μm	通道带宽/nm	空间分辨率/m	主要用途
1	0.650	50	500	云参数、云边界和特征
2	0.865	50	500	
3	0.940	50	500	大气水汽
4	1.38	30	500	卷云
5	1.64	50	500	云参数、云相态
6	3.8	180	500	
7	10.8	1 000	500	云相态
8	12.0	1 000	500	

5.2.4　轨 道 设 计

卫星观测频次和观测区域范围与卫星平台高度、轨道倾角等参数有关，卫星的轨道设计决定了卫星测量降水的地域覆盖能力。TRMM 卫星重点关注热带地区降水，轨道高度 350 km，倾角 35°，只能覆盖以赤道为中心南北纬 38°之间的区域(Kozu et al.，2001)，无法满足我国北方和全球中高纬度广阔地区的降水测量需求。GPM 核心卫星轨道高度 407 km，倾角 65°，可覆盖地球表面 90%的区域(Hou et al.，2014)。风云三号降水测量卫星着力于台风等灾害性天气系统强降水的监测，提供全球中低纬度地区降水的三维结构信息，弥补国内地基雷达观测范围受限的弱点。我国降水的时空分布特征为分析风云三号降水测量卫星的轨道参数提供了依据。降水测量卫星轨道倾角的设计原则是降水测量卫星的观测范围应覆盖我国受台风影响的绝大部分区域。

为分析影响我国的台风登陆路径和影响范围，收集了 2010 年以来影响我国台风的相关数据，并对台风移动路径进行了统计分析(图 5.1)。影响我国的绝大部分台风都在北纬 40°以南消亡，少数可以发展到北纬 45°附近甚至更北的地方。对台风降水的有关研究表明，在东北一些高纬度地区受台风影响程度也日趋严重，台风暴雨所占当地强降雨的比例较高(王咏梅等，2008)。

为了使该卫星的有效探测范围覆盖我国北方广大受台风暴雨影响的区域，该卫星轨道倾角最终设计为 50°，可以覆盖南北纬 50°范围内的热带和中纬度地区降水系统的三维结构。

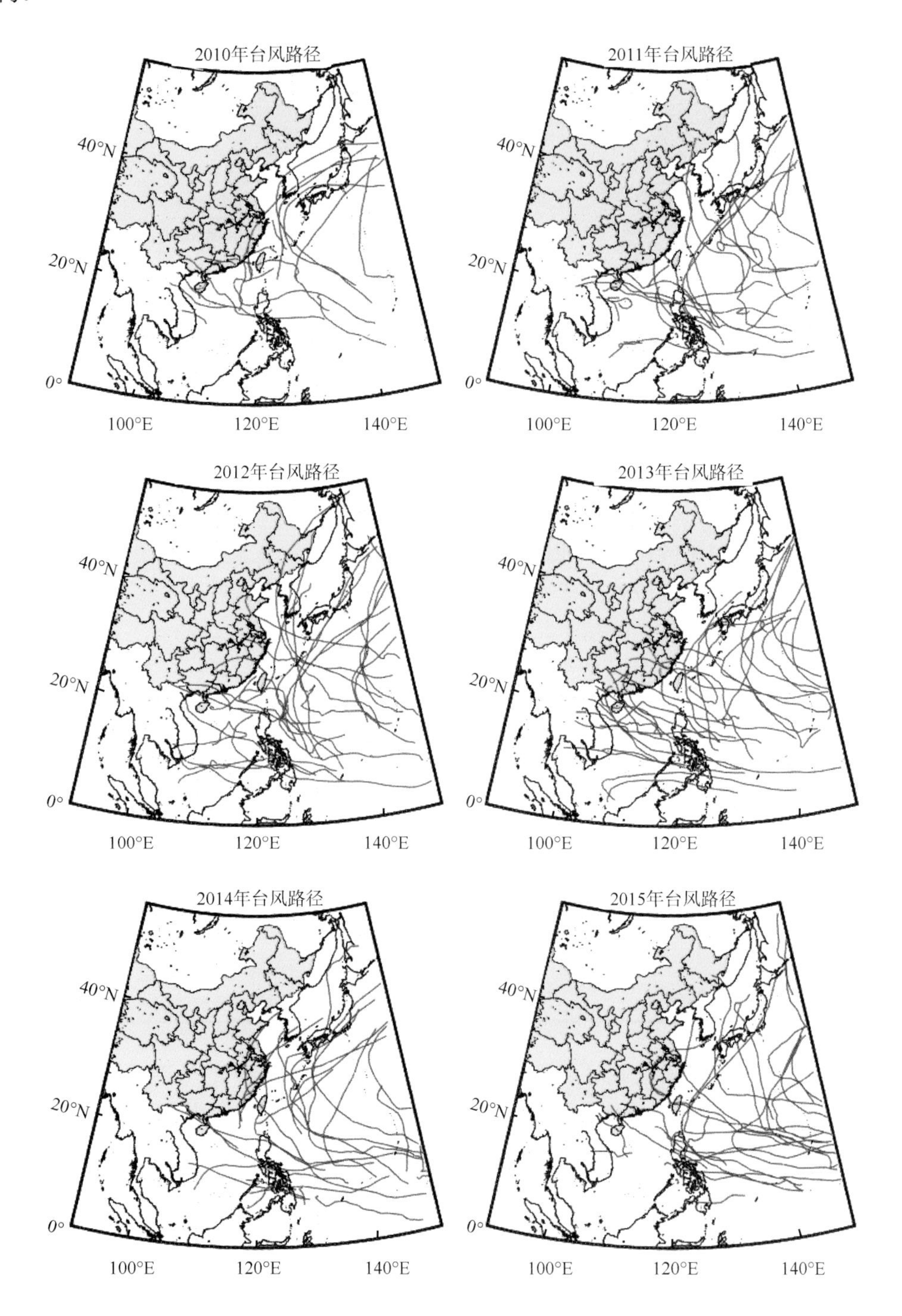

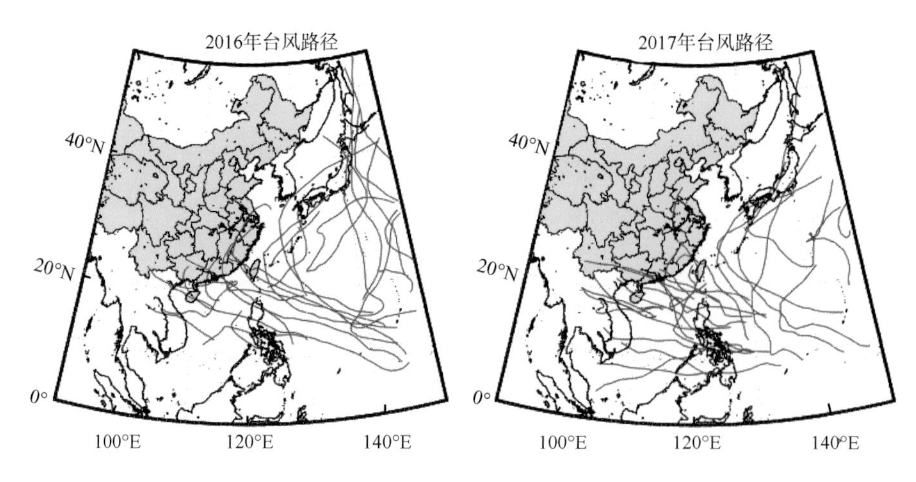

图 5.1　2010～2017 年影响我国台风登陆路径和影响范围

5.3　雷达科学应用指标设计

根据该卫星的科学应用需求和遥感仪器配置，确定的降水测量雷达的主要任务目标是，获取从小雨、雪等弱降水到暴雨等强降水系统的微物理特征和三维结构信息，得到精确的降水强度和降水类型等信息。为实现风云三号降水测量雷达的任务目标，结合我国气象事业发展需求，并参考世界气象组织对气象卫星探测能力应在 2020 年达到的要求，风云三号降水测量雷达需要满足表 5.5 列出的降水测量指标要求。

表 5.5　风云三号降水测量雷达探测能力要求

项目	要求
降水强度测量范围	0.2～100 mm/h
降水类型	区分层状和对流降水
降水强度精度	15%(期望)，50%(最低要求)
高度测量范围	覆盖台风等风暴顶部
双频通道波束覆盖范围差异	5%(期望)，10%(最低要求)

风云三号降水测量雷达既可以检测降水强度小到 0.2 mm/h 的毛毛雨、小雪等弱降水，又能够测量 100 mm/h 的瞬时强降水。在反演降水廓线时，层状降水与对流降水所用的参数差别较大，因此降水测量雷达应能区分不同的降水类型。对分布相对均匀的层状降水，希望测量的相对误差能达到 15%，而对强对流性降水测量的相对误差应不大于 50%。风云三号降水测量雷达的一个重要特点是采用双频体制来反演降水的滴谱参数，从而改进降水强度的测量精度，为此两个频率通道的测量波束需要覆盖基本一致的空间位置，具体要求是双频通道测量不一致导致的偏差需要比直接测量的误差低 3 倍左右，即层状降水双频通道的差别需要在 5%以内，而在强对流降水情况下差别应小于 10%。

5.3.1 工作频段

不同的探测频段对不同大小的降水粒子敏感程度不同，从而造成穿透降水的能量也不一样。TRMM 卫星搭载的降水雷达(precipitation radar，PR)工作于 13.8 GHz 的中心频率，可检测的最小降雨约为 0.6 mm/h，对较小雨滴的后向散射不太灵敏。GPM 中的 DPR 使用了 Ku 和 Ka 两部雷达，其中 Ka 波段雷达对小雨和雪有很高的灵敏度。表 5.6 是根据国际电信联盟 ITU 制定的无线电频率划分表列出的在 100 GHz 频段以下星载降水雷达可用频段。

表 5.6　星载降水雷达的可用频段

国际频段/GHz	用途
5.25～5.57	卫星地球探测(有源)
10～10.4	卫星地球探测(有源)
13.25～13.75	卫星地球探测(有源)
17.2～17.3	卫星地球探测(有源)
24.05～24.25	卫星地球探测(有源)*
35.5～35.6	卫星地球探测(有源)
94～94.1	卫星地球探测(有源)

*次要业务

为研究不同频段对降水的探测特性，我们利用雷达降水探测的三维仿真模型对雷达降水探测回波信号特性进行了模拟。在三维仿真实验中，我们使用戈达德积云模型 GCE(goddard cumulus ensemble)的三维云雨廓线产品作为仿真模型输入(Tao et al.，2014)，每种粒子类型的谱分布特性用不同的谱分布函数表示，模拟过程中使用 Mie 散射进行计算，主要比较五种不同的探测频段的探测回波特性，分别为 C 波段、X 波段、Ku 波段、Ka 波段以及 W 波段。

图 5.2 给出了不同频段下，降水雷达直接测量的等效反射率因子 Z_e(单位：dBZ)和降水强度的关系。可以看到 C 波段雷达测得的反射率因子与降水强度之间有很好的对应关系。X 波段和 Ku 波段相似，都可以测量接近 100 mm/h 的强降水。对于 Ka 波段，当降水强度超过 20 mm/h 时测量的反射率因子和降水强度之间的关联度就很低了。而 W 波段甚至只能测量 10 mm/h 以下的降水。

当地面的降水强度不同时，不同频段测量的反射率因子的垂直廓线如图 5.3 所示，其中横坐标表示等效反射率因子值，纵坐标表示距地面的高度(单位：km)。从图中可以看出，当地面降雨强度较小时(小于 0.5 mm/h)，除 W 波段外，其他各波段的峰值反射率因子的高度相差不大，在地面之上 4 km 左右；随着地面降雨强度的增加，C、X、Ku 波段测量的峰值反射率因子出现的高度逐渐下降到 2 km 以下，而 Ka 和 W 波段的峰值反

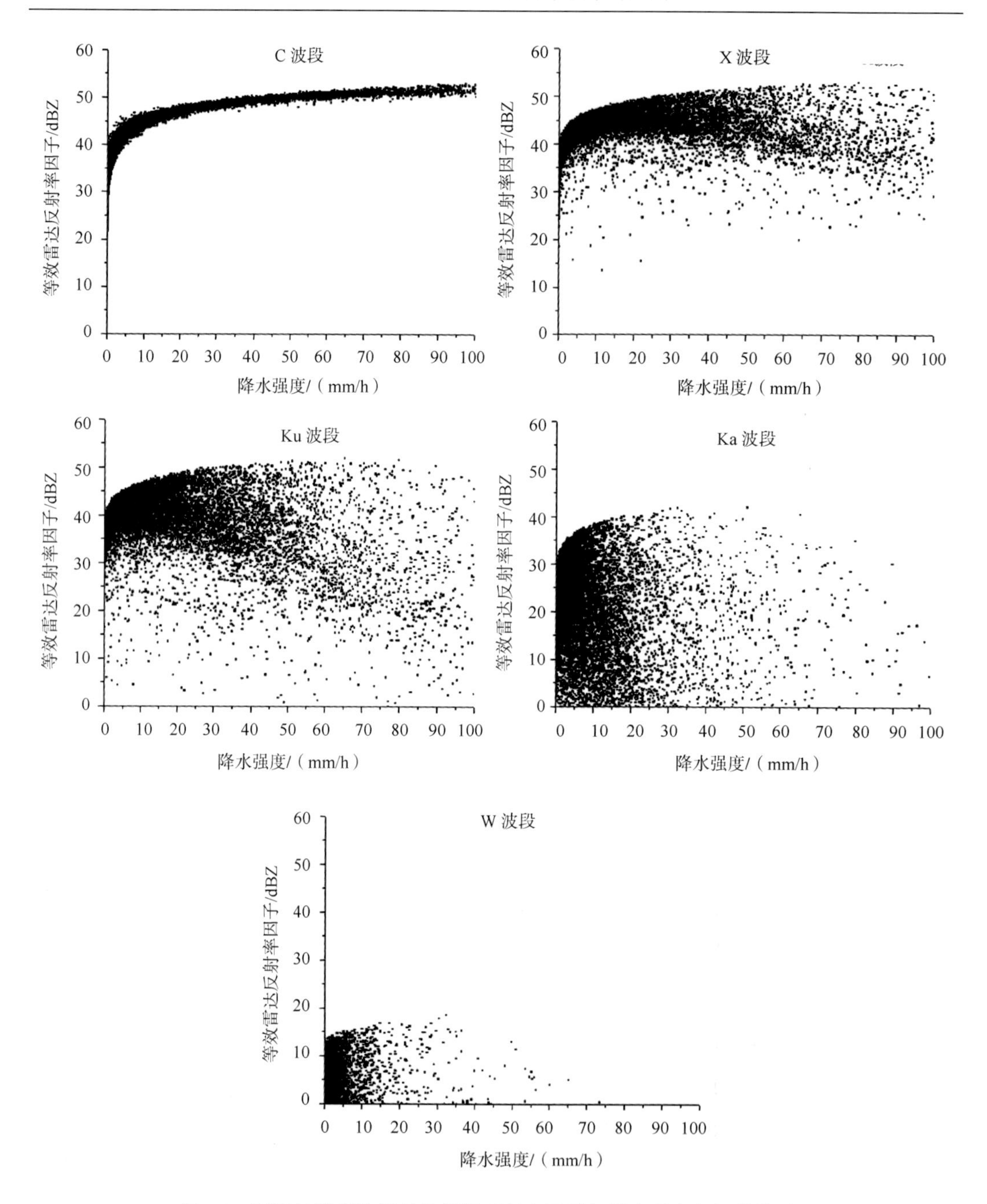

图 5.2　不同波段雷达测量的等效反射率因子与降水强度之间的关系

射率因子的高度反而有所增加。这些结果说明，对于强降雨，Ka 和 W 波段基本探测不到距地面 3 km 以下的实际雷达回波，用这些频点的峰值反射率来反演地面降水的误差较大；C 波段对强降雨的探测最有效；10 GHz 和 14 GHz 对强降雨的探测相差不大，并且当降水强度达到 50 mm/h 以上时，仍然能够探测到地表。

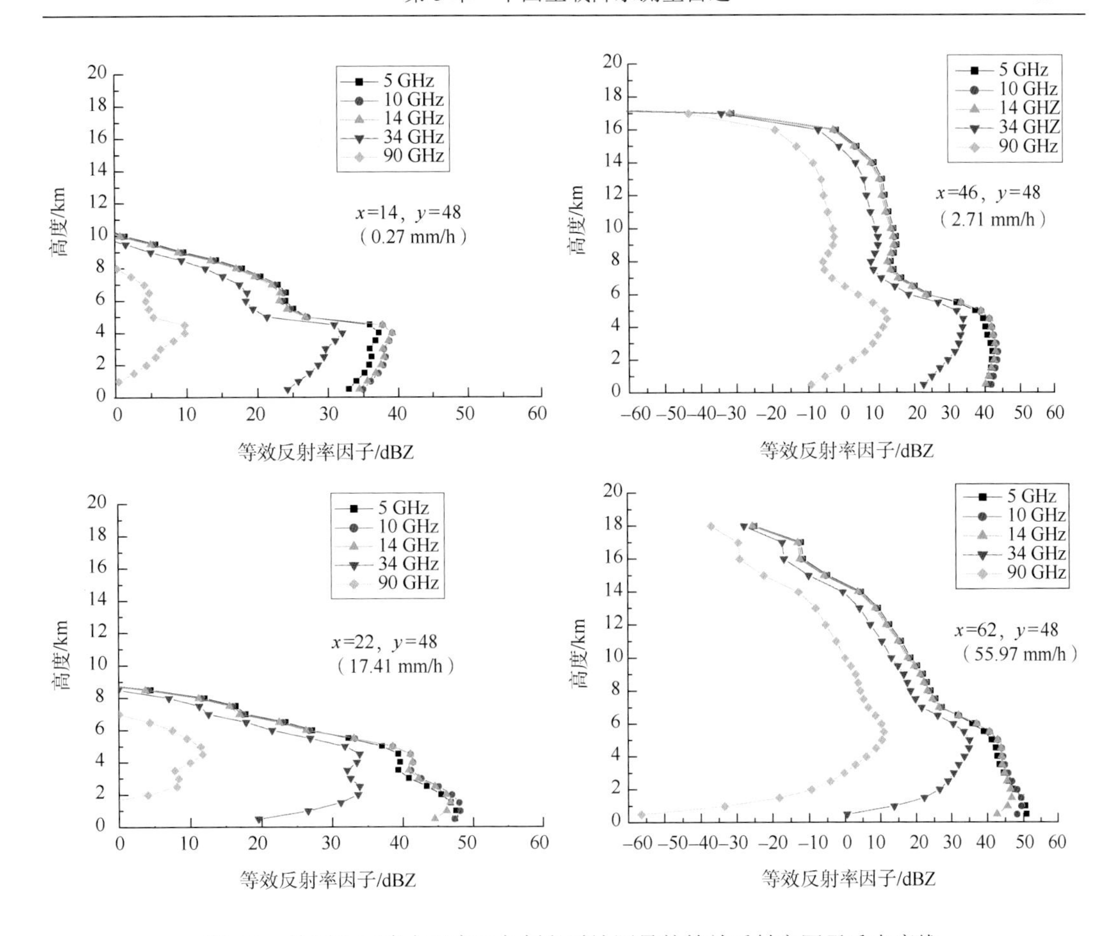

图 5.3　地面不同降水强度下各频段雷达测量的等效反射率因子垂直廓线

上述分析表明，C 波段在测量接近地面的降水时也能够有效地避免降水衰减的影响，从而拥有足够大的降水强度测量范围。但是，受到空间分辨率的要求和卫星平台的约束，实践中不能使用足够大尺寸的天线，故降水测量雷达目前实际上无法工作于 10 GHz 以下的频率。由于 X 和 Ku 波段探测降雨的性能相当，使用 Ku 波段可以获得更高的水平分辨率。另外，为了满足雪等固态降水的测量要求，降水测量雷达需要使用较高的频率以获得足够高的测量灵敏度。此外，由于降水滴谱分布的多参数特性，双频雷达测量方法可以有效地改进降水反演的精度。这就要求雷达的另一个频率应该尽可能高，使得两个波段的测量差异足够大，有利于使用双波长降水反演算法。但是，对于 40 GHz 以上的频率，降雨的强衰减会引起(尤其是降雨层底部)接收回波的信噪比有无法忍受的恶化。

因此，考虑到频率划分的规定，降水测量雷达的两个工作频率要求位于 13.25～13.75 GHz 的 Ku 频段和 35.5～36 GHz 的 Ka 频段。

5.3.2　距离分辨率

降水测量雷达的垂直分辨率需求与降水垂直结构相关。图 5.4 是 GCE 积云模型输出的典型降水结构。在降水垂直结构当中，0 ℃层，即融化层的探测对降水结构的探测，尤其是潜热释放过程的探测十分重要。同时，融化层也是层状降水出现的标志，所以它还可以用来区分不同的降水类型。对于典型的降水结构，融化层的厚度在 500～1 000 m，所以雷达探测的垂直分辨率必须优于 500 m，才能够探测到融化层。降水测量雷达的距离分辨率要求不大于 250 m，以便更好地辨别融化层。

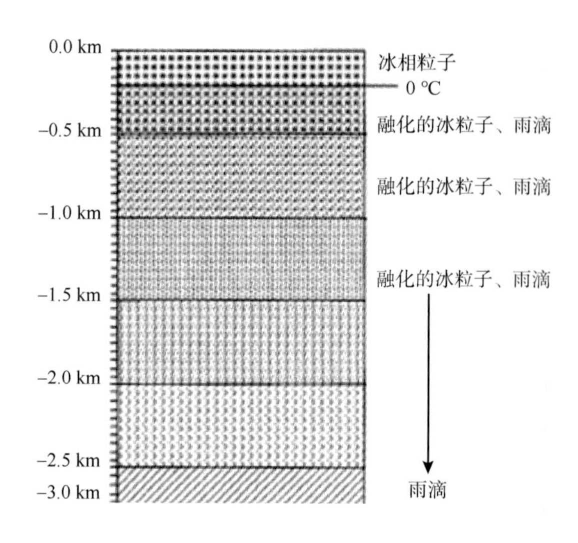

图 5.4　云模型输出的典型降水结构

5.3.3　水平分辨率与卫星高度

降水测量雷达的水平分辨率对测量降水的影响表现在几个方面。首先，水平分辨率的大小会影响降水测量所受的杂波干扰，各扫描角上地表杂波所能干扰的降水回波的高度与雷达的水平分辨率成正比。其次，雨滴下落速度在天线波束顺轨方向不同的张角上的径向分量不同，波束越宽引起的雨水固有 Doppler 频谱展宽也越大，所以雷达的水平分辨率大小会影响雨水 Doppler 速度的测量精度。最重要的是，雷达的水平分辨率还会影响降水强度的测量精度。这是因为，星载降水雷达测得的雷达反射率因子是真实降雨场的加权平均结果。无论是 TRMM 上的 PR，还是 GPM 核心卫星的 DPR，水平方向分辨率都在 5 km 量级。故只有当降雨场在几公里的区间内保持在水平方向的均匀性时，星载降水雷达测得的反射率值才能反映真实值。对于大面积分布的层状降雨，这是合理的假设。但在观测对流性降雨时，降雨在星载降水雷达的分辨体积内并不是均匀扩展的，即会出现波束非均匀充塞(non-uniform beam filling，NUBF)效应(Durden et al.，1998)。

这里将通过数值模拟来分析降水测量雷达的水平分辨率带来的 NUBF 误差。模拟中使用高分辨率的机载雨测绘雷达(airborne rain-mapping radar，ARMAR)的数据作为真实值，模拟中用到的降水测量雷达的系统参数列在了表 5.7 中。将降水测量雷达的距离分辨率设为 50 m，与 ARMAR 一致，这样就只剩下水平分辨率的影响。

表 5.7　模拟中所用的降水测量雷达参数

项目	参数
天线增益方向图	圆对称 Gauss 分布，峰值旁瓣电平(PSL)＝–30 dB
天线波束宽度	PSL 处的波束宽度为 3 dB 波束宽度的 2.5 倍
距离分辨率	50 m
最小可检测信号(噪声)	10 dBZ

模拟的过程分为两步。第一步是在均匀直角坐标系中对 ARMAR 数据重新采样，这样做是因为飞机平台运动导致原始的数据被非均匀地采样。首先对每组天底测量数据进行垂直方向的重采样，使用三次样条插值方法得到垂直方向分辨率为 50 m 的水平薄层。然后将各组重采样的天底测量数据按顺轨方向的相对位置组合到一起，并进行水平方向的重采样，同样使用三次样条插值方法使数据点的水平方向间隔为 100 m。这样就得到了未经衰减校正的降雨分布。使用 Hitschfeld 和 Bordan 提出的方法进行衰减校正，便得到了真实的降雨分布(Hitschfeld and Bordan，1954)。模拟的第二步是将重采样数据与加权函数相卷积得到星载雷达的测量数据。为了简化分析，这里只考虑了雷达进行天底测量的情况，并只进行了二维的降雨场模拟。模拟所使用的降雨强度与雷达测量参数关系如下：

$$
\begin{aligned}
Z_e &= 189 I^{1.43} \\
k &= 0.0222 I^{1.14}
\end{aligned}
\tag{5.1}
$$

式中，Z_e 是雷达等效反射率因子；I 是降水强度；k 是衰减系数。

模拟用到的 ARMAR 测量数据来自两个降雨案例。

第一个案例是热带海洋地区全球大气计划(tropical oceans global atmosphere, TOGA)与耦合海洋-大气响应试验(coupled ocean-atmosphere response experiment, COARE)中，于 1993 年 2 月 10 日测量的降雨(Webster and Lukas，1992)，如图 5.5(a)。图中横坐标是顺轨方向的距离(单位：km)，纵坐标是降雨单元的高度(单位：km)，图 5.5 右侧的色标给出了雷达反射率因子(单位：dBZ)与色彩值的映射关系。这是一个典型的层状降雨事件，可以看到在降雨层的顶部有一个明显的融化层，在这个强反射的融化层下分布着相对均匀的降雨场。图 5.5(b)给出了星载降水雷达测量的反射率因子分布，其中雷达的水平分辨率为 5 km。

第二个案例是 ARMAR 在 1998 年 8 月 26 日的第三次对流和湿度测量试验(convection and moisture experiment, CAMEX)期间测量的 Bonnie 飓风(Kakar et al.，2006)，如图 5.6(a)所示。飓风带来的降雨是典型的对流降雨，其特征是在顺轨方向上反射率有很显著的变化。同样，水平分辨率为 5 km 的星载降水雷达测量的反射率因子分布如图 5.6(b)。

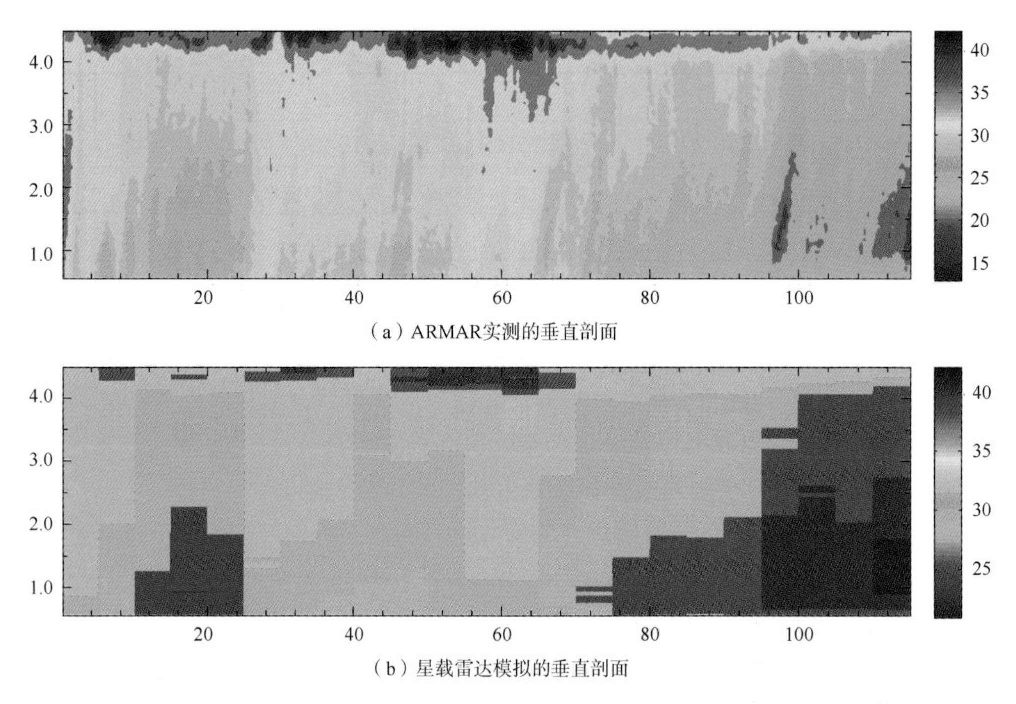

（a）ARMAR实测的垂直剖面

（b）星载雷达模拟的垂直剖面

图 5.5　层状降雨(TOGA COARE)的雷达反射率因子分布

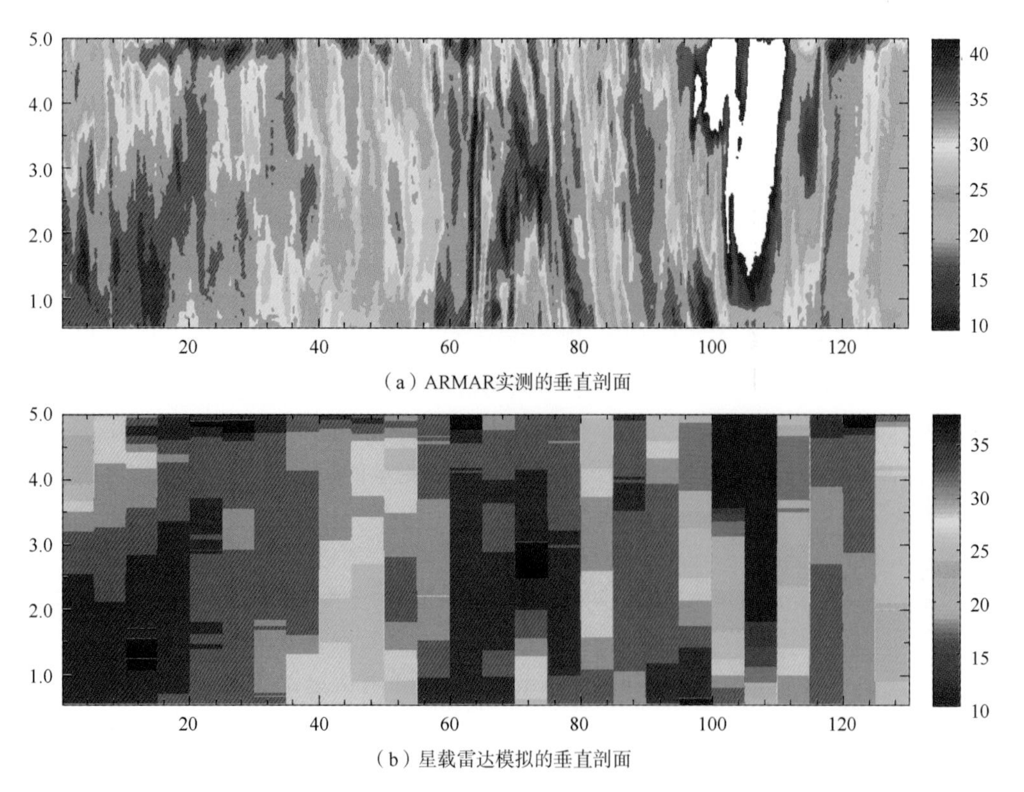

（a）ARMAR实测的垂直剖面

（b）星载雷达模拟的垂直剖面

图 5.6　对流降雨(CAMEX-3)的雷达反射率因子分布

表 5.8 列出了这两个降雨案例研究得到的不同雷达水平分辨率下 NUBF 误差(视在值减去真实值)的统计特性,其中相对误差定义为视在值减去真实值得到的差值的绝对值与真实值的比。当星载雷达观测不均匀充塞波束的对流降雨时，测得的反射率值相对真实值的统计偏差超过 2 dB，大于雷达的测量精度(通常为 0.5～1.0 dB)。因此，在星载降水雷达的地面足迹与降雨单元的尺寸相当或者更大的情况下，NUBF 就成为降雨定量估计的一个主要误差源。

表 5.8　降水测量雷达不同水平分辨率时的 NUBF 误差统计特性

降雨案例 分辨率	TOGA COARE				CAMEX-3			
	反射率		降雨强度		反射率		降雨强度	
	相对误差/%	均方差/dBZ	相对误差/%	均方差/(mm/h)	相对误差/%	均方差/dBZ	相对误差/%	均方差/(mm/h)
2 km	1.95	0.8285	9.61	0.7128	4.91	1.9915	26.08	1.8603
3 km	2.27	0.9082	11.21	0.8041	6.29	2.4778	35.61	2.0938
4 km	2.52	1.0213	12.58	0.9127	7.17	2.8077	44	2.4002
5 km	2.8	1.1395	14.28	1.0042	8.19	3.1129	51.02	2.5651
6 km	2.87	1.1664	14.72	1.0681	8.9	3.4129	60.12	2.8123
7 km	3.02	1.2467	15.5	1.1161	10.16	3.7284	66.21	2.8349

根据对风云三号降水测量雷达探测能力的要求，测量台风带来的强对流降雨时反演获得的降水强度的相对误差需要在 50%以内，对相对均匀的层状降雨要求相对误差需要在 15%左右，所以降水测量雷达的水平分辨率不能大于 5 km。

降水测量雷达的水平分辨率确定之后，风云三号降水测量卫星的轨道高度设计就需要在卫星平台的约束之下满足雷达水平分辨率的要求。风云三号卫星平台的最大包络是 3 m，允许的雷达天线最大口径是 2.2 m，对 13.25～13.75 GHz 的 Ku 频段而言，天线波束宽度不小于 0.68°。可以算出，在卫星天底的分辨率为 5 km 时，卫星的轨道高度不能超过 420 km。综合上述分析并考虑卫星轨道高度的漂移，风云三号降水测量卫星的标称轨道高度设计为 407 km。这样，对应的降水测量雷达天线的半功率波束宽度约为 0.71°。

5.3.4　扫 描 角 度

降水测量雷达的扫描方向与卫星飞行轨迹相正交。在降水测量雷达交(跨)轨扫描刈幅的边缘,展开的天线波束会造成同一扫描单元(天线波束宽度和发射脉冲宽度构成的空间区域，即雷达分辨体积)占据不同高度的降水层，形成所谓的分辨率垂直拖影，即图 5.7 中的阴影区域。图 5.8 给出了不同扫描角度下分辨率垂直拖影的高度。

通常最薄的层状降水只有 3 km 左右，而融化层的厚度最厚可以达到 1 km。在这种极端情况下，如果分辨率的垂直拖影高度大于 2 km，那么此时的雷达分辨体积内就会包含多种相态的水凝物，从而造成融化层无法识别，不能满足探测不同降水类型的能力要

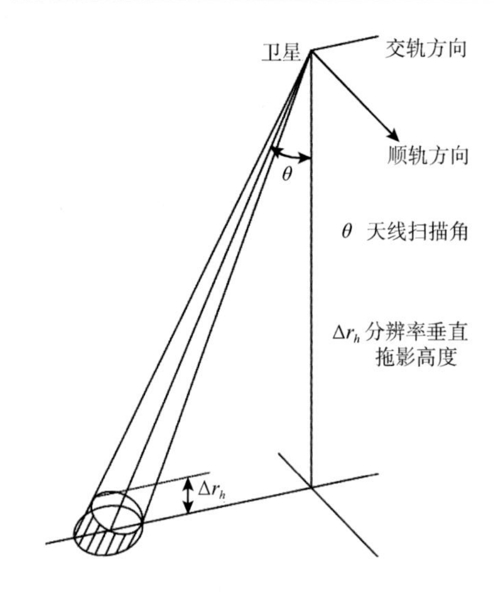

图 5.7　降水测量雷达的分辨率垂直拖影

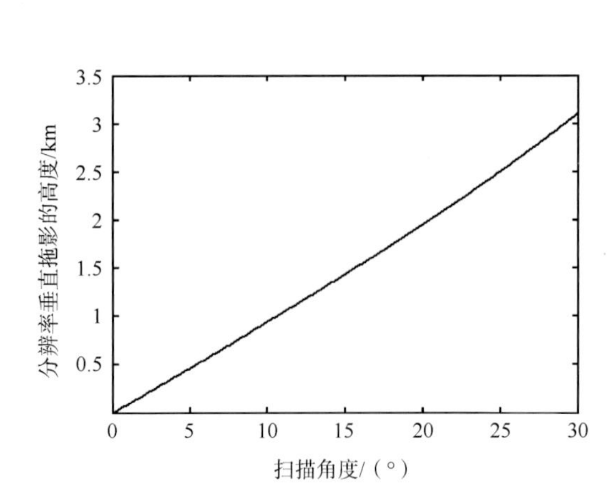

图 5.8　分辨率垂直拖影高度与扫描角度之间的关系

求，使降水反演出现很大偏差。因此，要求分辨率垂直拖影的高度低于 2 km 以正确分辨出降水粒子相态，这就意味着扫描角度不能大于 20°。出于扫描刈幅连续覆盖和数据处理的目的，将波束扫描间隔选为 0.7°，确定的降水测量雷达扫描角的范围是±20.3°，共 59 个雷达波束，对应的地面刈幅宽度约为 303 km。在扫描边缘水平分辨率会有所下降，即交轨方向大约 5.8 km、顺轨方向约为 5.4 km。

5.3.5　观测高度范围

根据风云三号降水测量雷达的探测能力要求，其观测高度需要覆盖台风等风暴的顶部。台风的垂直厚度一般在 15 km 左右，有的超级单体风暴甚至可以发展到更高的高度，因此降水测量雷达需要至少观测到地面以上 15 km。此外，在天底测量的雨水镜像回波可以被用于估计雨水引起的路径衰减，从而可以反演降水强度。TRMM PR 的实际测量表明可以获得接近 5 km 的天底镜像回波。所以，风云三号降水测量雷达在天底的观测范围需要覆盖从地表以下 5 km 一直到 18 km 的高度区间。

5.3.6　天线旁瓣电平

由于对星载降水雷达而言，降水区域几乎贴在地球表面，地表的后向散射回波要比雨水回波强得多。例如，降雨强度为 0.5 mm/h 时，13.8 GHz 频段测得的雨水回波与海面回波的典型比值为−35～−55 dB（Sato et al.，2001）。当地/海面进入星载雷达扫描区域时，严重的地表杂波就会进入天线。因此，对风云三号降水测量雷达的天线旁瓣电平，要求主要来自地表杂波干扰，即天线的旁瓣电平需要尽可能的低，以减轻地表杂波对降水测量的影响。

风云三号降水测量雷达观测几何模型如图 5.9 所示，卫星轨道高度为 h_s，坐标系固定在卫星上，X、Y 和 Z 轴分别为卫星飞行方向(顺轨方向)、交轨方向和天底点方向，雷达天线只做交轨方向的扫描。图 5.9(b) 中，L 表示雷达的距离分辨率区间(或有效照射深度)，它的大小与雷达发射脉冲的持续时间 τ_p 有关。对于距天线为 R_0 处的降水，其周围处于距离分辨率区间 $[R_0 - L/2,\ R_0 + L/2]$ 内[图 5.9(a) 中画点的区域]的降水回波都会同时到达天线。距离分辨率区间 $[R_0 - L/2,\ R_0 + L/2]$ 在地表对应的是一个入射角在 $[\theta_-,\ \theta_+]$ 范围内的以天底点 O 为中心的圆环(或圆形)区域 S[图 5.9(a) 中的阴影区域]。因此，波束有效照射体积 V 内的雨水回波和地表面积 S 内的地表杂波被星载雷达同时接收。如果雨水回波小于同时接收到的地表杂波，雨水信号就会被掩盖，使得无法从雷达的测量中估计降水强度。

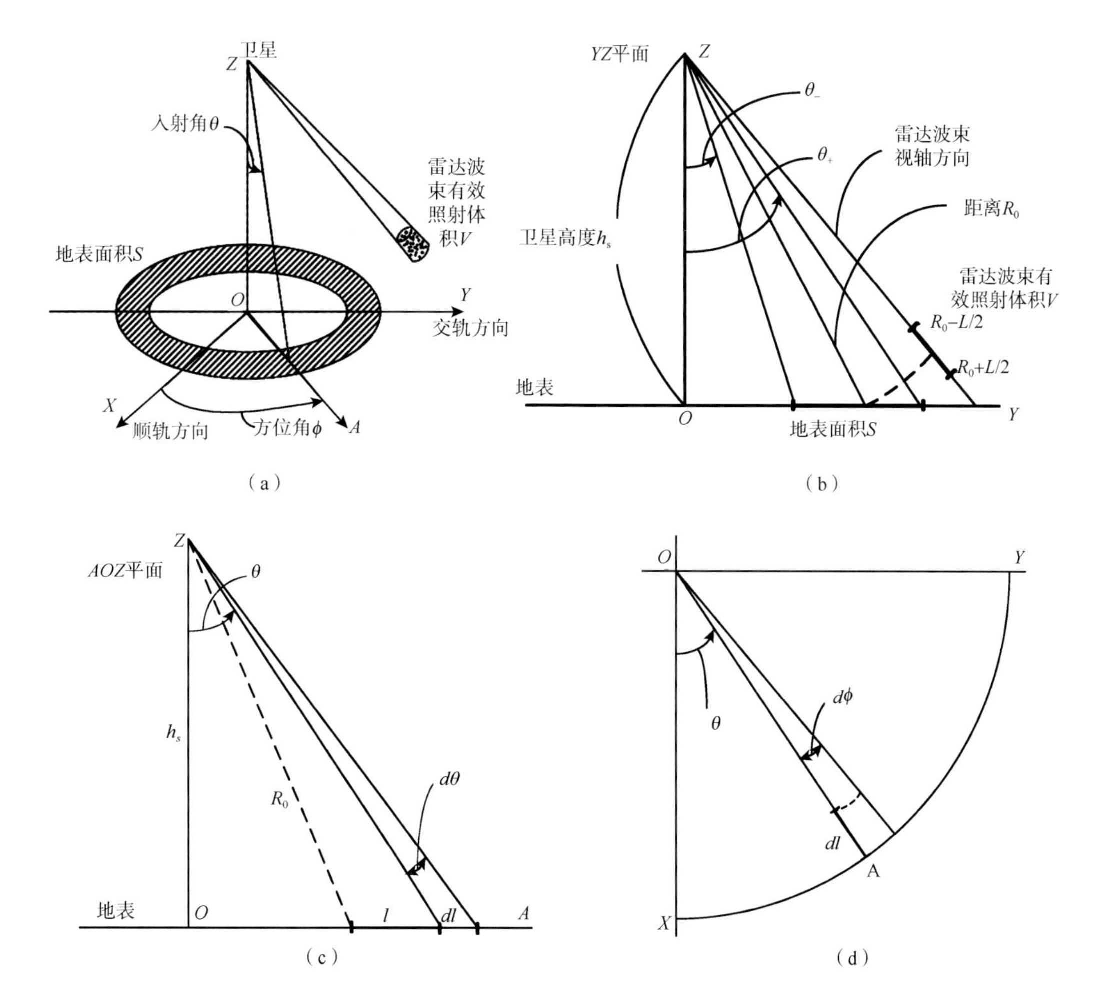

图 5.9　星载雷达测量降水的地表杂波干扰模型

陆地上由于植被分布、地形起伏等情况复杂多变，很难建立一个简单的模型。另外，在入射角不大的情况下，陆地的后向散射回波要比海面回波弱。所以这里只考虑杂波更为严重的海面散射来分析对降水测量雷达天线旁瓣的要求。海洋的后向散射电磁波特征由海洋表面的条件(如粗糙度、介电常数等)和几何结构(如电磁波入射角、极化特性等)共同决定。在分析中使用了 TRMM PR 所测量的海洋散射数据作为 Ku 波段的海面后向散射截面(Meneghini et al.，2000)。对于扫描角大于 PR 最大扫描角(17°)的情况，使用了工作频率为 13.9 GHz 的 AAFE RADSCAT(advanced application flight experiment radiometer scatterometer)飞行试验所取得的海洋散射数据作为Ku 波段的海面后向散射截面(Schroeder et al.，1985)。在图 5.10(a)中，实线表示海面后向散射的统计均值，也就是海面杂波为中等强度的情况，虚线表示海面杂波最强的情况。PR 的实际观测发现在天底附近海面后向散射截面 σ^0 会出现很高的值(大于 20 dB)。如果使用这些海面杂波最强的值来分析，会对星载降水雷达的指标提出更为苛刻的要求。为此，在小入射角(5° 以内)情况下，我们考虑使用 σ^0 的均值加其 2 倍的统计均方差来代替 σ^0 的最大值作为杂波最强的情况。由于 σ^0 可以近似看作 Rayleigh 分布，这样的代替可以覆盖 95%以上的海况。图 5.10（b）中 Ka 波段海面后向散射截面的值来自 Grant 和 Yaplee 的试验测量结果(Grant and Yaplee，1957)，将海面风速在 5.0～7.5 m/s 之间的数据作为杂波为中等强度的情况(图 5.10（b）中的实线)，海面后向散射截面在各个入射角下最大的数据当作杂波最强的情况(图 5.10（b）中的虚线)。这些试验数据通过应用三次样条内插获得了整个扫描角度范围内的海面后向散射截面。

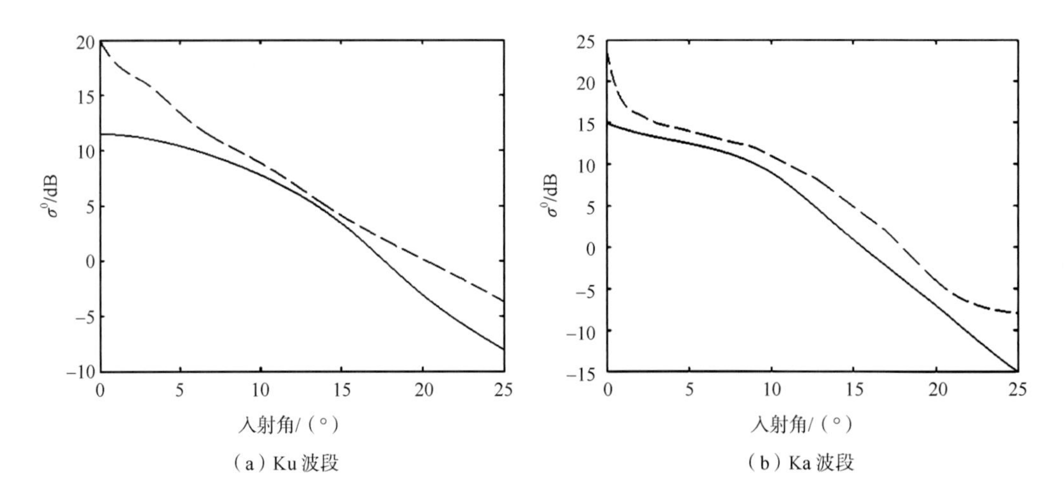

（a）Ku 波段　　（b）Ka 波段

图 5.10　海面后向散射截面与入射角之间的关系

假设均匀降雨区域从海面一直延伸到海面上方的 5 km 处。同时假设在降雨层的顶部有 0.5 km 厚的亮带，亮带中的衰减是下面降雨区的两倍。降水强度与雷达测量参数间的关系为

$$\begin{aligned} Z_e &= 372.4I^{1.54},\ k = 0.032I^{1.124} \quad && 13.35\ \text{GHz} \\ Z_e &= 245I^{1.33},\ k = 0.215I^{1.07} \quad && 35.55\ \text{GHz} \end{aligned} \tag{5.2}$$

Ku 频段的 Z_e–I 关系是基于 Joss 试验数据的经验拟合结果，k–I 关系是根据 Olsen 等对 0 ℃雨滴的 Marshall-Palmer 分布所列出的参数内插得到的(Manabe et al.，1988)。Ka 频段的关系式是 Mega 等根据日本鹿儿岛宇航技术研究中心的雨滴测量器观测的 8 年滴谱分布数据计算拟合的结果(Mega et al.，2002)。雷达波除了受到降水的衰减之外，还受大气吸收衰减的影响。当考虑雨水回波与地表杂波之间的功率比时，由于受干扰的降水回波与地表杂波在大气中通过的距离几乎一样，故可以忽略大气吸收衰减的影响。

雨水回波的接收功率 P_r 可以通过在雷达波束有效照射体积 V 内对降水雷达方程积分求得，其中以天线的主波束宽和距离分辨区间 L 作为 V 的边界。取一个与入射波方向正交、面积元为 ds、径向深度为 dl 与雷达相距 R_0+l 的小体积元 dV，显然 $\mathrm{d}V=\mathrm{d}s\mathrm{d}l$。若以 d$\Omega$ 表示面积元 ds 所张的立体角，则有 $\mathrm{d}V=(R_0+l)^2\mathrm{d}\Omega\mathrm{d}l$ 。雷达天线所能接收到的来自体积元 dV 内粒子总散射功率的时间平均值为

$$\begin{aligned}\mathrm{d}P_r&=\frac{P_t G_0{}^2\lambda^2\eta A_r}{(4\pi)^3(R_0+l)^4}G_r(l)G_a^2(\theta,\phi)\mathrm{d}V\\&=\frac{P_t G_0{}^2\lambda^2\eta A_r}{(4\pi)^3}\bullet\frac{G_r(l)dl}{(R_0+l)^2}G_a^2(\theta,\phi)\mathrm{d}\Omega\end{aligned}\tag{5.3}$$

式中，G_0 为视轴方向上的天线增益(发射、接收共用同一天线)；$G_a(\theta,\phi)$ 表示天线方向图函数；$G_r(l)$ 是脉冲信号的(归一化)距离加权函数；λ 是雷达发射电磁波的波长；A_r 表示发射电磁波能量的衰减。上式说明，来自降水的雷达回波功率与雷达反射率 η 成正比。雷达反射率与雷达反射率因子之间存在如下的关系

$$\eta=\frac{\pi^5}{\lambda^4}\left|\frac{m^2-1}{m^2+2}\right|^2 Z_e\tag{5.4}$$

式中，m 是水或冰的复折射指数。

如果在波束有效照射体积内降雨的滴谱分布处处相同，则对式(5.3)积分后得

$$P_r=\frac{P_t G_0{}^2\lambda^2}{(4\pi)^3}\eta\int_{-L/2}^{L/2}\frac{A_r G_r(l)}{(R_0+l)^2}\mathrm{d}l\int_{\Omega}G_a^2(\theta,\phi)\mathrm{d}\Omega\tag{5.5}$$

通常可以假设天线方向图是高斯型的，那么能够证明 $\int_{\Omega}G_a^2(\theta,\phi)\mathrm{d}\Omega=\pi\theta_1\phi_1/(8\ln 2)$，其中 θ_1、ϕ_1 代表雷达主瓣半功率波束宽度。将这个积分值代入式(5.5)后，即得

$$P_r=\frac{P_t\lambda^2 G_0{}^2}{(4\pi)^3}\bullet\frac{\pi\theta_1\phi_1}{8\ln 2}\eta\int_{-L/2}^{L/2}\frac{A_r G_r(l)}{(R_0+l)^2}\mathrm{d}l\tag{5.6}$$

降水雷达对海面杂波的接收功率 P_s 可以通过在地表面积 S 上对雷达方程积分得到，而 S 的边界由天线方向图和雷达脉冲信号的距离旁瓣特性共同决定。在海平面上取距雷达为 R_0 的那一点(实际上是一系列的点，并构成了以天底点为圆心半径为 $\sqrt{R_0^2-h_s^2}$ 的圆)作为起始点，该点同样对应着距离加权函数中零时刻点。在海平面上取距起始点为 l、宽

度为 $\mathrm{d}l$ 的面积元 $\mathrm{d}S$，由图 5.9(d)可得到

$$\mathrm{d}S = \mathrm{d}l \cdot h_{\mathrm{s}} \tan\theta \mathrm{d}\phi \tag{5.7}$$

由图 5.9(c)可知

$$\left(\sqrt{R_0^2 - h_{\mathrm{s}}^2} + l\right) \Big/ h_{\mathrm{s}} = \tan\theta \Rightarrow dl = h_{\mathrm{s}} \sec^2\theta \mathrm{d}\theta \tag{5.8}$$

代入式(5.7)，则有

$$\mathrm{d}S = h_{\mathrm{s}}^2 \sec^3\theta \sin\theta \mathrm{d}\theta \mathrm{d}\phi \tag{5.9}$$

雷达天线所能接收到的来自面积元 $\mathrm{d}S$ 内海面总散射功率的时间平均值可表示为

$$\begin{aligned} \mathrm{d}P_{\mathrm{s}} &= \frac{P_{\mathrm{t}}\lambda^2 G_0^2}{(4\pi)^3} \frac{G_{\mathrm{a}}^2(\theta,\phi) G_{\mathrm{r}}(l) A_{\mathrm{s}} \sigma^0}{(h_{\mathrm{s}} \sec\theta)^4} \mathrm{d}S \\ &= \frac{P_{\mathrm{t}}\lambda^2 G_0^2}{(4\pi)^3} \frac{G_{\mathrm{a}}^2(\theta,\phi) G_{\mathrm{r}}\left(h_{\mathrm{s}} \tan\theta - \sqrt{R_0^2 - h_{\mathrm{s}}^2}\right)}{h_{\mathrm{s}}^2 \sec\theta} A_{\mathrm{s}} \sigma^0 \sin\theta \mathrm{d}\theta \mathrm{d}\phi \end{aligned} \tag{5.10}$$

这样，对上式积分得到

$$P_{\mathrm{s}} = \frac{P_{\mathrm{t}}\lambda^2 G_0^2}{(4\pi)^3} \iint_{s} \frac{G_{\mathrm{a}}^2(\theta,\phi) G_{\mathrm{r}}}{h_{\mathrm{s}}^2 \sec\theta} A_{\mathrm{s}} \sigma^0 \sin\theta \mathrm{d}\theta \mathrm{d}\phi \tag{5.11}$$

式中，A_{s} 代表由降水引起的路径衰减。

在入射角较小时，σ^0 的值对极化或与海风方向相关的方位角不敏感。当入射角和海况固定时，σ^0 的值在水平极化的顺风方向达到最大值，比在垂直极化侧风方向时的最小值最多只高出 3 dB。因此，可以忽略 σ^0 对方位角 ϕ 的依赖性，从而可以简化对式(5.11)的计算。这样，式(5.11)可以写成

$$P_{\mathrm{s}} = \frac{P_{\mathrm{t}}\lambda^2 G_0^2}{(4\pi)^3} \cdot \frac{\pi}{h_{\mathrm{s}}^2} \int_{\theta_-}^{\theta_+} F(\theta) G_{\mathrm{r}} A_{\mathrm{s}} \sigma^0(\theta) \sin 2\theta \mathrm{d}\theta \tag{5.12}$$

其中，

$$F(\theta) = \int_{-\pi}^{\pi} \frac{G_{\mathrm{a}}^2(\theta,\phi)}{2\pi} \mathrm{d}\phi \tag{5.13}$$

表 5.9　数值模拟所用的基本参数

项目	参数	
雷达频率	13.35 GHz	35.55 GHz
卫星轨道高度	407 km	
天线半功率波束宽度	顺轨方向：0.71°，交轨方向：0.71°，扫描角±20.3°，间隔：0.7°	
脉冲	短脉冲，持续时间 5/3 μs	

在下面的分析中所用的降水测量雷达的参数列在表 5.9 中。为了研究杂波影响最大的情况，这里只考虑了雷达所能检测的最小降水，Ku 波段为 0.5 mm/h，Ka 波段为

0.2 mm/h。同时，海面后向散射截面也被设为海面杂波最强的情况(即图 5.10 中的虚线)。数值模拟中，天线主波束方向上每隔 10 m(倾斜距离)计算一个点，从而得到星载降水测量雷达接收的雨水回波与海面杂波的功率比，以下简称“信杂比”(signal to clutter ratio，SCR)。

首先分析 Ku 波段降水测量雷达的模拟结果，得到的信杂比用 dB 值表示在图 5.11 中。图中横坐标表示天线扫描角度(单位：度)，纵坐标表示计算点沿天线视轴方向到海面的倾斜距离(即倾斜高度，单位：km)。图 5.11(a)是天线峰值旁瓣电平(peak sidelobe level，PSL)即天线旁瓣的最大值为–30 dB 的结果，其右侧是表示 SCR 与色彩值映射关系的色条，以后的各幅 Ku 波段 SCR 图中坐标的意义以及 SCR 与色彩值的映射关系都与图 5.11(a)相同。一般认为，SCR 值大于 0 dB 就能够测量降水，那么从图 5.11(a)可以看到 0 dB 对应的等值线高度以上区域降水测量基本不受海面杂波的干扰。图 5.11(b)和(c)是改变天线旁瓣电平(包括交轨方向和顺轨方向)的情况，其中图 5.11(b)所用的 PSL＝–25 dB，图 5.11(c)中 PSL＝–35 dB。图 5.11(b)中从扫描角 2°左右开始一直到 11°，在 0 dB 等值线高度以上区域存在大量 SCR 值小于 0 dB 的点，意味着在这些位置海面杂波通过较高的天线旁瓣电平被降水测量雷达接收，从而使得雷达的测量及由此获得的降水估计变得不可靠。

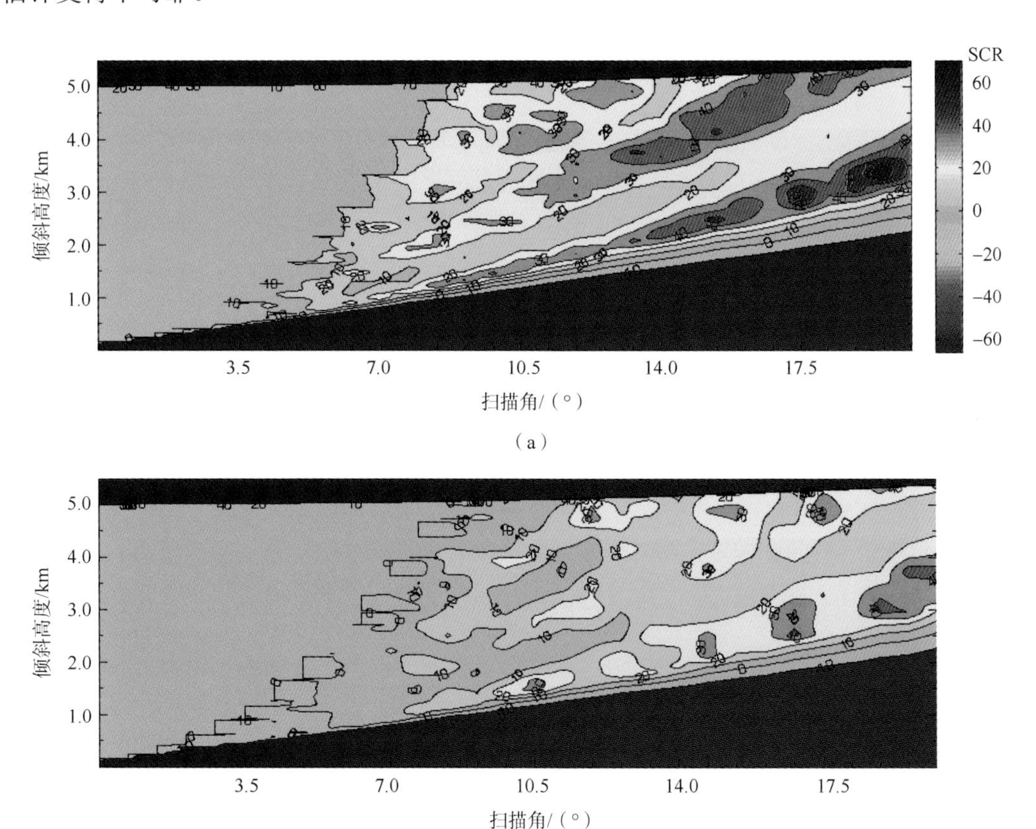

(a)

(b)

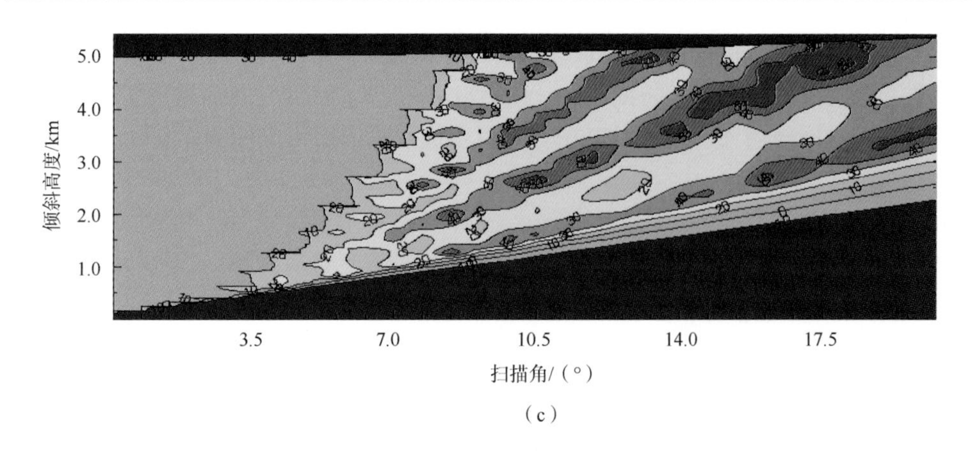

（c）

图 5.11　Ku 波段天线旁瓣电平不同时的 SCR

(a)、(b)、(c) 分别是 PSL 为–30 dB、–25 dB 和–35 dB 的结果

模拟得到的不同天线旁瓣电平情况下 Ka 波段的 SCR 等值图如图 5.12，各图的坐标意义与 Ku 波段的 SCR 等值图相同。图 5.12(a) 所用的 PSL＝–25 dB，在图 5.12(a) 右侧的色条给出了 Ka 波段 SCR 值与色彩值的映射关系。图 5.12(b) 中 PSL＝–30 dB，图 5.12(c) 中 PSL＝–35 dB。可以看到，直到天线峰值旁瓣电平下降到–25 dB，0 dB 等值线高度以上的区域才会出现大量 SCR 值小于 0 dB 的点。

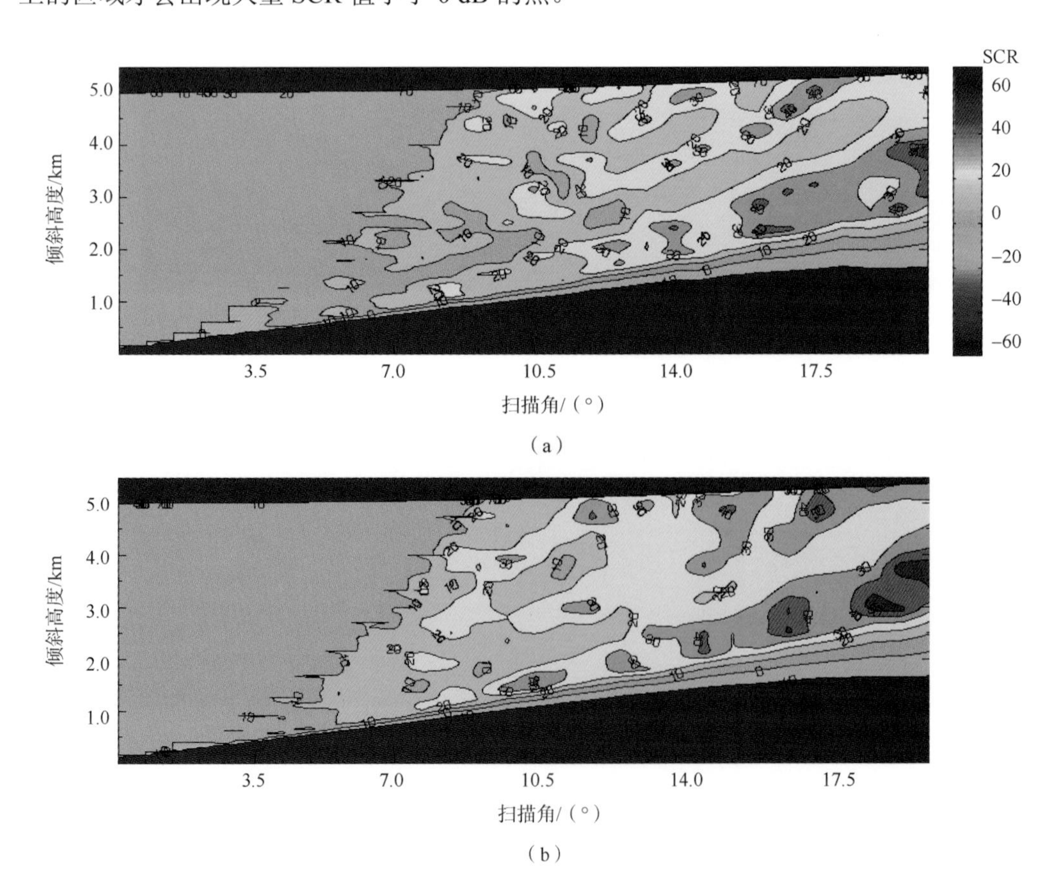

（a）

（b）

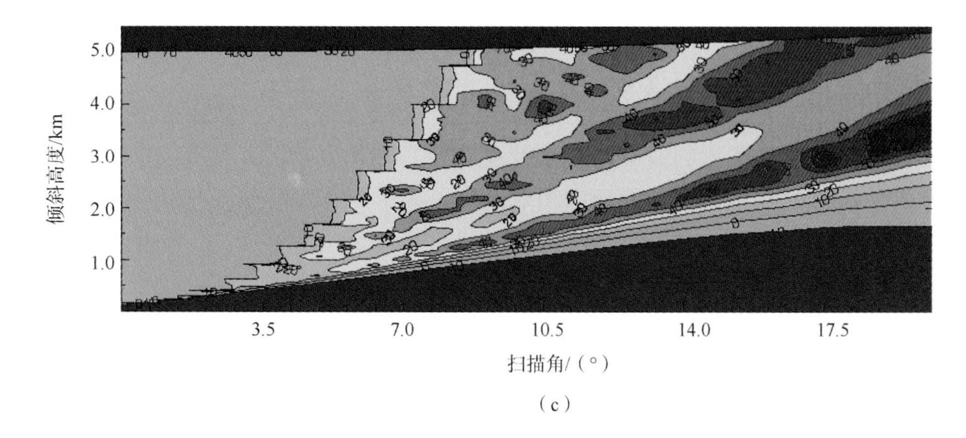

（c）

图 5.12　Ka 波段天线旁瓣电平不同时的 SCR

(a)、(b)、(c) 分别是 PSL 为–25 dB、–30 dB 和–35 dB 的结果

所以，为了使降水测量雷达满足从地表杂波中分辨出小雨的目的，要求 Ku、Ka 波段雷达的天线旁瓣电平都至少要达到–30 dB。

5.3.7　测 量 精 度

降水测量雷达需要对同一位置的降水进行多次测量来消除回波的涨落现象获得降水的精确测量。所以降水测量雷达在多次测量时，其系统的发射功率和系统增益的乘积必须有严格的稳定性要求，从而有效抑制测得的等效雷达反射率因子的不确定程度。假设降水强度的反演误差全部来自于测量精度，即雷达增益变化造成的回波功率起伏，那么使用式(5.1)中的降水强度与降雨参数关系，就可以得到不同测量精度与降水强度反演误差之间的相对关系，如图 5.13 所示。要求由测量精度带来的降水强度反演的平均最大相对误差应该不大于对降水测量雷达探测层状降水的精度要求，即应小于 15%。因此，降水测量雷达的测量精度应该在±1 dB 以内。

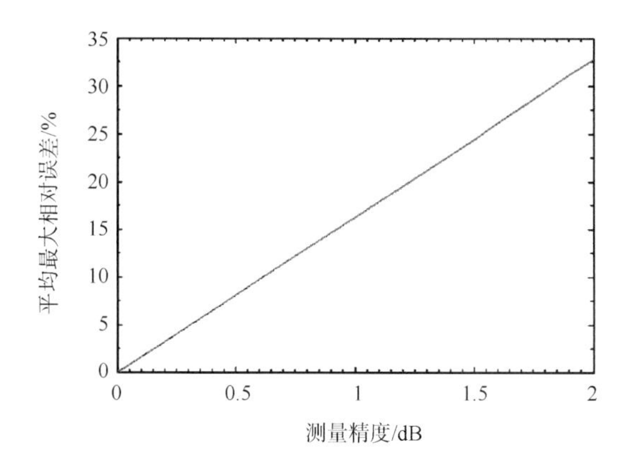

图 5.13　降水测量雷达测量精度与降水强度反演误差之间的关系

5.3.8　波束匹配精度

将风云三号降水测量雷达的波束匹配精度定义为卫星上Ku和Ka波段两部雷达指向天底时，两者的波束中心位置在地面上的相对距离。为了分析对波束匹配精度的要求，使用了与5.3.3小节分析降水测量雷达水平分辨率时相同的数值模拟方法。即把内插得到的高分辨率ARMAR数据作为真实的降雨场，模拟两个波段降水测量雷达进行天底测量的情况，所用的降水测量雷达参数与表5.7相同(除了增加Ka波段之外)。数值模拟也同样使用了5.3.3小节所提及的两个降雨案例，并采用了式(5.2)中降雨强度与雷达测量参数的关系。

表5.10给出了两部雷达反演的降水强度在不同波束匹配精度情况下的差别。为了有效地利用双频算法来提高降水测量雷达在中到小雨(≤20 mm/h)时降水强度的反演精度，确定的Ku和Ka两部雷达测量一致性要求是在层状降雨时测量得到的雨强差别为5%，而在强对流降水情况下差别应小于10%。因此，降水测量雷达的波束匹配精度应该优于800 m，对应的波束角度约为0.1°。

表5.10　不同波束匹配精度时Ku和Ka波段雷达反演的雨强差别

降雨案例 波束匹配精度	TOGA COARE		CAMEX-3	
	均方差/(mm/h)	相对误差/%	均方差/(mm/h)	相对误差/%
200 m	0.0729	1.9	0.2081	4.83
400 m	0.0989	2.59	0.2366	5.92
600 m	0.1303	3.43	0.2895	7.59
800 m	0.1635	4.31	0.354	9.58
1 000 m	0.1973	5.18	0.423	11.68
1 200 m	0.231	6.04	0.4927	13.81
1 400 m	0.2646	6.87	0.561	15.91
1 600 m	0.2977	7.68	0.627	17.96
1 800 m	0.3304	848	0.6903	19.98
2 000 m	0.3626	9.26	0.7508	21.99

5.3.9　测量动态范围

由于降水测量雷达的最小可检测降水强度需要达到0.2 mm/h，根据式(5.2)可以得到降水雷达可测量的最小雷达等效反射率因子约为15 dBZ。由于雷达雨水的回波功率是通过从总的接收功率减去系统噪声功率得到的，为了有效检出最小的回波，需要回波的信噪比至少为3 dB左右，所以降水雷达的系统噪声功率应不大于12 dBZ的反射率。降水测量雷达100 mm/h的最大降水测量强度是由Ku波段雷达获得的，根据式(5.2)可以得到，在不考虑雨水衰减时对应的雷达反射率因子约为 57 dBZ，如果考虑雨水衰减当双程路径为 3.5km 时雷达测得的反射率因子依然有 18 dBZ，可以被雷达有效检出。可见，只考虑降水的话，降水测量雷达的测量动态范围需要大于 45 dB。

实际上，如前所述，降水雷达的最大测量回波来自地表特别是海表的后向散射。此外，无雨时海表后向散射的测量与统计，也可以用于分析降雨时的雨水路径衰减。根据 5.3.6 节的分析结果可知，最强的海表回波要比最小的雨水回波高出约 65 dB。因此，考虑到雷达的系统特性，需要降水测量雷达的动态范围不小于 70 dB。

5.3.10　降水探测性能小结

降水测量雷达 PMR 作为风云三号降水测量卫星上最重要的载荷，关键的科学应用技术参数的设计和确定，关系到研制出的雷达性能是否能够满足降水探测能力要求，更关系到整个卫星任务的成功与否。表 5.11 比较了风云三号降水测量卫星降水测量雷达和 TRMM 卫星 PR 以及 GPM 核心卫星 DPR 的主要科学应用技术参数。

表 5.11　降水测量雷达与 PR、DPR 主要科学应用参数

雷达系统	FY-3 RM PMR	TRMM PR	GPM DPR
频段	双频(Ku、Ka)	单频(Ku)	双频(Ku、Ka)
地面刈幅/km	303	245	245(Ku)，120(Ka)
水平分辨率(天底点)/km	5	5	5
距离分辨率/m	250	250	250(Ku)，250/500(Ka)
观测高度范围/km	18～−5 ASL	15～−5ASL	18～−5ASL(Ku) 18～−3ASL(Ka)
最小可检测降水强度/(mm/h)	0.5(Ku)，0.2(Ka)	0.7	0.5(Ku)，0.2(Ka)
动态范围/dB	≥70	≥70	≥70
测量精度/dB	≤±1	≤±1	≤±1
波束匹配精度/(°)	≤0.1	无	≤0.14
天线峰值旁瓣电平/dB	≤30	≤25	≤25

注：ASL—average sea level

风云三号降水测量雷达和 DPR 相比 PR 都增加了 Ka 频段的雷达，能够获得比单频雷达更高精度的降水测量。在水平分辨率相当的情况下，风云三号降水测量雷达的刈幅宽度要大于 PR 和 DPR，可以覆盖更多的降水事件。另外，风云三号降水测量雷达的天线旁瓣电平要比 DPR 和 PR 的低，这有利于抑制地面杂波的影响并减小测量误差。所以从设计层面来看，风云三号降水测量雷达的降水测量能力要优于 TRMM 卫星上的 PR，与美国和日本的第二代降水雷达 DPR 相当，部分指标略优于 DPR。

5.4　雷达系统设计

上一节分析得到的降水测量雷达主要科学应用指标，还是联系降水测量雷达的测量能力要求与雷达的天线类型和尺寸、脉冲体制、脉冲重复频率、发射功率等仪器技术指标的桥梁，为仪器研制单位的具体设计明确了输入条件和设计依据。

5.4.1　天 线 设 计

风云三号降水测量雷达所需要的技术与传统的地基天气雷达有很大不同：首先，可靠性要求高，例如地面雷达常用的磁控管，虽然它结构紧凑、质量轻并且有极好的功率效能，但因为其使用寿命的限制而不能用于卫星上。其次，可提供获得的功率在卫星上受到严格限制。这些约束严重限制了可用于星载降水雷达的技术种类。

PMR 需要无间隙地覆盖 300 km 的刈幅宽度。由于卫星一直在运动，雷达只进行一维扫描而不是地基雷达所做的二维扫描。考虑到降水测量在高度方向上的分辨要求，一维交轨方向的扫描要明显优于固定入射角的圆锥扫描。在天底，降水测量雷达的足迹大小约为 5 km，卫星飞过需要大约 0.69 s。这样覆盖±20.3°的扫描角范围，需要天线扫描速率接近 60°/s。由于天线口径达到 2 m 左右同时扫描速率很高，所以需要采用电子扫描的方式。

从天线类型角度考虑，交(跨)轨方向的一维电扫既可以由平面波导阵列实现，也可以通过由初级喇叭天线构成的线性阵列照射的偏置圆柱形抛物面天线实现。如前所述，降水测量要求天线应该具有较低的旁瓣电平以避免强地面杂波的干扰。同时因为卫星的高度在 400 km 附近，气动阻力无法忽略。故对抛物柱面天线而言，需要很高的加工精度和结构强度。另外，由于抛物柱面天线两个频段的初级馈源阵列无法同时安装在焦线上，导致两个频段天线波束在顺轨方向上会有指向的差别。平面阵列天线则需要两个工作频段各有一副天线，在付出空间和重量代价的同时显著降低了技术难度，而且只要保证两副天线的安装精度就可以保证波束的匹配。因此，风云三号降水测量雷达选择了平面隙缝波导主动阵列天线。主动阵列的每个天线单元使用独立的固态功率放大器作为末级功率放大器，每个功放的峰值发射功率都比较小，并使用了体积小、重量轻的 PIN 二极管移相器控制发射电磁波的相位进行电子扫描。组成天线系统单元的数目很大，因而可靠性也更高。

降水测量雷达将隙缝波导天线作为单元天线用于平面阵列天线。在波导的窄面每隔半个波长有一条裂缝，单元天线布置在波导宽边的法线方向上。这种阵列布置可辐射水平极化波。在两个邻近单元之间的隔离要求不会产生任何栅瓣，即需要满足如下条件

$$d < \frac{\lambda}{1+|\sin\theta_{\max}|} \tag{5.14}$$

式中，d 为天线单元的间隔；λ 是工作波长；$\theta_{\max}$ 为交轨方向上偏离天底的最大扫描角。通常，将 d 值取为尽可能接近最大的允许值 $d_{\max}$ 为

$$d_{\max} = \frac{\lambda}{1+|\sin\theta_{\max}|} \tag{5.15}$$

将 $\theta_{\max}$ 为 20.3°代入，得到 $d_{\max}$ 为 0.742λ 。

平面阵列天线的尺寸由对天线波束宽度和天线旁瓣电平的要求决定。当单元天线通过 Taylor 分布馈电时，阵列天线边到边的长度 D 与天线半功率波束宽度 θ_0 之间的关系为

$$\frac{D}{\lambda}\cdot 2\sin\left(\frac{\theta_0}{2}\right) = C \tag{5.16}$$

式中，C 是依赖于 Taylor 加权的参数。用于获得需要的天线波束宽度 θ_0 的最少单元天线数为

$$N_{\min} = D/d_{\max} \tag{5.17}$$

为满足风云三号降水测量雷达的波束宽度(0.71°)与旁瓣电平要求(–30 dB)，单元天线馈电设计时需要留有余量，采用的 Taylor 加权分布的参数、相应的天线尺寸与最少单元天线数的值见表 5.12。出于设计的方便性及可靠性考虑，最后选择 128 根隙缝波导组成天线阵列。由于各个移相器和固态放大器间的不一致性，各个天线单元激励电流的相位和幅度会存在随机误差，从而造成天线最终的辐射性能下降。图 5.14 给出了在激励电流的相位误差为 5°、幅度误差为 0.5 dB 时，扫描角分别为 0° 和 20.3° 情况下理论计算出的交轨方向天线方向图。可以看到，0° 扫描角时可以获得优异的辐射方向图。当扫描角为 20.3° 时，这个天线辐射方向图性能特别是旁瓣电平就会稍微变差。

表 5.12　降水测量雷达天线设计值

中心频率	Taylor 加权	C	最少单元数	实际单元数	天线口径
13.35 GHz	PSL＝–30dB，$\bar{n}$＝4	1.13	123	128	2.05 m
35.55 GHz					0.77 m

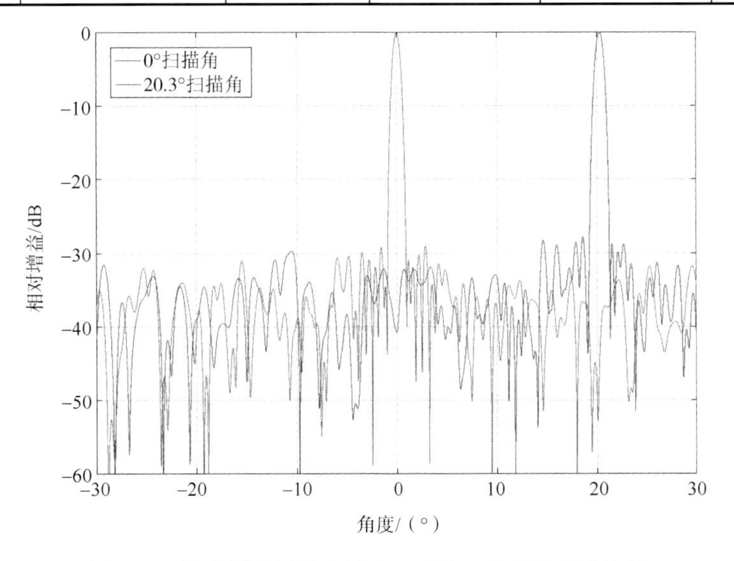

图 5.14　降水测量雷达交轨方向天线方向图的理论结果

5.4.2 发射功率与独立样本

风云三号降水测量雷达通过发射短脉冲而非采用脉冲压缩技术来实现对降水的测量，故而需要有较大的峰值发射功率。对于短脉冲而言，雷达的距离分辨率 L 由脉冲宽度 τ_p 决定，即

$$L = c\,\tau_\mathrm{p}/2 \tag{5.18}$$

式中，c 表示光速。同时在距离分辨率区间 L 内有 G_r=1，故由式(5.6)可以得到雷达发射功率 P_t 与降水回波功率 P_r 的关系如下

$$P_\mathrm{t} = \frac{1024\pi^2 R_0^2 \ln 2}{\lambda^2 G_0^2 \theta_1 \phi_1 \eta c \tau_\mathrm{p} A_\mathrm{r}} P_\mathrm{r} \tag{5.19}$$

并将式(5.4)代入上式，得到

$$P_\mathrm{t} = \frac{1024\lambda^2 R_0^2 \ln 2}{\pi^3 G_0^2 \theta_1 \phi_1 c \tau_\mathrm{p} A_\mathrm{r} Z_\mathrm{e}} \left| \frac{m^2+2}{m^2-1} \right|^2 P_\mathrm{r} \tag{5.20}$$

降水测量雷达的最小可检测降水强度定义为，在不考虑衰减的情况下，雷达在天底点所能测得的最小降水信号(对应的信噪比为–3 dB)。雷达的系统噪声定义为

$$P_\mathrm{n} = F_\mathrm{n} K T_\mathrm{s} B \tag{5.21}$$

式中，F_n 是雷达系统噪声系数；T_s 是系统噪声温度；B 是雷达接收机带宽；K 是玻尔兹曼常数。因此，可以估算出风云三号降水测量雷达 Ku 波段的峰值发射功率约为 780 W，Ka 波段的峰值发射功率约为 450 W。

可以看到，规定的降水测量雷达的最小降水回波信号比雷达自身的系统噪声还要弱。为了可靠地检出弱回波信号，需要对降水进行多次采样并累积，从而满足 5.3.7 小节得出的对降水测量雷达辐射测量精度的要求。雷达辐射测量精度的定义如下：

$$K_\mathrm{p}(\mathrm{dB}) = 10\lg\left(1+\frac{\Delta P_\mathrm{s}}{\overline{P}_\mathrm{s}}\right) = 10\lg\left[1+\kappa\sqrt{\frac{1}{N}\left(\frac{P_\mathrm{r}+P_\mathrm{n}}{P_\mathrm{r}}\right)^2+\frac{1}{M}\left(\frac{P_\mathrm{n}}{P_\mathrm{r}}\right)^2}\right] \tag{5.22}$$

式中，P_s 表示雷达总的接收功率，符号“−”表示均值；ΔP_s 是接收功率的均方差；N 和 M 分别是接收功率和噪声功率的独立采样数；因子 κ 依赖于接收机检测器的类型。在降水测量雷达检测最小降水回波时的辐射测量精度与降水回波的独立采样数间的关系，如图 5.15 所示。所以，为保证 1 dB 的测量精度，降水回波的独立采样数需要大于 64 个，同时噪声功率测量的样本数至少是降水回波的两倍。降水测量雷达设计中将降水回波的独立样本数的最小值设为 96 个。

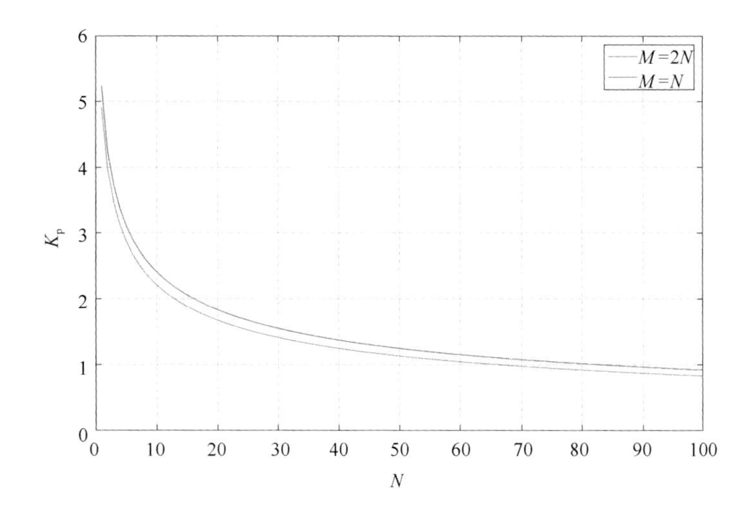

图 5.15　降水测量雷达辐射测量精度与独立采样数间的关系

5.4.3　脉冲时序设计

根据对风云三号降水测量雷达距离分辨率的要求，可以由式(5.18)计算出降水测量雷达的发射脉冲持续时间为 1.67 μs。由于降水测量雷达发射的是短脉冲，其脉冲的带宽等于时宽的倒数，即 0.6 MHz。

降水测量雷达的脉冲重复频率(pulse repetition frequency, PRF)由下式确定(参见图 5.16)

$$\frac{1}{\mathrm{PRF}} = 2\tau_{\mathrm{p}} + 2T_{\mathrm{m}} + \Delta T + 2T_1 \tag{5.23}$$

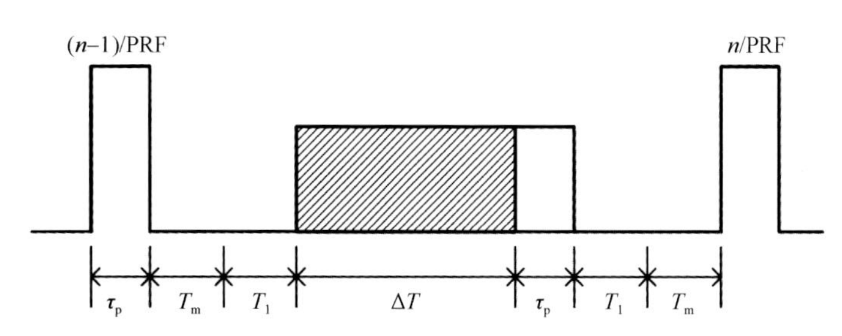

图 5.16　降水测量雷达的脉冲时序

式中，T_{m} 是收发脉冲的时间余量(一般大于 10μs)；T_1 是由于风云三号降水测量卫星的高度变化 ΔH (=5 km)引起的时间余量可近似为

$$T_1 \approx \frac{2\Delta H}{c\cos\alpha} \tag{5.24}$$

ΔT 是脉冲的回波持续时间

$$\Delta T = \frac{2\Delta R}{c\cos\alpha} \tag{5.25}$$

式中，ΔR 是降水测量雷达的观测高度范围；α 是降水测量雷达波束在地面的入射角。这样可以得到，从星下点扫描位置到最大扫描角位置降水测量雷达的 PRF 上限在 4 762～4 460 Hz。

降水测量雷达 PRF 的下限由最少独立样本数 $N_{\min}$ 的要求确定，即

$$\frac{2h_s \tan(\theta_1/2)}{v_s} \cdot \mathrm{PRF} \cdot N_p \geqslant N_{\min} \cdot N_b \tag{5.26}$$

式中，v_s 是卫星的地面投影运动速度；N_p 是采用频率捷变技术的频点数；N_b 表示完整的一次交轨扫描所需的波束数。降水测量雷达使用四频率捷变技术来进一步增加独立样本数，因而其 PRF 的下限约为 2 024 Hz。

此外，根据图 5.16，降水测量雷达为了接收第 $n-1$ 个与第 n 个发射脉冲间的回波信号，其 PRF 还应满足下面的式子：

$$\frac{n-1}{\mathrm{PRF}} < t_1 < t_2 < \frac{n}{\mathrm{PRF}} \tag{5.27}$$

其中，

$$\begin{cases} t_1 = \dfrac{2\left[L(\theta,\varphi) - h_1/\cos\alpha\right]}{c} - T_m - T_1 - \tau_p \\ t_2 = \dfrac{2\left[L(\theta,\varphi) + h_2/\cos\alpha\right]}{c} + T_m + T_1 + \tau_p \end{cases} \tag{5.28}$$

式中，h_1 和 h_2 分别是降水测量雷达观测高度范围 ΔR 的上下限；L 表示地面扫描点到降水测量雷达的斜距，L 的值与扫描角度和降水测量卫星的位置(即纬度)有关。图 5.17 给出了最终的降水测量雷达 PRF 在不同纬度位置的示例，其中发射脉冲序号 n=9。可以看到，为了满足独立样本数的要求和信号收发时序的要求，降水测量雷达的 PRF 不是固定的，而是随着卫星到地面扫描点的距离增加而逐渐减少，通过这一可变 PRF 技术大大提高了降水测量雷达的辐射测量精度。

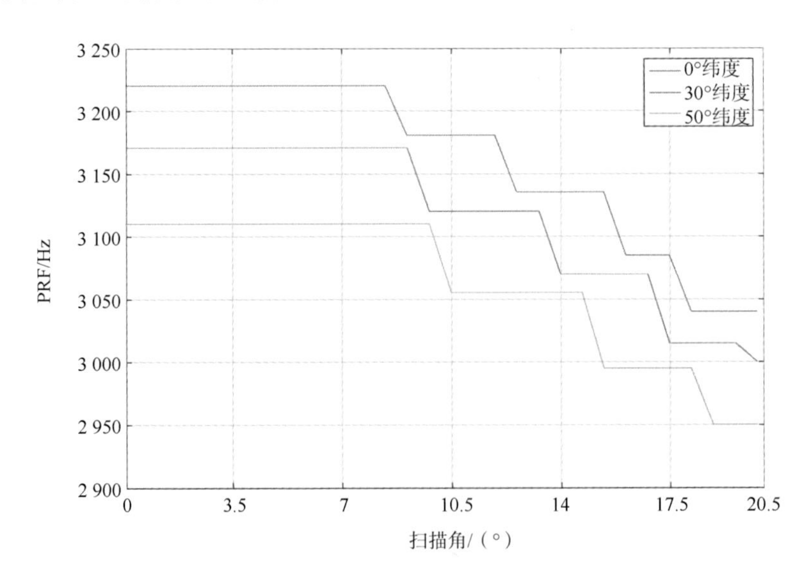

图 5.17　降水测量雷达的 PRF 示例

5.4.4　系统技术特点小结

风云三号降水测量雷达的主要系统技术参数列在表 5.13 中。降水测量雷达由两部一维电扫描有源相控阵雷达组成，分别包括天线分系统、收发 T/R(transmitter/receiver)及信道分系统、系统控制和数据处理分系统以及辅助分系统四个部分。雷达系统框图如图 5.18 所示。其中，Ku 和 Ka 两个频段的阵列天线各由 128 根隙缝波导构成，有效口径分别为 2.1 m 和 0.8 m。T/R 分系统包括 128 单元 T/R 组件、功率分配/合成网络、电源、变频电路等。控制和处理分系统负责整部雷达的控制、射频信号的产生、回波信号的处理、对外数据接口等工作。辅助分系统在结构上为雷达提供适应卫星轨道环境所需的结构支撑和防护，为雷达正常工作或生存提供必要的温度环境以及为雷达提供星上电源转换。

表 5.13　PMR 系统技术参数

<table>
<tr><th colspan="2">项目</th><th colspan="2">参数</th></tr>
<tr><td colspan="2">雷达类型</td><td colspan="2">一维有源相控阵</td></tr>
<tr><td colspan="2">频率</td><td>13.341、13.347、13.353、13.359 GHz</td><td>35.541、35.547、35.553、35.559 GHz</td></tr>
<tr><td colspan="2">极化</td><td colspan="2">HH</td></tr>
<tr><td colspan="2">扫描</td><td colspan="2">正常观测：±20.3°，间隔 0.7°；外定标：±3°，间隔 0.1°</td></tr>
<tr><td rowspan="6">天线</td><td>类型</td><td colspan="2">128 单元隙缝波导构成的平面阵列</td></tr>
<tr><td>口径</td><td>2.1 m×2.1 m</td><td>0.8 m×0.8 m</td></tr>
<tr><td>增益</td><td colspan="2">>47 dB</td></tr>
<tr><td>波束宽度</td><td colspan="2">0.71°(天底)</td></tr>
<tr><td>旁瓣电平</td><td colspan="2"><−28 dB</td></tr>
<tr><td>效率</td><td colspan="2">95%</td></tr>
<tr><td rowspan="7">发射机/
接收机</td><td>组件</td><td colspan="2">固态功放(SSPA)、LNA、移相器、功分网络</td></tr>
<tr><td>峰值功率</td><td>780 W</td><td>450 W</td></tr>
<tr><td>脉冲宽度</td><td colspan="2">1.67 μs×4</td></tr>
<tr><td>信号带宽</td><td colspan="2">0.6 MHz×4</td></tr>
<tr><td>PRF</td><td colspan="2">2950～3220 Hz，可变</td></tr>
<tr><td>移相器</td><td colspan="2">数字式 PIN 二极管</td></tr>
<tr><td>噪声系数</td><td colspan="2"><5.0 dB</td></tr>
<tr><td colspan="2">工作模式</td><td colspan="2">观测、内定标、外定标、待机、自检、分析、关机</td></tr>
</table>

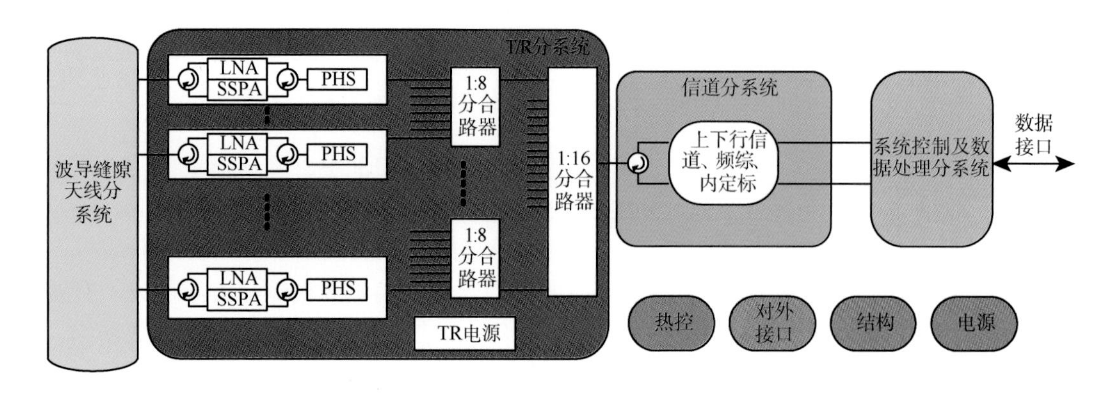

图 5.18　降水测量雷达系统框图

为完成对降水的测量和高可靠性、长时间、高一致性的准确观测工作，风云三号降水测量雷达设置了 7 种工作模式：①降水观测模式，进行降雨的正常观测工作；②内定标模式，主要测试雷达接收机的输入输出传递函数；③外定标模式，对 PMR 进行外定标测试，监测雷达的整体性能；④待机模式，雷达处于待机状态，T/R 组件停止工作；⑤自检模式，雷达进行自检，主要检测信号处理机的存储单元；⑥分析模式，利用地表回波对低噪声放大器(low noise amplifier，LNA)进行功能检测；⑦关机模式，雷达关机而主动热控系统工作，提供雷达维持生存所必需的环境温度。

在正常观测模式下，降水测量雷达回波由雨水回波、地面回波和镜像回波三部分组成。在±20.3°扫描角范围内，雷达对每个观测角度从海平面向上 18 km 高的空间进行雨水回波的采样。测量地面回波，是因为它是估计雷达波总路径衰减的重要手段之一。同时多次散射造成的一定高度的镜像回波也被采集。降水测量雷达每次同时发射一组 4 个时长为 1.67 μs、频带间隔为 6 MHz 的脉冲，通过这一频率捷变技术，以及可变脉冲重复频率技术，可以为各个扫描角获得至少 96 个独立样本。降水测量雷达峰值发射功率分别达到 780 W 和 450 W，从而保证了在探测最小可检测的降水时能满足 1 dB 的辐射测量精度要求。

可以预见，搭载降水测量雷达的风云三号降水测量卫星发射后，将显著提升我国气象卫星降水探测的能力，带动我国降水预报准确性的提高，改进自然灾害的监测手段并增强应对全球气候变化的能力。

第 6 章　星载毫米波雷达测云

6.1　引　　言

在本书第 1 章中，已对云及观测云的意义做了简要介绍。除了历史上气象台站观测员每天肉眼观测云型云量外，国内外一些高山地基面站可以实地(in-situ)测量低云的参数和特性(顾震潮，1980)。飞机观测虽然费用较高，其穿云实地观测提供了云的宏观和微观参数资料。气球无线电探空廓线中也有云层垂直结构信息，多站长期资料可以分析出云层垂直分布及其所在大气动力和热力环境的特征(Zhang et al.，2013；2016)。

与其他大气要素(包括降水)的测量相比，地基云的观测在全球时空覆盖方面更加不足，远远不能满足科学研究和业务服务领域的需求。人造卫星是覆盖全球观测大气环境的最佳平台，第一代气象卫星的主要功能就是提供全球范围的云图。自从有了卫星云图，海上台风/飓风没有漏测一个；各种天气过程(冷锋、暖锋、各种气旋、中尺度对流系统和飑线等)对应的云系非常直观地展现在用户眼前。目前在轨运行的地球极轨和静止气象卫星及地球观测卫星有数十颗，搭载的多种可见光、红外和微波成像仪提供全球范围无缝隙云的监测，局部地区的时间分辨率可达分钟级。图 6.1 是我国风云气象卫星(Feng Yun meteorological satellite, FY)提供的云图，图 6.1(a)显示太阳同步卫星 FY-3 某一天白天观测的拼图，可以清晰地看到全球主要天气过程的云系；图 6.1(b)显示的某一时刻地球静止气象卫星 FY-4A 的云图，与 FY-4B 及日本葵花-8 的联合观测，可以提供更为实时高时间分辨的卫星气象学信息。

作为世界气候研究计划(world climate research program, WCRP)的一部分，1982 年世界气象组织(World Meteorology Organization，WMO)和国际科学联盟理事会(International Council of Scientific Union，ICSU)发起并建立了国际卫星云气候计划(international satellite cloud climatology project，ISCCP)，其目的是通过收集和分析卫星辐射观测资料获取全球的云分布，包括云的日变化、季节变化和年际变化特征。目前可获得的云参数包括云量(总云量、高中低云的云量、8 种不同云型的云量)、云顶温度、云顶气压、云光学厚度和平均云水路径等（需进一步了解，见 https://isccp.giss.nasa.gov/)。但是这还不够，各种业务和科研不仅需要由被动遥感生成的云量、云顶温度和光学厚度等产品资料，还需要更加定量化的具有垂直分辨率的云水含量、相态、粒子尺度及垂直运动等信息，而星载主动遥感是提供这些资料的重要技术手段。

微波云探测雷达先是在许多地基站点和飞机上安装应用(Lhermitte，1987；Clothiaux et al.，1995；Li et al.，2004)，尤其是美国大气辐射观测项目(atmospheric radiation measurement, ARM)，在固定和移动站点部署使用了多部多波长毫米波云雷达，其雷达硬件技术和软件及反演算式研发和数据应用经验不仅促进了欧洲云雷达监测网(cloudnet)的建立，而且为星载云雷达的研发与应用打下了基础(Kollias et al.，2016)。

（a）FY-3某一天的全球拼图（2018年8月17日），已消除了云系移动的影响

（b）FY-4A大圆盘图像（2019年8月8日北京时正午）

图 6.1　我国风云气象卫星云图

本章介绍已有和正在研发的星载微波云雷达及其卫星平台的主要技术特点。了解当前技术的特点和不足，不仅有利于今后的技术改进，也有利于已有资料的分析应用。

6.2　CloudSat 云廓线雷达 CPR

云卫星 CloudSat 是美国 NASA 地球系统科学计划(earth system science pathfinder, ESSP)中资助的一颗卫星(见 http://essp.gsfc.nasa.gov)，其任务是从空间遥感提供全球范围内云垂直结构的观测资料，目标是定量评估大气环流模式中云的表达，评估云水廓线与云辐射特征之间的关系，从而改进天气预报和气候预测(Stephens et al.，2002)。

CloudSat 任务的合作者有美国科罗拉州州立大学(CSU)、NASA 喷气推进实验室(JPL)、加拿大航天局(CSA)、美国空军和能源部(DoE)，卫星本体由 Ball 航空航天工业公司提供。CloudSat 任务成立了科学组，首席科学家是 CSU 的 G. L. Stephens 教授，科学组成员负责不同产品的研发。

CloudSat 于 2006 年 4 月 28 号发射升空，设计预期寿命 22 个月，但至今仍在轨正常工作。与 CloudSat 同一火箭一起发射的还有云-气溶胶激光雷达和红外探测卫星(cloud-aerosol lidar and infrared pathfinder satellite observation, CALIPSO)。CloudSat 开始在 NASA 的下午对地观测星座 A-Train 上(图 6.2)，位于水卫星 Aqua 和 CALIPSO 两颗星之间，与 Aqua 相隔时间约 45 s，在 CALIPSO 之前 15 s，与 A-Train 星座其他星观测经过同一地区的最大时间差不大于 15 分钟，为多传感器同步观测资料的融合提供了条件。CloudSat 的轨道高度是 705 km，过赤道时间是 13：31，重访周期为 16 天；卫星总质量小

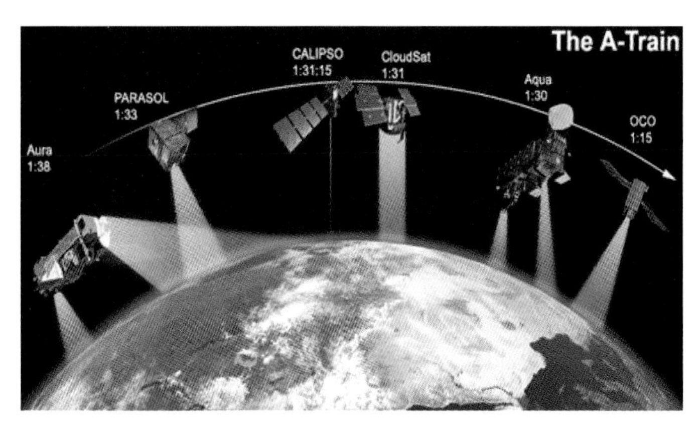

（a）A-Train星座

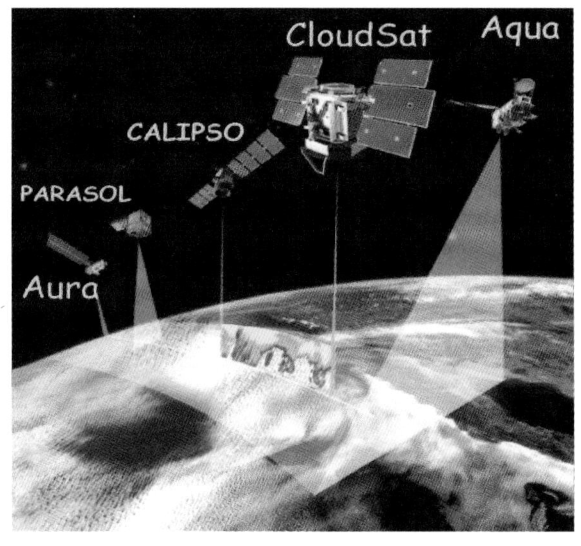

（b）CloudSat和CALIPSO

图 6.2　EOS 观测示意图

图片取自 https：//cloudsat.atmos.colostate.edu/

于 700 kg，最大功率为 1 170 W。在 A-Train 星座中飞行几乎 12 年后，CloudSat 于 2018 年 2 月 22 日离开星座，开始单独飞行，并计划仅在白天测量。

CloudSat 经过美国空军卫星控制网络站点(the air force satellite control network, AFSCN)下传每轨数据，然后传至美国新墨西哥州的阿尔布开克(Albuquerque)，再通过互联网传至科罗拉多州柯林斯堡的资料处理中心(data processing center, DPC)，该中心由美国科罗拉多州州立大学的合作大气研究所(the Cooperative Institute for Research in the Atmosphere, CIRA)运行。DPC 同时收集 ECMWF 的气象资料和 A-Train 其他相关卫星资料，经过融合处理后产生科学数据产品。

CloudSat 携带第一部 94 GHz 云廓线雷达(cloud profiling radar, CPR)，测量云层的等效反射率因子 Z_e(此后简称反射率)。CPR 选用 94 GHz，一方面因为它是国际电信联盟(ITU)分配的频点；另一方是因为尽管此频率大气衰减作用很大，但云层散射信号很强，相比 TRMM 降雨雷达所用的 14 GHz 提高了 33 dB，对薄云和高云的探测有很高的灵敏度。

增大天线和提高发射功率可以增加接收功率，但由于发射火箭的限制，CPR 的天线直径为 1.85 m，对应的波束宽度为 0.16°；沿轨 0.16 s 的脉冲回波平均使得星下点椭圆像元分辨率为 1.4 km×1.7 km。发射脉冲宽度 1.6 μs，对应垂直分辨率 240 m；为了提高信噪比，过采样的垂直分辨率为 480 m。CPR 最小可测信号约为–30 dBZ(在运行后期为–26 dBZ)，测量动态范围 70 dB；发射前的定标精度为 2 dB，目标值是 1.5 dB。

同第 2 章介绍的那样，CloudSat 云廓线雷达的基本组成是：发射机、接收机、天线和信号处理子系统。发射机采用扩展相互作用速调管(extended interaction klystron, EIK)输出脉冲功率达 2 kW。CPR 的天线子系统是特殊设计的，由反射镜、准直天线结构支架和准光学传输线(quasi-optical transmission line, QOTL)组成。复合石墨材料构造的天线保证了表面的低粗糙度，形成的波束宽度为 0.16°，旁瓣电平低 50 dB，以消除旁瓣信号对下一个脉冲廓线的影响。QOTL 技术是首次用在空间雷达频率上，使得系统损失最小化。发射机的高功率放大器采用两只 EIK 和两套高压供电系统，具有完全的冗余度。

由大气气体、水或冰云和降水造成的衰减，在 94 GHz CPR 的设计，尤其是资料反演时必须考虑。对于标准热带大气和中纬度夏季大气模式，在 10 km、5 km 和 0.5 km 高度的气体(主要是水汽)双程衰减约为 0.12 dB、0.5 dB 和 5.0 dB；–20 ℃下冰云的衰减系数为 0.029 dB/km/(g/m^3)；10 ℃水云的约为 4.7 dB/km/(g/m^3)，衰减随温度降低而增大；在降水层对应 0.1 mm/h、1.0 mm/h 和 10 mm/h 强度的双程衰减系数分别为 0.14 dB/km、0.74 dB/km 和 4.03 dB/km。在给定大气廓线、云含水量和降水廓线时，衰减系数廓线可以比较精确地计算，但问题是云含水量和降水廓线正是要探测反演的。

CloudSat CPR 直接测量获得的是(等效)雷达反射率因子 Z_e 廓线。根据第 2 章第 4 节的介绍，从雷达反射率 Z_e 测量可以直接得到云顶和云底高，可以利用 Z_e–M 关系计算云水含量 M，但其他云参数(包括相态、粒子有效半径、粒子谱宽和形状等)不能直接从 Z_e 测量中得到。为了得到更多云参数产品，需要与其他资料融合，尤其是与 CALIPSO 激光雷达资料和再分析气象资料的融合，融合数据集具有统一的水平和垂直分辨率。

为了获得云的宏观和微观参数，需要发展云识别方案、云粒子分类方案和云微物理参数反演算法，以下分别简单介绍。

1. 云识别方案(cloud mask scheme)

云参数的遥感反演，首先要将云识别或区分出来。因为有 CloudSat 和 CALIPSO 卫星的同步测量，所以有 4 个云识别方案，分别是：CloudSat 云雷达的(C1)、由 CALIPSO 激光雷达的(C2)、由 CloudSat 和 CALIPSO 共同的，以及由 CloudSat 或 CALIPSO 任意一个检测的。此处，仅介绍 C1 方案。

C1 方案考虑了回波信噪比(SNR)和垂直方向的连续性。在 CloudSat 云检测的标准算法中，初始检测依赖于 CPR 回波平均噪声功率(P_N)及其标准偏差(σ_N)。P_N 和 σ_N 的值由平流层的平均回波功率得到(Marchand et al.，2008)。当某一感兴趣的距离库上的回波功率超过 P_N 和 σ_N 之和时，该库就归为候选有云距离库。然后，进行垂直方向连续性检验，以减小云检测的不确定性。通过检测算法，可以推断水成物类型，即云或降水。为了进一步分辨云和降水，需要引进经验性阈值，例如，云的反射率 Z_e 应当小于−15 dBZ。因为有降水，很多时候很难确定云底高。此外，当低云在 720 m 以下时，由于地杂波的影响，这类云很难用 C1 方案来检测。

2. 云粒子类型方案

区分水云、冰云和混合相态云粒子对于后续的反演非常重要。从 CloudSat 的 Z_e 和温度的二维图上可以近似地做区分。更好的方案是，基于 CALIPSO 激光雷达所测的后向散射系数和退极化比(LDR)发展的粒子检测方案(Kikuchi et al.，2017)。CloudSat 探测独立检测与 CloudSat 和 CALIPSO 联合检测方案已进行了一些比较，激光雷达对高层薄冰云有好的检测能力，而云雷达对弱降水有一定的穿透能力；这样，联合检测算法可以给出 13 类水成物，包括暖云水滴、过冷水滴、随机取向冰晶(3D 冰晶)、水平取向板状冰晶(2D 板状)、3D 冰晶+2D 板状、液态毛毛雨、混合相态毛毛雨、雨、雪、混合相态云、水云+液态毛毛雨、水云+雨和未知的(Kikuchi et al.，2017)。

3. 云分类算式

基于云光谱、纹理和物理特征，已发展了一些从卫星被动测量进行云分类的算式。国际卫星云气候学计划 ISCCP 的方法使用云顶气压和云光学厚度 COD 的组合，将云分为积云(Cu)、层积云(Sc)、层云(St)、高积云(Ac)、高层云(As)、雨层云(Ns)、卷云/卷层云和深对流云(deep convective clouds，DCCs)(Rossow and Schiffer，1999)。被动遥感云分类的一个主要限制是缺少云垂直厚度的详细信息，而这个信息对云分类至关重要。

Wang 和 Sassen(2001)利用主动遥感的距离分辨能力，发展了云分类算式，其中集合了地基多遥感器的测量(包括激光雷达、云雷达和辐射计)，并与 DOE“大气辐射测量 ARM”在 Oklahoma 站的观测员记录比较进行检验。基于地基测量方法，Wang 和 Sassen(2007)结合空基主动(CPR 和 CALIPSO 激光雷达)和被动(MODIS)遥感，发展了一个 CloudSat 云分类算式，其基础规则是水成物的垂直和水平尺度、CPR 测量的 Z_e 值、降水标识和其他辅助资料(包括 ECMWF 预报的温度 T 廓线和地形高度)，分类的云有 St、Sc、Cu、Ns、Ac、As、深对流或高云(见表 6.1)。高云包括卷云、卷积云和卷层云，积云类型代表了浓积云和晴天积云。为了 IWC 和 LWC 的反演，这些云类可以进一步细分。

表 6.1　来自大量研究的主要云类型的典型特征(中纬度)

云分类	云特征	
高云	云底	>7.0 km
	降水	无
	水平尺度	10^3 km
	垂直尺度	中尺度
	液态水路径 LWP	=0
高层云(As)	云底	2.0～7.0 km
	降水	无
	水平尺度	10^3 km，均匀
	垂直尺度	中等
	LWP	～0，主要为冰
高积云(Ac)	云底	2.0～7.0 km
	降水	可能幡状云
	水平尺度	10^3 km，不均匀
	垂直尺度	中等
	LWP	>0
层云(St)	云底	0～2.0 km
	降水	无或小雨
	水平尺度	10^2 km，均匀
	垂直尺度	浅薄
	LWP	>0
积云(Cu)	云底	0～3.0 km
	降水	毛毛雨或可能雪
	水平尺度	1 km，单体
	垂直尺度	浅薄或中等
	LWP	>0
雨层云(Ns)	云底	0～4.0 km
	降水	持续性降雨或雪
	水平尺度	10^3 km，单体
	垂直尺度	厚
	LWP	>0
深对流云	云底	0～3.0 km
	降水	强阵雨或可能冰雹
	水平尺度	10 km
	垂直尺度	厚
	LWP	>0

注：云类型识别算法基本基于这些特征。高度高于地面

算式的主要输入是云廓线雷达 CPR 的几何廓线，它给出云的水平和垂直结构。辅助资料用到 MODIS 几个通道(从沿轨的辐射变化识别云)、ECMWF 的温度廓线、海岸线地图和地形地图。具体输入变量和数组定义见 Wang 和 Sassen(2007)。

CloudSat 云分类算式有两个主要步骤：第一步进行聚类分析(cluster analysis)，将单个云廓线归入某一簇(群)，接着应用规则(见表 6.2)和分类方法将其分为某一类云。聚类分析中，当 CPR(距离)库有标志性云识别值(≥30)且垂直方向连接，则视为是一层云；一组水平相连具有类似垂直范围的云层划为同一云簇。一帧(granule)CloudSat 内可以划分为许多云簇。

表 6.2　基于观测数据云属性的云分类识别规则

类型	Z_{max}	降水	长度/km	最高的 Z_{max} 频率	其他
卷云	<−3 dBZ，T<−22.5 ℃	无	2→>1 000	−25 dBZ @ −40 ℃	
高层云	<−3 dBZ，−20 ℃<T<−5 ℃；= −30 dBZ @ −45 ℃	无	50→>1 000	−10 dBZ@ −25 ℃	
高积云	<0 dBZ，−20 ℃<T<−5 ℃；= −30 dBZ@ −35 ℃	有/无	2→>1 000	−25 dBZ@ −10 ℃	T_{top} >−35 ℃
层云		有/无	50→>1 000	−25 dBZ @10 ℃ (亮带)	海拔高度 Z_{max} <2 km AGL
层积云	<−5 dBZ，−15 ℃<T<25 ℃；	有/无	2→>1 000	−25 dBZ @10 ℃ (亮带)	海拔高度 Z_{max} <2 km AGL；空间分布不均匀
积云	<0 dBZ，−5 ℃<T<25 ℃；	有/无	2～25	−25 dBZ @15 ℃	ΔZ >2 km
深对流云	>−5 dBZ，−20 ℃<T<25 ℃；	有	10～50	10 dBZ @5 ℃	ΔZ >6 km
雨层云	−10<Z<15 dBZ，−25 ℃<T<10 ℃；	有	>100	+5 dBZ @0 ℃	ΔZ >4 km

对于每一簇云计算如下参数，然后用于云分类：

云簇最大顶高：　*maxtop*(maximum top height for the cloud cluster) (km，AGL)
平均云顶高度：　*meantop*(mean cloud top height) (km，AGL)
云顶高度标准差：　*devtop*(standard deviation of cloud top height)
平均云顶温度：　*meantopT*(mean cloud top temperature)
最低云顶温度：　*mintopT*(lowest cloud top temperature)
平均云底高度：　*meanbase*(mean cloud base height) (km，AGL)
云底高度标准差：　*devbase*(Standard deviation of cloud base height)
平均云底温度：　*meanbaseT*(mean cloud base temperature，degree)

云簇最低云底高：　*minbase*：lowest cloud base for the cloud cluster
云簇最大 10 dBZ 高度：　*Max10db_H*（Maximum 10 dBZ height for the cloud cluster，AGL）
平均云厚度：　*meanDz*（mean cloud thickness，km）
最大云厚度：　*maxDz*（maximum cloud thickness）
云簇平均纬度：　*meanlat*（the mean latitude for the cloud cluster）
平均最大 Z_e：　*meanze*（mean maximum Z_e，dBZ）（每条廓线计算一个最大 Z_e）
最大 Z_e 标准差：　*devZe*（standard deviation of maximum Z_e）
云簇的最大 Z_e 值：　*maxZeV*（maximum Z_e value of the cloud cluster）
平均最大 Z_e 高度：　*meanHeight*（mean maximum Ze height）
最大 Z_e 高度处的平均温度：*meantemp*（mean temperature at the maximum Z_e height）
云簇的水平长度：　*length*（Cluster horizontal length，km）
降水指数：　*Index_precipitation*（number of precipitating cloud profiles）
云量：　*Cloud_F*（Cloud fraction）
云的非均匀度：　*Inhomo*（最大 Z_e 标准差除以平均最大 Z_e，两者单位都是 mm^6/m^3）

第二步是将一种云簇(团)归为一种云类，云分类方案算法顶层流程见图 6.3。找到一个云簇，就确定云高度、温度、最大 Z_e 和到达地面的降水发生率。根据其垂直和水平尺度、最大 Z_e 值及其高度与水平范围和降水强度，有降水的云被分为 Ns、St、Cu、Ac 或深对流云。依据其平均云高及温度、云底云顶高(及其变率)和 Z_e 幅度及其空间变率，非降水云簇转到高、中和低云分类器。

降水识别是分类方案中的重要一步。虽然降水粒子大于云粒子，其雷达反射率因子强于非降水云的，但由于云和降水的衰减(可达 30 dB)以及地面反射的干扰(达地面之上 4 个库)，空基 CPR 并不一定测得接近地面之上距离库的强信号，所以使用地面上最低距离库的最大 Z_e 识别降水有时存在困难。使用地面之上 1 km 的 CPR 信号检测地面降水发生率，其可靠性已由地基和机载雷达在两个高度测量的高度相关性来证明。

降水相态可以从温度廓线和雷达信号亮带出现来区分。如果识别出亮带或地面温度高于 2 ℃，降水视为液态；否则标记为固态降水。

在降水识别后，在地面之上的第一个云层将可能被分为毛毛雨。识别边界层毛毛雨最可靠的方法是使用 Z_e 垂直廓线；在无毛毛雨时，Z_e 值随高度增加；有毛毛雨时，Z_e 值一般随高度减小。但由于 CloudSat 资料 500 m 的垂直分辨率，很难应用以上的方法识别毛毛雨。所以只能依靠 CloudSat Z_e 测量的幅值。对于不同地区的地基和飞机观测，识别毛毛雨有不同的阈值(范围从−20 dBZ 至−10 dBZ)。为了选择一个适当的阈值，研究了云顶高度小于 3.5 km 海洋性低云最大 Z_e 分布，该分布从云、毛毛雨和降水显示出不同的模态；在−25 dBZ 和−10 dBZ 之间，在约−18 dBZ 附近有一个极小值，与地区和季节关系很弱。所以基于该统计，选择−18 dBZ 来检测可能的毛毛雨。

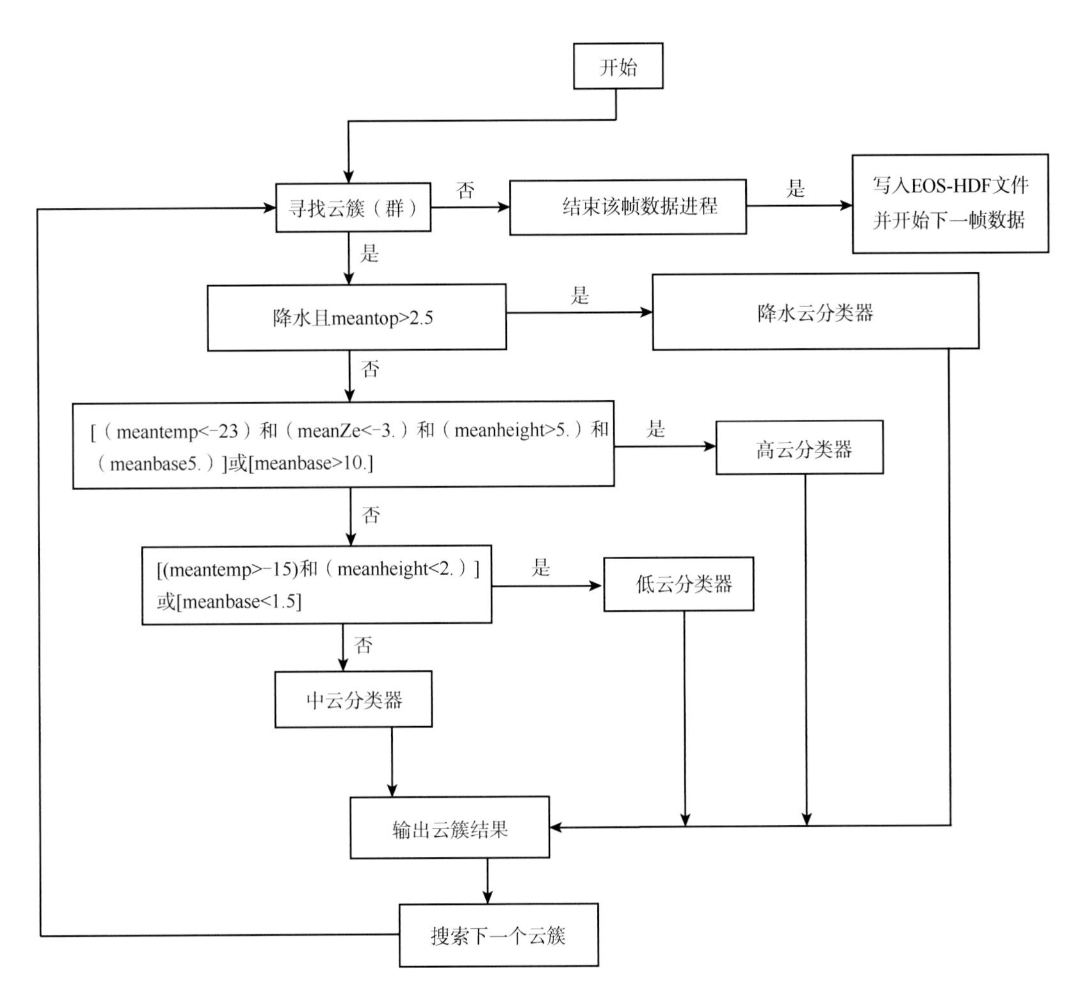

图 6.3　云分类方案算法顶层流程图

基于规则的云分类的难点在于选择不同参数的阈值来设计决策树。图 6.3 所示的流程图为决策树顶层结构。每个框中的逻辑都是根据 CloudSat 数据进行的，CloudSat 数据比表 6.2 中给出的种类更多、更复杂。基于垂直结构的云分类识别，相对直观地把云分为低云、中云和高云。然而，如有降水就无法推断降水云的云底高度，情况就会变得较为复杂。

典型的不同类型云的 CloudSat 图像如图 6.4 所示。很显然，不同类型的云具有显著的特征。算法的关键是找到有效的方法在相同高度层区别云的类型，并考虑它们在不同纬度和不同季节的差异。

中层云包括高层云和高积云，它们的主要区别在于云的构成。高积云尽管也会有液滴出现，但主要由冰晶构成；而高层云尽管可能出现冰晶并作为云幡降落但主要由水滴组成。这种微物理性质的差异反映在有效反射率因子 Z_e 的差异上(Wang and Sassen，2001)，这有利于区分这两种不同类型的云。

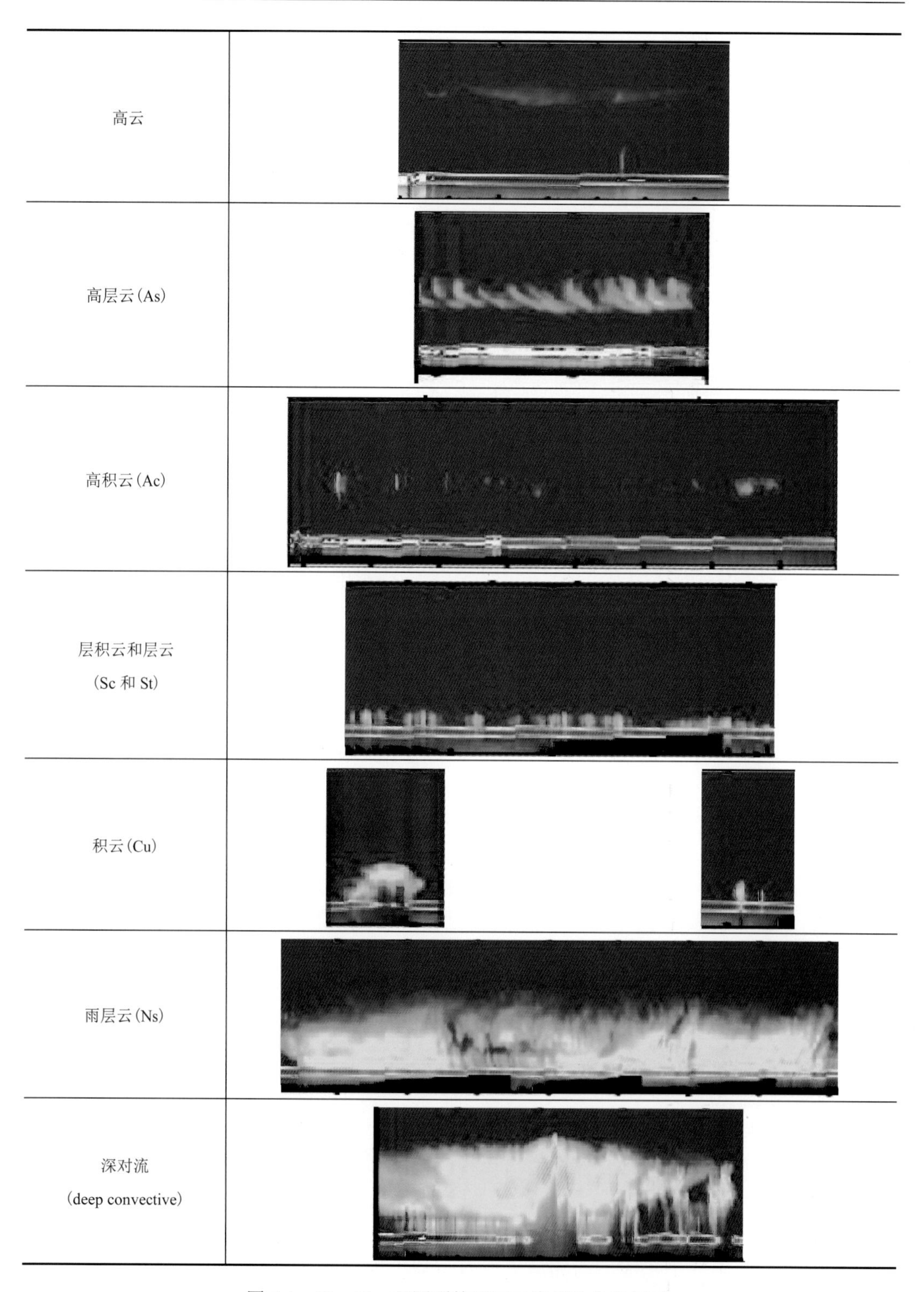

图 6.4　CloudSat 观测到的不同云类型的典型例子

水平轴为随 CloudSat 运行轨迹的距离，纵轴为云的海拔高度。
地面高度用强信号（红色或白色）标识，除了由于降水而造成严重衰减区域

根据雷达观测的水成物廓线来看，雨层云和深对流云能够从近地面发展到对流层顶部。雨层云和深对流云这两种主要的降水云的明显差异在于，它们的降水强度不同。和雨层云相比，深对流云通常会出现较大的暴雨，由于降水在 94 GHz 的衰减，体现在弱的地表反射。两者差异还体现在它们的形成机制上。雨层云通常大部分是由大范围的云层缓慢抬升而成。另一方面，深对流云在发展过程中一般比雨层云有更强的上升气流。因此，它们的水成物垂直分布不同，深对流云通常比雨层云在云层顶部有更强的信号。浓积云也可能出现强降水。雨层云可通过水平尺度进行识别，而不用判断是否有对流单体出现。积雨云和深对流云的差异主要在于云顶高度上。

如果一个云簇有降水廓线并且云顶高度超过 2.5 km，这个云簇将直接判定为降水。首先，根据地面的信息给 Intense_prep_flag（强降水标识）和 Very_intense_prep_flag（很强降水标识）设定一定的值来分析降水强度。如果海上廓线的地表信号小于 20 dBZ，或者陆地廓线的地表信号小于 10 dBZ，Very_intense_prep_flag 将会增加 1。如果地面信号小于−10 dBZ，Very_intense_prep_flag 也将增加 1。

下一步是判断云团是否为高积云，高积云的特征为平的中等云顶高（在 2.9 km 和 7 km 之间），弱的降水（intense_prep_flag＜1），大的云底变化和小的平均最大有效反射率因子 Z_e（＜−6 dBZ，每条廓线都要计算最大有效反射率因子 Z_e）。如果降水云团不是高积云，云团会重新进行分析判断是否把它分为降水前、降水后还是降水期间。原因是这种云团可能会包含大部分的非降水云。降水前和降水后将会根据云底和云顶高度来分为低云、中云和高云。降水期间的决策树如图 6.5 所示。为了更好地把深对流云和雨层云分开，并能很好地识别出发展成熟的浓积云，根据 Z_e 的垂直结构特征的以下逻辑关系，两个变量 deep_flag（深对流标识）和 Conv_flag（对流标识）赋值为 0 或 1。

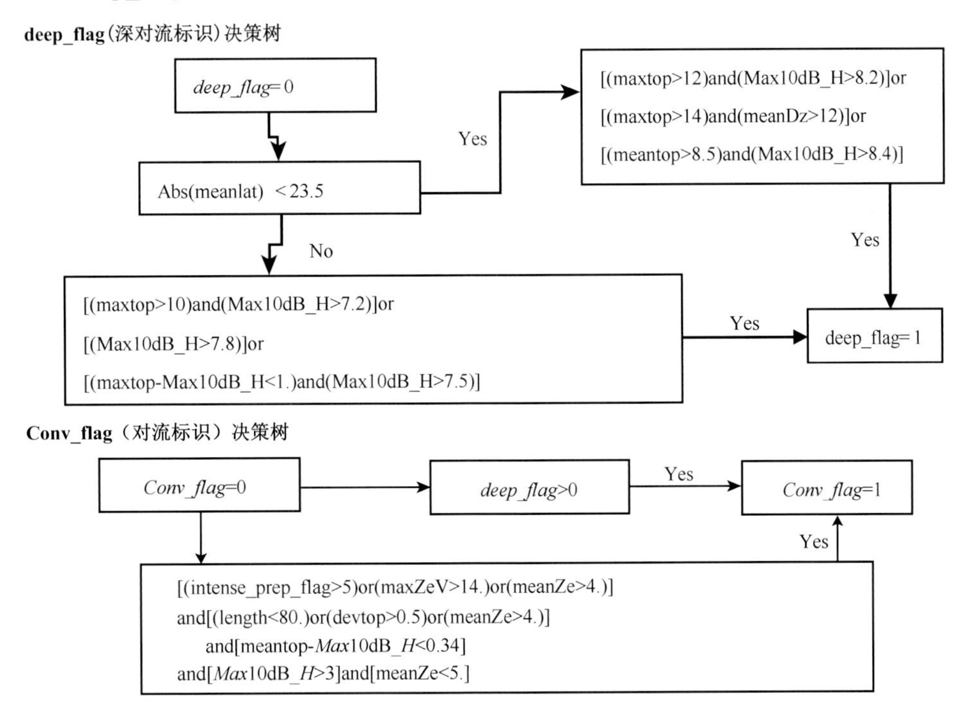

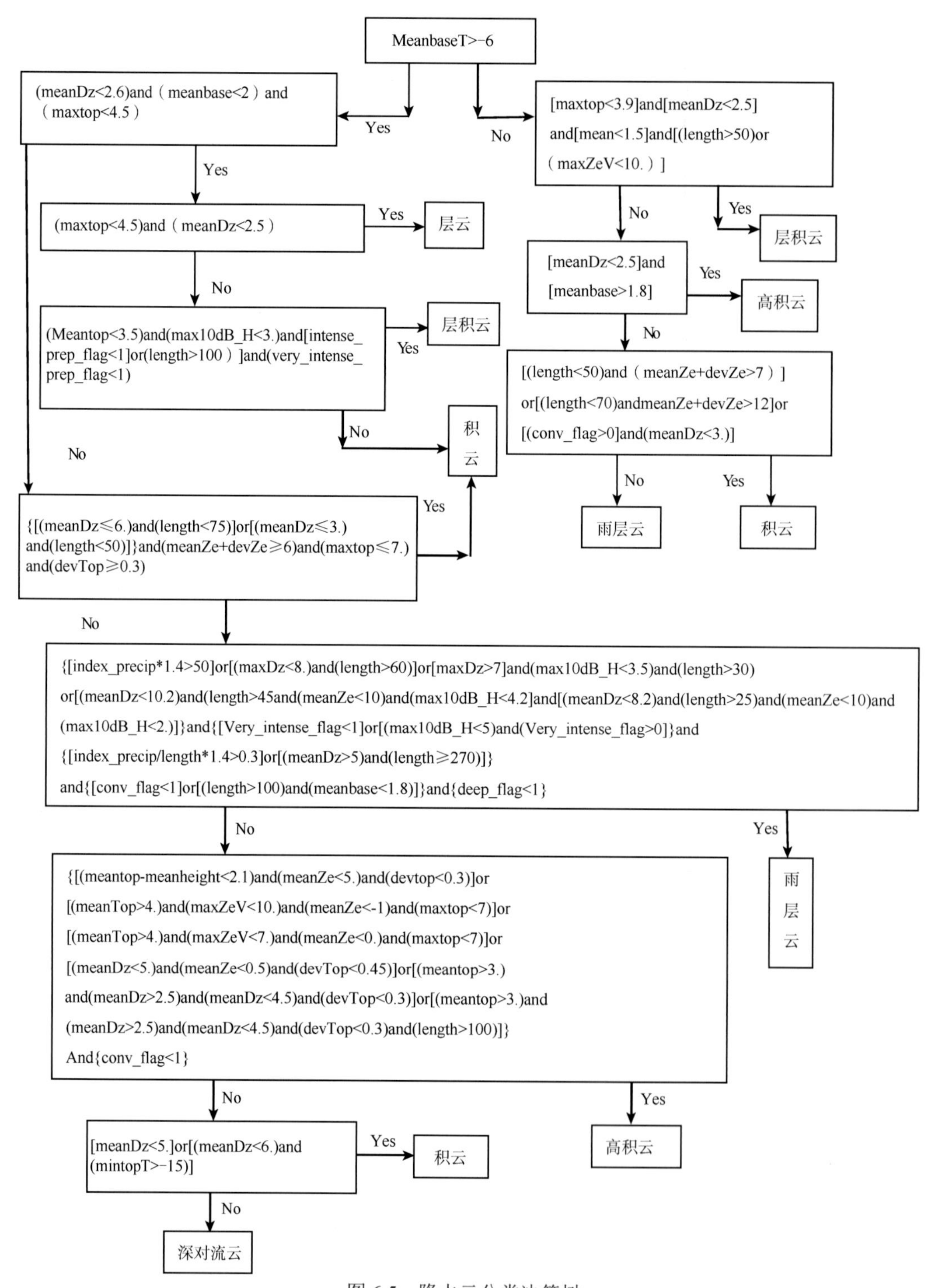

图 6.5　降水云分类决策树

下面给出采用决策树对高云、低云和中云进行分类，见图 6.6。

高云分类器决策树

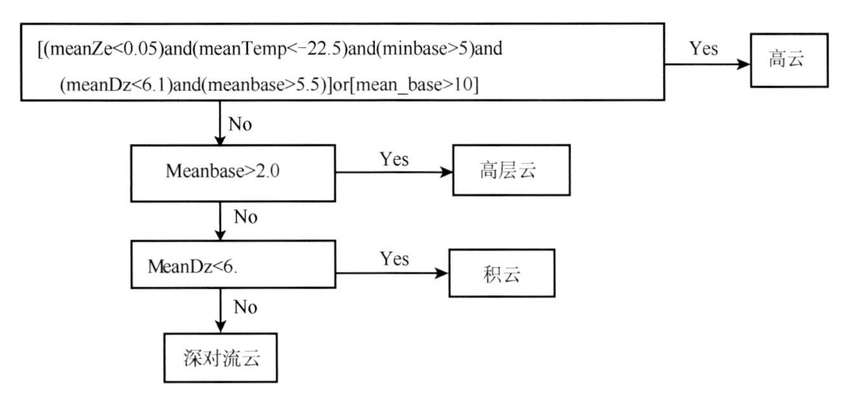

低云分类器决策树

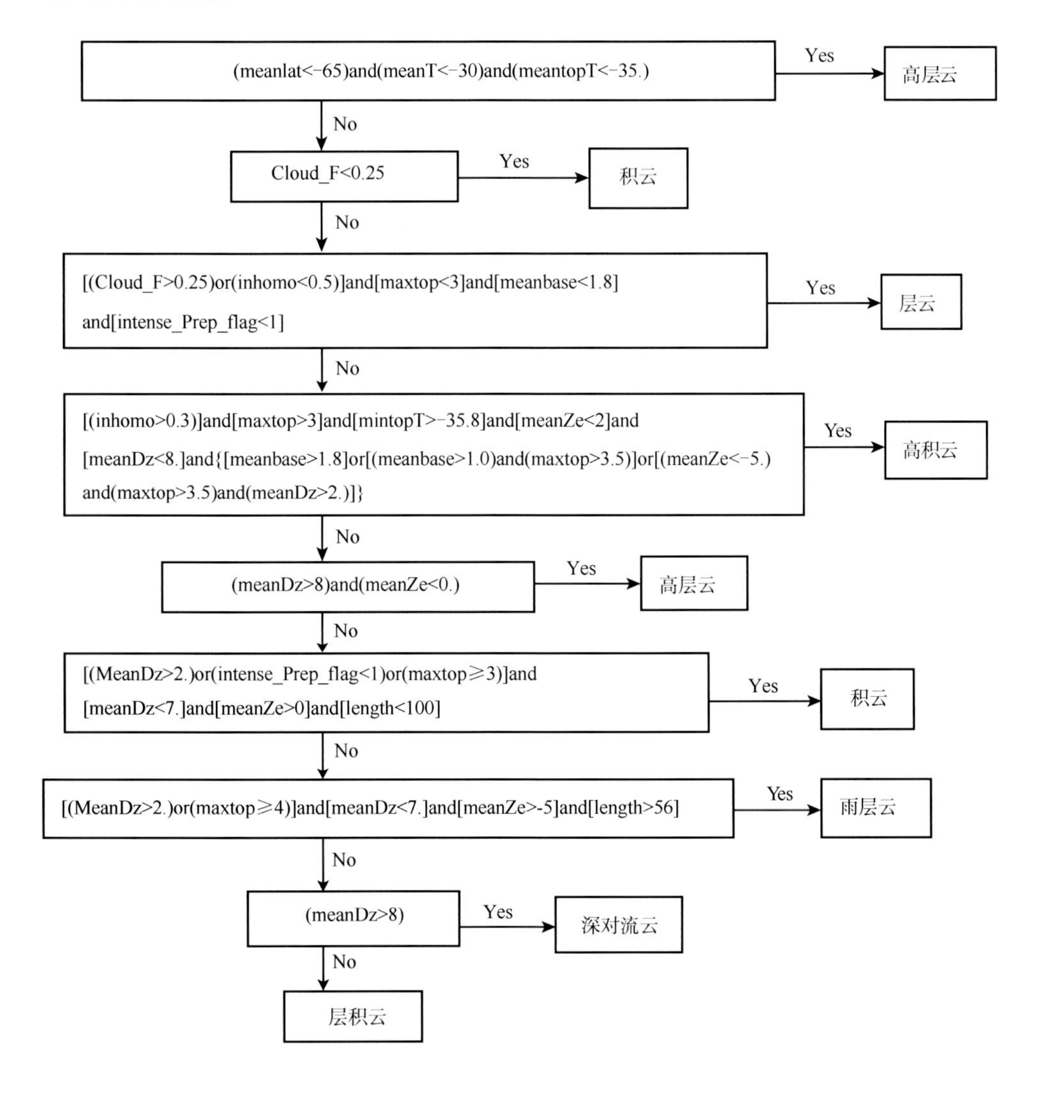

中云分类器决策树

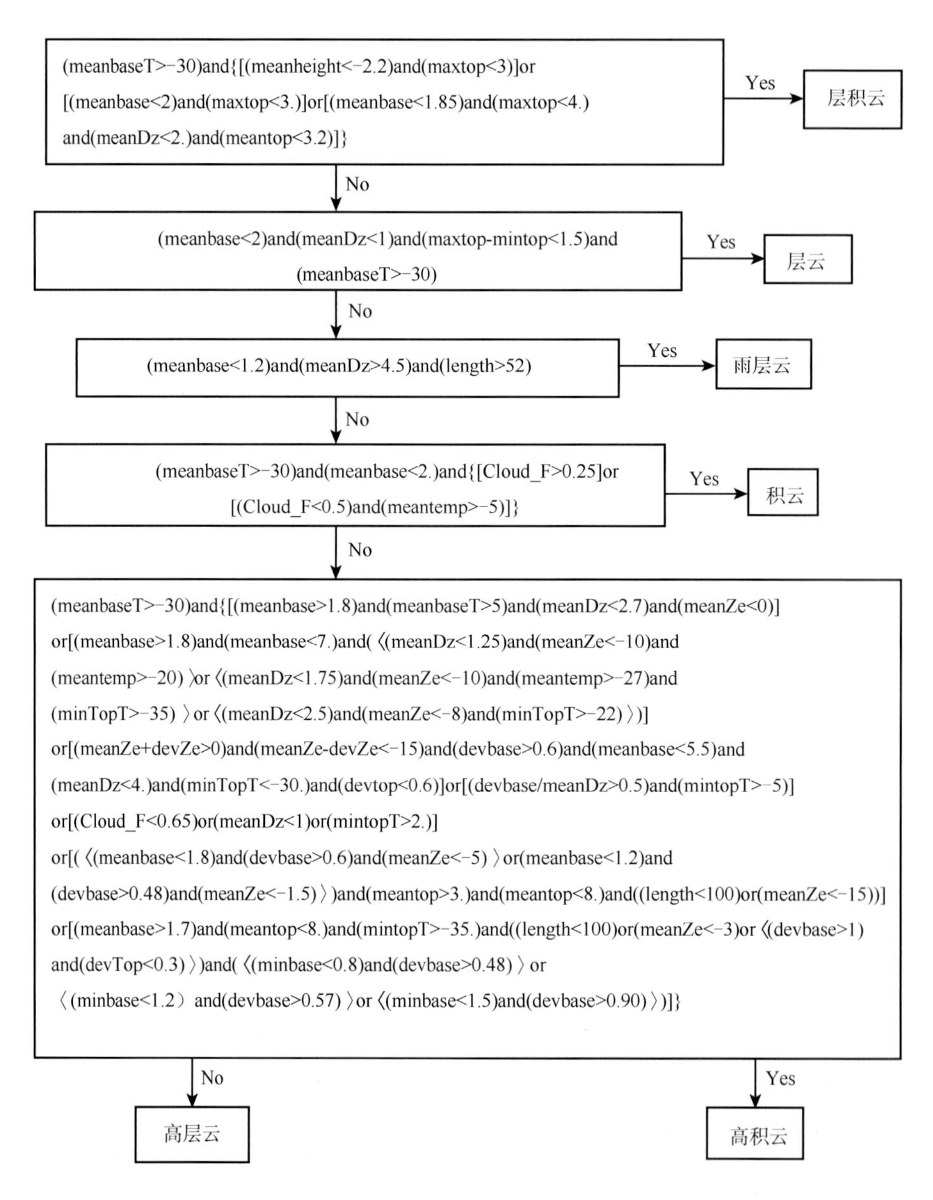

图 6.6　高云、低云和中云分类决策树

注：以上表 6.1～表 6.2 和图 6.3～图 6.6 内容主要取自 Wang 和 Sassen（2007）

2 级（Level-2）云场景分类处理软件已集成进云卫星业务和研究 CORE（CloudSat operational and research）。算式以两种方式运行：一种是仅用 CPR 资料；另一种是结合雷达和 MODIS 资料。为了自行质控，算法还用 300 条 CPR 廓线计算云量和云高的统计参量。

4. 云微物理参数反演（retrievals of cloud microphysics）

将云及其粒子类型识别出来后，就可以进行粒子谱参数的反演。基本思路是，选用适当的粒子谱分布模型(见第 1 章)和粒子散射计算模型(见第 2 章)，计算雷达反射率 Z_e 和谱参数或积分值，建立 Z_e 与某一谱参数的关系(曲线图)。以 Z_e 与粒子有效半径 r_e 的关系为例，有效半径定义为

$$r_e = \int r^3 n(r) \mathrm{d}r / \int r^2 n(r) \mathrm{d}r$$

式中，r 为粒子半径。对于液态云粒子，都是半径小于 50 μm 的球形粒子，使用瑞利散射公式就可以计算 Z_e；对于降水云中的雨滴粒子，在 94 GHz 需要采用米散射理论计算散射截面和反射率；对于非球形的大雨滴，可采用一些学者发展的计算数值方法和程序来计算。同样，对于形状多种多样(片状、枝状、子弹状和针状等)的冰晶粒子，需要考虑非球形的影响，使用相应的粒子散射计算方法；此时，r_e 定义为融化后“等效”液滴谱的有效半径。对于混合相态的粒子，则先分别计算液水和冰晶粒子谱，再按合理的比例“合成”得到 Z_e 和 r_e。已有研究显示，当有效半径 r_e 小于 200 μm 时，在对数坐标中 Z_e 与 r_e 呈很好的线性关系，不同形状粒子与球形粒子的关系有较小的差异(还有 $|K|^2$ 的差异)；当 r_e 增大时，相同含水量但不同形状粒子谱之间的 Z_e 差异很大，即非球形大粒子的反射率有很大的不同。

有了 Z_e-r_e 关系式，就可从实际 Z_e 测量反演粒子有效半径 r_e；从 Z_e 与冰水含量(ice water content，IWC；单位：g/m^3)的关系反演 IWC，目前已有全球 IWC 产品资料供研究使用。图 6.7 给出一个 IWC 产品例子，可以看出全球冰水含量的分布特征。有研究显示，高云中 r_e 的最大值位于云的下部，这是由于冰粒子的生长与大粒子的下降、云下部有相对多的水汽含量有关；冰水含量高值区的位置一般在 r_e 高值区之上。

需要说明的是，现有的卫星遥感反演微物理参数产品之间存在很大差别，所以反演算式需要进一步改进优化，还需要使用实地探测资料进行验证(Cesana et al.，2016)。

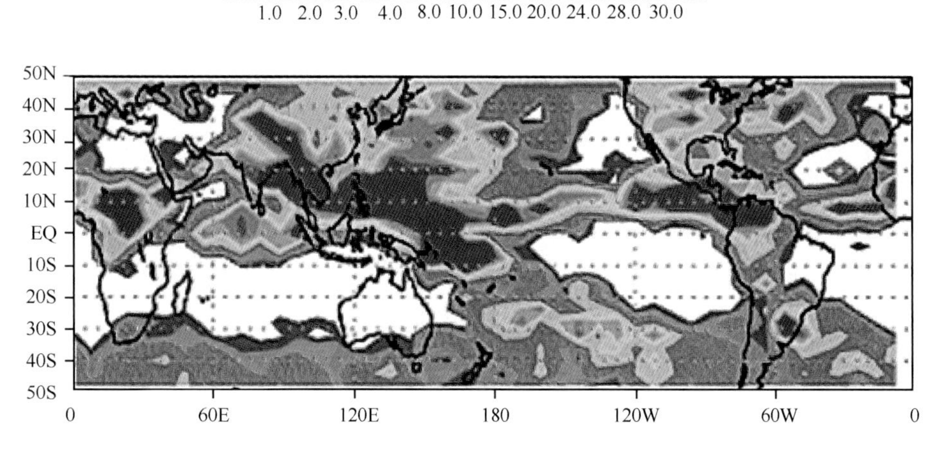

(a) 350 hPa高度上

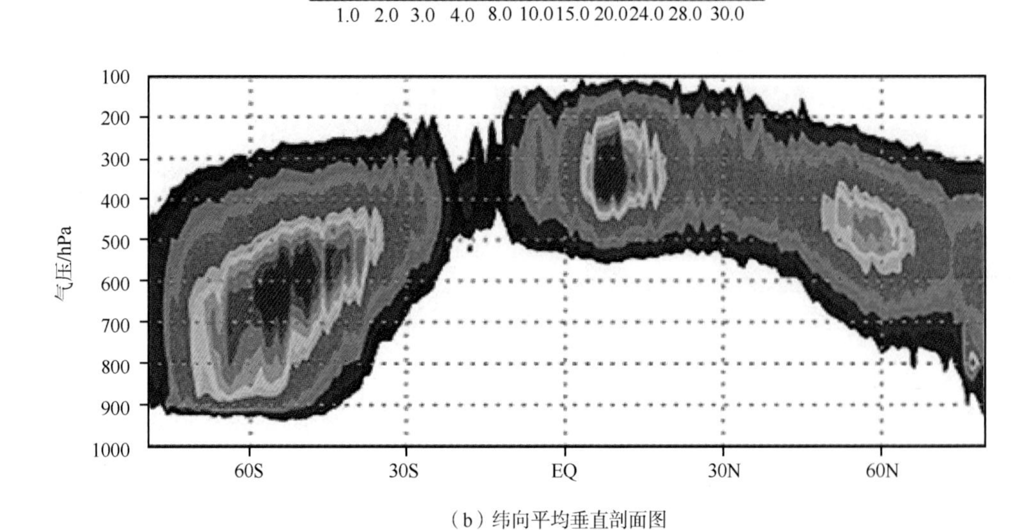

（b）纬向平均垂直剖面图

图 6.7　2006 年 8 月全球月平均 IWC（mg/m^3）分布
（引自：Chen et al.，2011）

CloudSat 的主要 1 级（L-1）和 2 级（L-2）产品列在表 6.3 中。主产品是 L-1B 经定标、距离分辨的反射率，基本 2 级产品是由云雷达资料导出的云特征廓线。L-2 产品分为两类：一类是满足卫星任务必需的标准资料产品；第二类是试验性产品，提供增强任务科学价值的附加信息。L-2 产品还包括 MODIS 和 AMSR-E 的辐射子数据集以及一些从 MODIS 和 CERES 产品中选出的特别与 CloudSat 雷达观测匹配的资料，这些辅助产品用于诊断和比较研究。

CloudSat 产品下载网站地址为：http://www.cloudsat.cira.colostate.edu/。

表 6.3　CloudSat 1 级（L-1）和 2 级（L-2）产品一览表

产品名称（ID）	描述	主要输入	特性
		标准产品	
A-AUX	导航定位辅助资料，原始 CPR 资料	数字高程地图，卫星星历	
IB-CPR	定标后的雷达反射率	雷达功率，定标参数	500 m 垂直分辨率；白天和夜晚
2B-GEOPROF	云几何廓线 — 用出现率和反射率值来表示（有效回波），还包括（气体）衰减订正	1B-CPR，AN-MODMASK. 计划有新版的包含 CALIPSO 激光雷达资料的产品	500 m 垂直分辨率（但激光雷达有更高的垂直分辨率）；白天和夜晚
2B-CLDCLASS	8 类云型，包括降水；混合相态条件的识别和近似	雷达和来自星座的其他资料	白天和夜晚
2B-TAU	云层光学厚度	2B-GEOPROF 和 MODIS-AUX 辐射	τ>0.1，20% 精度（目标）；仅白天

续表

产品名称(ID)	描述	主要输入	特性
标准产品			
2B-LWC	云液水含量	2B-GEOPROF 和 2B-TAU	500 m 和 50%；白天和夜晚；白天产品使用 2B-TAU，晚上产品将次于白天的
2B-IWC	云冰水含量	2B-GEOPROF 和 2B-TAU，温度	500 m 和+100%～−50%；白天和夜晚；白天使用 2B-TAU，晚上产品将次于白天的
2B-FLXHR	大气辐射通量和加热率	2B-GEOPROF，2B-TAU，2B-LWC/IWC	在大气层顶和地面分辨长波通量～10 W m^{-2} 和等价的云加热率～±1 K/(d · km^2)
辅助数据			
MODIS-AUX	MODIS 辐射和云识别	MODIS 23 个通道的辐射，距 CloudSat 地面轨迹±35 km	
AN-STATVAR	沿轨预报模式状态参数子集	具体模式和子集细节待定	
AN-AMSR	AMSR-E radiances		
挑选的试验产品			
降水	定量降水	2B-GEOPROF 和 AN-AMSR 辐射	
云相态	区别冰和液水	2B-GEOPROF，CALIPSO 激光雷达，MODIS 辐射	
云微物理	云滴尺度廓线，数浓度	2B-GEOPROF，2B-TAU，CALIPSO 激光雷达，MODIS 辐射	

注：L-2 产品经时间和空间平均并格点化后产生的 L-3 产品没有列入(取自：Stephens et al.，2002)

5. 云雷达的降水反演

星载 94 GHz 雷达不需要提升其设备指标就能够观测所有类型的降水。Kollias 等(2007)考察了使用 94GHz 雷达进行降水分类与探测。首先提出了一个技术来区分对流和层状廓线，该技术使用经雨层厚度、雪垂直积分反射率和雪与雨反射率差归一化的路径衰减。其次，给出降水和 Doppler 测量取样问题的一个解决方案。云和降水交替观测方式的新取样策略能够改进探测降水的能力，而不损失 94 GHz 雷达对主要目标(全球云分布)的观测。

由于 CloudSat 的上天，雷达测量全球降雪成为可能。Kulie 和 Bennartz(2009)从不同形状(非球形和球形)粒子谱模型，计算后向散射截面和降雪率 S(等效降水)，进而建立雷达等效反射率因子 Z_e 与 S 的转换关系(表 6.4)。他们考察了 1 年干雪时 CloudSat CPR 近地面反射率 Z 的资料，其直方图显示全球近地面干雪对应有极小的 Z 值模态(约 3～4 dBZ)，94%的 CPR 干雪 Z 值小于 10 dBZ。在给定条件下的平均全球降雪率约为 0.28 mm/h，但随地区变化很大，而且受冰粒子模型影响。在复杂地形地区，尽管使用地面之上 1 km 的反射率和垂直连续性阈值，地表杂波干扰仍然出现。为了减少反演的不确定性，还需要大量的辅助信息和实地观测，如对过冷水和其他形状粒子分布的飞机和长期地基观测。

表 6.4　对于不同形状和频率导出的 Z_e–S 关系

冰晶形状（或参考文献）	Z_e(94 GHz)	Z_e(35 GHz)	Z_e(13.6 GHz)
LR3（三种子弹型）	$13.16\ S^{1.40}$	$24.04\ S^{1.51}$	$34.63\ S^{1.56}$
HA（聚集体）	$56.43\ S^{1.52}$	$313.29\ S^{1.85}$	$163.51\ S^{1.98}$
SS（雪）	$2.19\ S^{1.20}$	$19.66\ S^{1.74}$	$36.10\ S^{1.97}$
Liu (2008a)	$11.50\ S^{1.25}$	—	—
Matrosov (2007a)	$10.00\ S^{0.80}$	$56.00\ S^{1.20}$	—
Noh et al. (2006)	—	$88.97\ S^{1.04}$	$250.00\ S^{1.08}$

注：列出他人发表的干雪关系式。Z_e的单位：mm^6/m^3；S 的单位：mm/h。引自 Kulie 和 Bennartz (2009)

进而，他们还评估了未来使用空基 35～13.6 GHz 反射率和 GPM 双频降水雷达的技术参数进行干雪反演的潜力，由于其更高的探测阈值，DPR 这样的仪器仅测得全球干的降雪 7%～1%的近地面雷达反射率值和约 17%～4%的累积量，这些结果也受所选粒子模型影响。使用从 CPR 或类似高频雷达测量导出的降雪率分布，可以减轻这些潜在的探测缺陷。

6.3　EarthCARE 云廓线雷达 CPR

鉴于云–气溶胶–辐射相互作用研究的重要性和迫切性，欧洲空间局 ESA 和日本 JAXA 共同发起与研发地球云–气溶胶–辐射探索者卫星（earth clouds，aerosols and radiation explorer，EarthCARE），于 2004 年正式立项，卫星预计发射时间数次后延，最近的计划是 2022 年年底发射升空。

EarthCARE 卫星飞行在倾角为 97°的太阳同步轨道上，轨道高度 393 km（A-Train 在 705 km），平均过赤道降交点当地时间是 14：00，卫星重访周期 25 天。

EarthCARE 将携带国际上首个有多普勒功能的云廓线雷达（cloud profiling radar，CPR），能够在相对水平均匀条件下测量云中的垂直速度。EarthCARE 卫星上搭载四个传感器：94 GHz 多普勒云雷达 CPR、0.355 μm 波长高光谱分辨率激光雷达（atmospheric lidar，ATLID）、7 通道多光谱成像仪 MSI 和宽带辐射计（broad band radiometer，BBR）。EarthCARE 观测几何和 4 个仪器的采样如图 6.8 所示。4 个仪器的主要性能参数和采样特点列在表 6.5 中，表的最后一列给出它们可以生成的主要产品和实现的资料融合。

EarthCARE 卫星是 CloudSat 和 CALIPSO 两颗星的后继者，不仅继承了 CloudSat 和 CALIPSO 的主要优点和经验，还有其他几个优势。首先，EarthCARE CPR 首次从空间提供多普勒信息，它的最小可测回波比 CloudSat CPR 的低 7 dB（达–37 dBZ）。其次，ATLID 的高光谱能力可将云和气溶胶的后向散射与大气分子分离开来，从而提供云和气溶胶衰减系数的直接测量信息，而 CALIPSO 激光雷达不能提供。因此，EarthCARE 的 CPR 和 ATLID 有望探测到更多的高层薄卷云和水云。此外，采用类似于地基和船基云雷达与激光雷达测量所用的方法，能够反演空气垂直速度和云粒子下落速度。这些新的能力将大大增加我们关于云以及云微物理与上升速度之间关系的理解，从而通过获得的新资料集评估云参数化，以改进气候变化的预报能力。

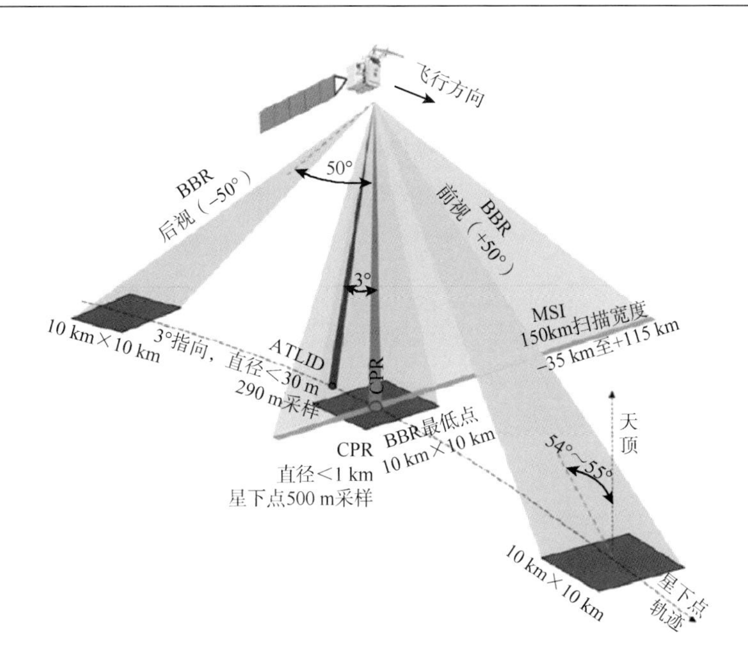

图 6.8　EarthCARE 观测几何和 4 个仪器的采样

表 6.5　EarthCARE 仪器性能和(1 级)产品例子

仪器名称	性能参数	主要例子产品和融合
94.05 GHz 云廓线雷达 (cloud profiling radar，CPR)	2.5 m 直径天线，星下点指向。0.095°波束宽度(3 dB)；660 m 地面足迹。扩展相互作用速调管(EIK)，3.3 μs 脉冲，6100～7500 Hz PRF。 灵敏度≤−21.5 dBZ(单脉冲)，≤−35 dBZ(10 km 积分)。 多普勒功能。 500 m 垂直分辨率，以 100 m 过采样一直至地面以下 1 km。 500 m 水平采样	云和垂直运动产品 与 ATLID 和 MSI 融合： 窄幅液态和冰云含量、消光、粒子尺度及数浓度和降水率的廓线(及其误差范围)
355 nm 大气激光雷达 (atmospheric lidar，ATLID)	以频率 51 Hz 发射 38 mJ 脉冲。 高光谱分辨率接收机，具有瑞利和米散射同偏振和交叉偏振通道。 望远镜直径 0.62 m，波束宽度(发散率)45 μrad，地面足迹约 30 m。 接收机视场 65 μrad，指向 3°偏离星下点，以避免冰晶的镜面反射。 垂直分辨率 103 m(高度从−1～20 km)和 500 m(从 20～40 km)。 水平分辨率 285 m(2 个像素)	气溶胶产品： 消光、后向散射、退偏振比、激光比及其不确定性(误差)廓线，气溶胶类型廓线。 云产品： IWC、有效半径、云顶高、云以及 CPR 和 MSI 的气溶胶融合产品
多光谱成像仪 (multispectral imager，MSI)	星下点推扫成像，6 通道：0.670、0.865、1.65、2.21、8.80、10.80 和 12.00 μm。 为减少太阳耀斑，观测刈幅偏向沿轨前视轨迹右侧，即右侧宽 115 km，左侧宽 35 km。 在星下点采样 500 m×500 m	云和气溶胶产品。 辐射，用于在反演廓线窄幅内构建 3D 云-气溶胶场景，进而导出辐射通量和加热率廓线的估计
宽带辐射计 (broadband radiometer，BBR)	通道：0.25～50 μm，0.25～4 μm； 3 个固定望远镜：星下点、前向和后向(50°天顶视角)。 辐射计精度：SW 2.5 W/(m^2 • sr)；LW 1.5W/(m^2 • sr)。 10 km×10 km 平均辐射将以～1 km 沿轨过采样和记录	观测的太阳和热辐射以及导出的通量，与应用 3D 构建场景辐射传输模式计算的进行比较

云雷达和激光的信号将与多光谱成像仪 MSI 的观测组合，在一个最优估计框架内给出云和气溶胶特性的详细 2D 廓线。MSI 宽幅信息用于将 2D 廓线扩展为一个完整的 3D 范围；这个 3D 场景作为辐射传输模式的输入，就可以计算辐射、通量和加热率，大气层顶(TOA)的辐射和通量可以与 EarthCARE 上宽带辐射计 BBR 测得的进行比较，这种比较将帮助评估和改进 EarthCARE 的反演产品。

对于研究云、气溶胶、降水和辐射过程以及它们在季节和区域尺度上的变化，这些资料产品是非常有用的。观测与气候和天气模式的比较将检验不同的参数化模式，例如冰粒子的下降速度、冰粒子尺度分布、冰粒子密度以及水云向降雨的转换等。这些比较可在统计意义上进行，来考查模式是否较好地刻画了云、气溶胶、降水和辐射参数的平均特征和概率分布，以及它们随地理和季节的变化。在天气和气候模式做预报预测时，可在分辨率 10 km×10 km 下进行每个场景比较。为使 EarthCARE 资料同化进预报模式，期望 60%的时间 1 级(L-1)资料在 5.5 小时内可用；在最差的情况下，单仪器(L-2a)产品在 24 小时和融合(L-2b)产品在 48 小时内可用。

图 6.9 给出 EarthCARE 地球物理产品的多层结构。为了最佳地开发不同传感器的融合，容忍仪器退化或失效的可能，并维持已建立反演方法的连续性，正在实施一个单仪器(L2a)和多仪器(L-2b)反演的组合。

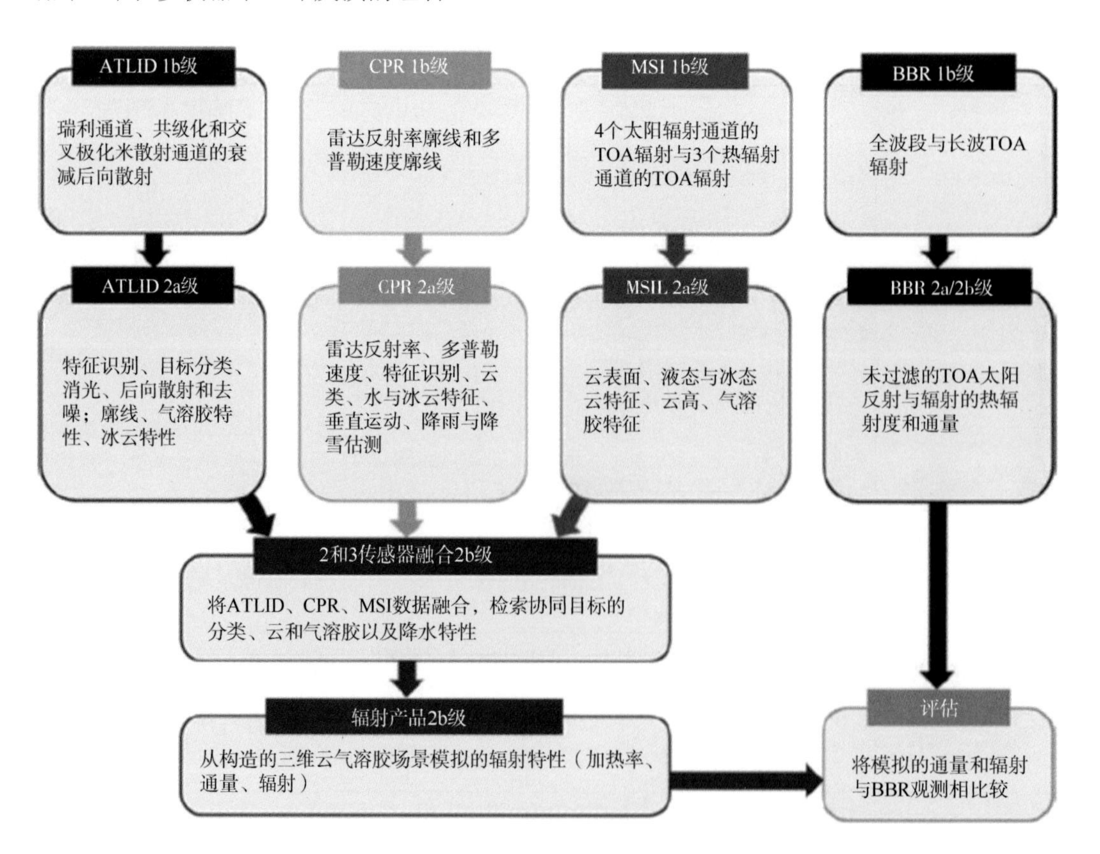

图 6.9　EarthCARE 1 级、2a 和 2b 级产品流程图

注：L-2a 级产品从单个仪器资料得到，而 L-2b 由使用一个以上仪器的资料融合导得

在高速飞行的低轨卫星上测量云和降水中的多普勒速度是一个很大的挑战，卫星速度(～7.6 km/s)将引进很大的多普勒谱展宽，多普勒模糊、云的不均匀性、多次散射和波束指向误差都是空间多普勒谱矩测量中的误差或不确定源。为了估计测量非对流云中多普勒速度的不确定性，Kollias等(2014)研发了CPR仪器多普勒速度模型(或称作模拟器/仿真器—simulator)。他们首先使用了ARM项目四个地基站W波段云雷达(WACR)的大量观测资料集，考察感兴趣的水平尺度上云场反射率及多普勒速度的变率，这些资料集还用作CPR模拟器的输入，并输出CPR多普勒测量模拟结果。模拟器准确地考虑了波束几何、非均匀波束充塞和信号积分效应。他们分别估计了卫星运动、粒子谱下降速度、云中湍流和空气运动产生的多普勒谱展宽，用模拟器研究了卷云和层状云降水的情况，模拟的CPR多普勒速度与来自地基雷达的结果进行了比较。

使用简单条件的规则和CPR多普勒测量平滑的要求，实现CPR多普勒速度退折叠。即使在减小CPR多普勒偏差适宜的条件下，也需要应用非均匀波束速度偏差订正算式。分析显示，需要至少5 000 m沿轨积分来减小CPR多普勒速度不确定性到0.5 m/s以下，并能够探测融化层和表征降雨及冰晶层的多普勒速度。

为使EarthCARE CPR的测量误差控制在0.5～1.0 dB之内，发射前经过子系统和整机的标定。在轨定标沿用了CloudSat的经验，即雷达波束周期性地指向跨轨11°方向，测量(已知的)海面回波。在10°观测角度左右，雷达截面RCS受海面风速风向的影响很小，所以EarthCARE CPR定标进行周期性的10°跨轨扫描。此外，如同CloudSat那样，使用主动雷达定标器(active radar calibrators，ARCs)精确地估算天线方向性图和辐射性能，这在EarthCARE CPR飞过在日本放置ARCs的足迹时进行。除此之外，Battaglia和Kollias(2014)的模拟研究表明，可以使用自然目标的多普勒回波(例如某一轨上的高卷云)来估算天线的指向精度，并评估其对多普勒不确定性的影响。

CPR云识别算式是在科考船多普勒云雷达和CloudSat资料的基础上研发的(Okamoto et al.，2008；Hagihara et al.，2010)，使用信噪比和空间连续性来识别云层，与CloudSat CPR使用的方案相同。

云粒子类型分类使用反射率、多普勒速度和温度的垂直结构，区分三维(3D)冰、水平取向(2D)冰、液水、融化层、雪和降雨。通过离散偶极近似(discrete dipole approximation，DAA)，针对不同冰晶粒子的形状、取向和大小计算其散射特征参数和反射率加权的下落速度，进而反演得到以下特征参数：有效半径、冰和水含量、降雪和降雨率及其总量、沉降速度和空气垂直速度(Sato et al.，2009)。

云雷达和激光雷达联合算式反演云的宏观和微观参数，已是多传感器融合应用的成功案例。EarthCARE数据处理链从开始设计时，就考虑了传感器融合，使得EarthCARE仪器组得到有效利用。这里，给出EarthCARE处理方案中一些融合算式的例子。

(1)目标分类。在应用微物理参数反演算式之前，需要将云和激光雷达资料记录到共同的标准格点上，并应用云/气溶胶识别方案确定格网中每一点上粒子的类型。可能的雷达目标是：液水云滴、冰晶粒子、雨滴、气溶胶、昆虫和平流层粒子(气溶胶或云)；在混合相态云中，过冷水滴与冰晶粒子共存。原则上，在融化层之上(由模式中的湿球温度和雷达多普勒速度确定)，雷达探测的信号归为冰粒子，在融化层之下为降雨。相对强的激光雷达回波解译为液水云，而较弱的归为气溶胶、冰云或平流层粒子(取决于所在高度)。使用激光雷达后向散射与退偏振的组合，来区分过冷水和冰晶。

(2)融合的云、气溶胶和降水反演。EarthCARE 使用两个融合算式反演云微物理。第一个是冰云反演，已应用于 Cloudsat 和 CALIOP，使用最优估计提供反演不确定性的估计(Okamoto et al.，2010)；算式使用全部雷达和激光雷达测量来反演水和冰云的含水量与有效半径、降雨和降雪率，以及片状冰晶粒子的数浓度。Sato 等(2009)发展的技术用于从多普勒速度分离空气运动和粒子下降末速度。

第二个是“统一”(unified)算式，称作 CAPTIVATE，组合了雷达、激光雷达以及成像仪，同时反演云、气溶胶和降水的微物理参数(Illingworth et al.，2015)。常见多个粒子类型出现在廓线中，CAPTIVATE 在此情形下能够利用测得的太阳辐射(与廓线中全部粒子的光学厚度有关)。依次处理每一条廓线，第一步使用目标分类来确定反演哪些状态参量，这些参量刻画了每一层上粒子的特性。然后，这些参量输入进“前向模式”中，模拟雷达、激光雷达和成像仪的观测，其中考虑了雷达和激光雷达多次散射。使用最优估计理论，定义一个代价函数来评判观测与前向模式数值的差以及状态参数与先验估计之间的差。最终，CAPTIVATE 寻找一组状态参数，使得代价函数极小。

CAPTIVATE 算式中冰云/雪部分直接继承了 Delanoe 和 Hogan(2010)的 CloudSat-CALIOP-MODIS 算式，但还利用了增加的多普勒信息。液水云部分在每个高度反演液水含量，对代价函数附加“梯度约束”以防止出现随高度的超绝热增加，从海洋上空雷达路径积分衰减(path-integrated attenuation, PIA)生成一个对柱液水总量的约束。

降雨分量自动利用雷达反射率梯度推导降雨率，在海洋上还使用 PIA。毛毛雨蒸发或较强降雨的衰减都可能使反射率值朝地面减小，这将产生混淆。模拟表明，这一问题可以解决，因为它们的多普勒速度相差约 2 m/s。使用多普勒速度推断淞附程度，可以更准确地反演降雪率。气溶胶分量使用高光谱分辨率激光雷达 HSRL 的分子回波来估计消光廓线，在高度上有一个平滑约束，在水平方向有一个 Kalman 平滑以减弱信号的噪声。气溶胶反演可期望的水平分辨率是 10～50 km，取决于光学厚度。

CAPTIVATE 算法 A-Train 版本的性能显示，在激光雷达-云雷达重合观测区，冰衰减(消光)系数反演不确定性在 10%～20%，而在仅云雷达观测区接近 50%，这是由于冰粒子散射模式有不确定性。

研究显示，EarthCARE CPR 具有 7 dB 更高的灵敏度，将探测到更多的高云。对于 10 km 以上高云(温度低于–30 ℃)，CloudSat 仅探测到 66%激光雷达测得的云，EarthCARE CPR 可以测得 97%。CALIPSO 试验表明，当卷云较厚时，激光探测不到云下分子散射信号，使得仅激光雷达反演的光学厚度偏小。而对于 EarthCARE，这一问题有所减轻，因为使用较短的波长产生较强的分子信号，以及较高的微波雷达灵敏度可以探测到这些厚卷云，尽管它们遮蔽了激光雷达云下的信号。在此情况下，融合算式利用雷达回波和激光雷达的云与分子回波能够无缝隙地反演云的光学厚度。

多普勒速度是 EarthCARE 探测的一个关键新参量。模拟研究显示，在非对流区 5 km 积分长度可预期的误差是 0.5 m/s。多次散射效应也已研究，如在前向模式中不包含多次散射，云雷达和激光雷达的信号都被低估。

EarthCARE 产品的检验需要相关的云、气溶胶、降水和辐射的观测。验证计划要确定需求、项目任务和科学小组，包括用长期地基观测网络验证、卫星与卫星之间的相互比较，以及专门的外场试验。使用移动地基设备和飞机系统的外场试验对于验证非常重要，尤其对于云产品的验证，因为它们的空间结构小及其时间相关性短。飞机搭载与 EarthCARE 载荷类似的遥感仪器将在卫星之下飞行，以检验云微物理的反演。

第7章　星载降水雷达数据处理

星载降水雷达数据处理，是指由卫星下传的降水雷达原始测量数据(即0级产品)联合辅助数据(如卫星姿态数据、卫星其他载荷观测数据等)进行处理，得到定量的轨道降水估计(即2级产品)和地球固定网格降水统计(即3级产品)的过程。经过几十年的发展，地基天气雷达的数据处理算法已经比较成熟，很多算法可以应用到星载降水雷达的数据处理上。但是，由于地基雷达和星载雷达存在很多设计上的差别，直接使用这些方法会影响降水估计的性能。观测几何不一致是两者最显著的差别之一。星载降水雷达的观测刈幅较窄，扫描区域集中在天底附近，而地基业务天气雷达的扫描仰角较低，一般都小于20°。这意味着，即便是发展高度达到十几千米的强对流降水系统，星载降水雷达观测的单程衰减路径长度只有不到30 km，而地基天气雷达可能在其100～200 km的观测距离范围内都受到降水的衰减。星载降水雷达的观测几何带来的另一个问题是，降水区域相对几百千米的卫星轨道高度而言，几乎是贴在地球表面的，地基天气雷达通常只在最低的几个仰角上有可能有地面杂波进入，所以地面回波对星载降水雷达的影响要大得多。另一个重要的差别是雷达工作频率的选择。地基天气雷达主要工作在S和C波段来减轻降水衰减的影响，星载降水雷达由于发射火箭和卫星平台对天线尺寸的限制，典型的工作频率都在10 GHz以上，这就导致星载降水雷达虽然衰减路径长度比地基雷达少但总的降水衰减不可忽视。因此，星载降水雷达与地基雷达的这些差异，也使得星载降水雷达的数据处理存在很大不同。

7.1　外定标与定标数据处理

雷达的外定标是指对雷达的辐射测量量(即雷达后向散射截面)进行绝对定标。传统的地基多普勒天气雷达在地面开展外定标比较困难，但是随着极化技术的发展，双极化天气雷达可以获得不同极化反射率因子的比值以及回波的相位，这大大减轻了对雷达绝对定标的要求。但是对星载降水雷达而言，接近天底的观测方式使得不同极化的降雨回波之间差异较小而难以检测，同时卫星工作的空间环境要比地面复杂得多，这也不利于星载降水雷达系统性能的维持。所以为了满足星载降水雷达降水测量精度要优于1 dB的要求，雷达的外定标是星载降水雷达系统中最重要的工作之一。

7.1.1　外定标的目的与方法

雷达的定标包括内外定标两部分。内定标主要是确定雷达接收功率和输出量之间的关系从而检测接收机系统的性能。外定标是检测降水雷达整个系统的性能(不仅包括接收机系统，还包括天线系统、发射机、连接器、电缆等)，这一项涉及系统特性和遥测传感器的变化，需要使用有外部参照目标的定标。

星载降水雷达进行降水观测的雷达方程(尹红刚和董晓龙，2009)

$$P_{\mathrm{s}}=\frac{P_{\mathrm{t}}\lambda^2 G_0^{\,2}}{(4\pi)^3}\cdot\frac{\pi\theta_1\phi_1}{8\ln 2}\eta\int_{-L/2}^{L/2}\frac{A_{\mathrm{r}}G_{\mathrm{r}}(l)}{(R_0+l)^2}\mathrm{d}l \tag{7.1}$$

可知，星载降水雷达测量的回波功率 P_{s}，除了取决于降水粒子的物理特性(反射率 η、衰减 A_{r})以及它们离开雷达的距离 R_0 之外，还取决于雷达波长 λ、发射功率 P_{t}、天线增益 G_0、波束宽度 θ_1(交轨方向)及 ϕ_1(顺轨方向)、脉冲波形 G_{r} 等雷达的多个参数。因此，为了对雷达的接收功率进行绝对定标，必须对涉及的每个雷达参数进行准确测量。

星载降水雷达的在轨外定标测试要实现的目的主要有：①对雷达反射率因子进行绝对标定；②测量雷达的天线方向图，包括测量并估算发射天线和接收天线的 3 dB 波束宽度、天线峰值旁瓣电平等；③监测整个雷达系统的性能及其长期漂移，主要包括测量并估算雷达的峰值发射功率、发射增益、接收增益以及整个雷达的总增益，并获得雷达系统性能长期变化的统计特性；④测量两个波段雷达天线的波束匹配误差；⑤测量压缩脉冲的距离方向加权特性，主要包括测量并估算脉冲压缩获得的距离旁瓣电平和距离主瓣宽度。

外定标是利用已知雷达散射截面的目标回波功率给雷达定标，以获得真实的目标后向散射系数。根据不同的已知散射截面的目标，外定标分为点目标定标和均匀分布式目标定标两种。点目标利用金属球或角反射器等提供定标电平，通常在地面定标中采用。由于外场难以达到定向的精度，因此要求定标目标在很宽的角度范围内，其散射截面对方向性应当是不灵敏的。当用点目标对雷达进行定标时，其定标精度主要取决于点目标的归一化雷达后向散射截面(σ^0)。为了减小测量背景对测量回波的影响，点目标的散射截面必须比背景的大得多。如果用已知散射系数的地物背景作为定标目标，则要此分布式目标在径向距离和方位上的扩展远比雷达在此方向上的空间分辨率大，便具有不变的散射特性和非常平坦的散射截面。例如亚马孙热带雨林和沙漠都是比较理想的均匀扩展目标。

然而，由于估计降水强度是通过从雷达测量的雨水回波功率中推导雨水的反射率因子实现的，而降水回波会出现起伏涨落。利用地面散射稳定的分布式目标和无源的点目标标准参考反射器进行定标的方法无法达到星载降水雷达外定标的要求。有源主动雷达定标器(active radar calibrator，ARC)已被看作是星载和机载合成孔径雷达的通用、有效的定标工具，具有结构紧凑、天线波束宽、雷达散射截面大等优点，并且还可以对原始雷达信号进行时延、频移等处理。

星载降水雷达在轨外定标试验方案如图 7.1 所示。需要将 ARC 安放在卫星频繁飞越的地方，ARC 系统具有三个工作模式：发射模式、接收模式和延时转发模式。外定标试验选择在天气晴朗的日子利用几条连续的轨道进行，以避免云和降雨衰减的影响。在试验开始前，依据卫星的轨道信息设置 ARC 天线的俯仰角和方位角。在试验过程中，星载降水雷达的工作模式变化到外定标模式。此时，其在交轨方向的扫描角度范围要比正常观测模式窄很多，一般只要能够覆盖到峰值旁瓣的位置即可。为了获得精确的天线方向图估计，外定标模式下扫描间隔远小于正常观测模式下的扫描角间隔(约等于波束宽度)，雷达波束的指向也要更准确。表 7.1 对比了风云三号降水测量卫星(FengYun-3 rain measurement, FY-3 RM)上搭载的降水测量雷达 PMR 在不同工作模式下的扫描要求。

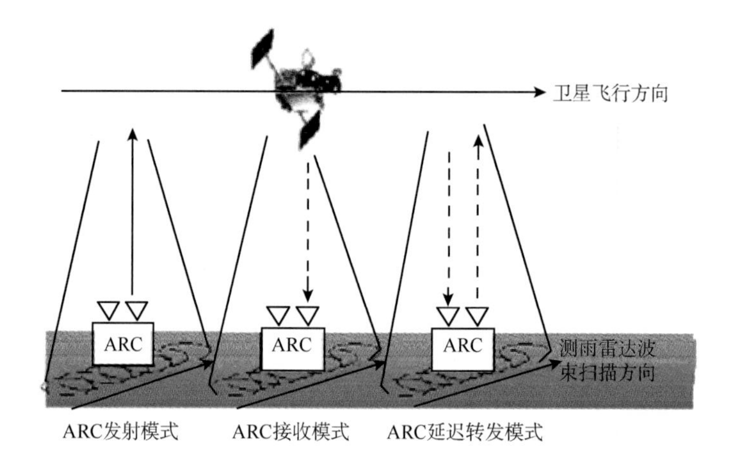

图 7.1　星载降水雷达在轨外定标试验方案

表 7.1　FY-3 RM 降水测量雷达扫描要求

工作模式	正常观测模式	外定标模式
扫描角度范围	±20.3°	±3°
扫描间隔	0.7°(交轨)×0.7°(顺轨)	0.1°(交轨)×0.1°(顺轨)
波束指向精度	±0.05°	±0.025°

图 7.2 给出了星载降水雷达外定标时天线的扫描方式。当卫星平台相对地面 ARC 过顶飞行(跨轨方向夹角几乎不变)时，降水雷达的波束在跨轨方向进行小角度间隔的扫描。由于雷达波束的扫描和卫星平台运动，以天线波束为参考基准，则地面 ARC 等效为在不同的时刻出现在雷达波束地面足迹内的不同位置，即对雷达波束在跨轨方向(波束扫描方向)和沿轨方向(沿轨方向)进行了二维空间采样。

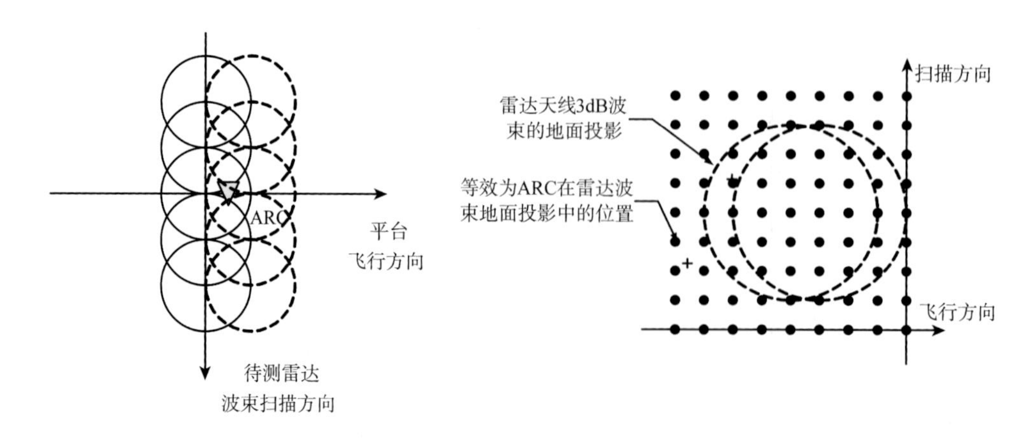

图 7.2　外定标时星载降水雷达天线波束扫描方式示意图

使用 ARC 进行外定标试验的具体试验内容如下。

(1) 在 ARC 接收模式下，ARC 接收星载降水雷达的发射信号，用于测量星载降水雷达的发射天线方向图、发射功率等，并由交轨和顺轨方向的天线方向图分析两个频段雷达的发射波束匹配误差，测试星载降水雷达整个发射系统的功能。

(2) 在 ARC 发射模式下，星载降水雷达接收 ARC 的发射信号，用于测量星载降水雷达的接收天线方向图、接收功率等，并由交轨和顺轨方向的天线方向图分析两个频段雷达的接收波束匹配误差，测试星载降水雷达整个接收系统的功能。

(3) 在 ARC 延时转发模式下，ARC 将接收的星载降水雷达发射经过一定时间的延迟后再发射出去由星载降水雷达接收，用于测量星载降水雷达的接收功率、压缩脉冲的距离加权特性等，由此对雷达反射率因子进行标定，测试星载降水雷达整个系统的功能，监测系统参数的长期漂移。

为了评估星载降水雷达的发射系统性能，需要使用 ARC 在接收模式下的数据。用分贝值表示 ARC 的接收功率 $P_{\mathrm{r\_ARC}}$ 可以表示为

$$P_{\mathrm{r\_ARC}}[\mathrm{dBm}]=P_{\mathrm{t}}[\mathrm{dBm}]+L[\mathrm{dB}]+G_{\mathrm{t}}[\mathrm{dB}]+G_{\mathrm{a}}[\mathrm{dB}]+C_{\mathrm{t}}[\mathrm{dB}]+A_{\mathrm{t}}[\mathrm{dB}] \tag{7.2}$$

式中，P_{t} 是星载降水雷达的发射功率；G_{t} 是其发射系统的总增益；A_{t} 是降水雷达发射机系统发射后在轨条件下的额外增益(损失)；L 是距离项(=–201gR)；G_{a} 是 ARC 的天线增益；C_{t} 是与雷达工作波长有关的常量。在上式中除 A_{t} 及 G_{t} 外其他项的值都是已知的，同时 A_{t} 随时间是缓慢变化的，可以认为在单次外定标试验中不发生变化，故可以得到不同扫描角度时的 G_{t} 值。由前述的 ARC 外定标过程可以知道，G_{t} 值的变化就是由于 ARC 位于星载降水雷达发射天线波束中不同位置带来的，因此它表征了发射天线的相对增益方向图。

在 ARC 的发射模式，用分贝值表示的星载降水雷达的接收功率 $P_{\mathrm{r\_PR}}$ 为

$$P_{\mathrm{r\_PR}}[\mathrm{dBm}]=P_{\mathrm{a}}[\mathrm{dBm}]+L[\mathrm{dB}]+G_{\mathrm{r}}[\mathrm{dB}]+G_{\mathrm{a}}[\mathrm{dB}]+C_{\mathrm{r}}[\mathrm{dB}]+A_{\mathrm{r}}[\mathrm{dB}] \tag{7.3}$$

式中，P_{a} 是 ARC 的发射功率；G_{r} 是星载降水雷达接收机系统的总增益；A_{r} 是其接收机机系统发射后在轨条件下的额外增益(损失)；C_{r} 也是一个常量。同样，计算得到的不同扫描角度时的 G_{r} 值表征了星载降水雷达接收天线的相对增益方向图。

当 ARC 处于转发模式时其等效为一标准后向散射截面的点目标，用分贝值表示的星载降水雷达的接收功率 $P_{\mathrm{r\_PR}}$ 为

$$\begin{aligned}P_{\mathrm{r\_PR}}[\mathrm{dBm}]=&P_{\mathrm{t}}[\mathrm{dBm}]+G_{\mathrm{t}}[\mathrm{dB}]+G_{\mathrm{r}}[\mathrm{dB}]+2L[\mathrm{dB}]+2G_{\mathrm{a}}[\mathrm{dB}]\\&+C_{\mathrm{t}}[\mathrm{dB}]+C_{\mathrm{r}}[\mathrm{dB}]+G_{\mathrm{ARC}}[\mathrm{dB}]+A_{\mathrm{t}}[\mathrm{dB}]+A_{\mathrm{r}}[\mathrm{dB}]\end{aligned} \tag{7.4}$$

式中，G_{ARC} 是 ARC 的内部转发增益。由于假设降水雷达在发射后系统增益、发射功率等的变化都由 A_{t} 、A_{r} 表征，所以通过多次比较 $P_{\mathrm{r\_PR}}$ 的值与观测的星载降水雷达峰值功率就可以确定 A_{t} 和 A_{r} 。

7.1.2 外定标数据处理

根据星载降水雷达的外定标原理可知，外定标的关键是获得雷达天线方向图并由此估计相关的雷达参数。星载降水测量雷达天线波束通常为笔状波束，其天线方向图在主波束范围内可以认为是高斯分布的，即

$$G(\theta,\phi)=G_0\exp\left[-\frac{4\ln2(\theta-\theta_0)^2}{\theta_1^2}-\frac{4\ln2(\phi-\phi_0)^2}{\phi_1^2}\right] \tag{7.5}$$

式中，θ_0 和 ϕ_0 分别表示天线在交轨方向与顺轨方向的波束指向。同样，上式可以用分贝值改写为

$$\begin{aligned}G[\mathrm{dB}]&=G_0[\mathrm{dB}]-10\left(\frac{4\ln2}{\theta_1^2}\right)\left(\theta^2-2\theta\theta_0+\theta_0^2\right)\lg e-10\left(\frac{4\ln2}{\phi_1^2}\right)\left(\phi^2-2\phi\phi_0+\phi_0^2\right)\lg e\\&=a_1\theta^2+a_2\theta+a_3\phi^2+a_4\phi+a_5\end{aligned} \tag{7.6}$$

所以在对数坐标系下可以通过二次曲面函数来拟合星载降水雷达二维主瓣方向图，即在交轨方向或顺轨方向的切面内是一条抛物线。因此，雷达天线的主要参数与二次曲面函数的系数间存在如下关系

$$\begin{cases}\theta_1=2\sqrt{-\dfrac{10\cdot\ln2\cdot\lg e}{a_1}}\approx2\sqrt{-\dfrac{3}{a_1}}\\\theta_0=-\dfrac{a_2}{2a_1}\\\phi_1=2\sqrt{-\dfrac{10\cdot\ln2\cdot\lg e}{a_3}}\approx2\sqrt{-\dfrac{3}{a_3}}\\\phi_0=-\dfrac{a_4}{2a_3}\\G_0[\mathrm{dB}]=a_5-a_1\theta_0^2-a_3\phi_0^2\end{cases} \tag{7.7}$$

在进行外定标数据处理时，通过 ARC 等效对雷达天线波束的二维空间采样，对测得的数据进行二次曲面拟合，获得二次曲面函数表达式中系数值，并进一步推导出雷达天线波束指向、波束宽度、天线增益等相关参数。

外定标数据处理的步骤如下。

(1) 读取星载降水雷达记录的数据，获得雷达发射/接收每个脉冲时刻的卫星平台空间位置、平台姿态、全球定位系统(global positioning system, GPS)绝对时间、波束中心指向等信息；

(2) 读取 ARC 记录的数据，获得接收/发射的每个脉冲时刻的 GPS 绝对时间、ARC 的空间位置等信息；

(3) 将雷达记录数据和 ARC 记录数据根据 GPS 时间进行配对；

(4) 根据雷达空间位置和 ARC 空间位置，计算在 ARC 坐标系下雷达相对 ARC 的角度关系，获取当前角度下 ARC 的天线增益；

(5) 根据雷达空间位置、波束指向、平台姿态等信息和 ARC 空间位置，计算在雷达坐标系下 ARC 相对雷达的角度关系；

(6) 由雷达方程 (7.2) 或 (7.3) 计算当前角度下雷达的发射/接收天线相对增益；

(7) 循环上述过程直到完成所有脉冲的处理，对获得的二维相对增益分布进行曲面拟合，获得发射/接收天线的立体方向图，峰值位置就是星载降水雷达的发射/接收增益。

7.2　1 级数据处理

星载降水雷达数据处理的第一步是将获得的星载降水雷达 0 级数据(电压的计数值)经过分析计算转换成 1 级数据(接收机输入功率、无衰减校正的雷达等效反射率因子等)的过程。图 7.3 给出了 1 级数据处理的流程。

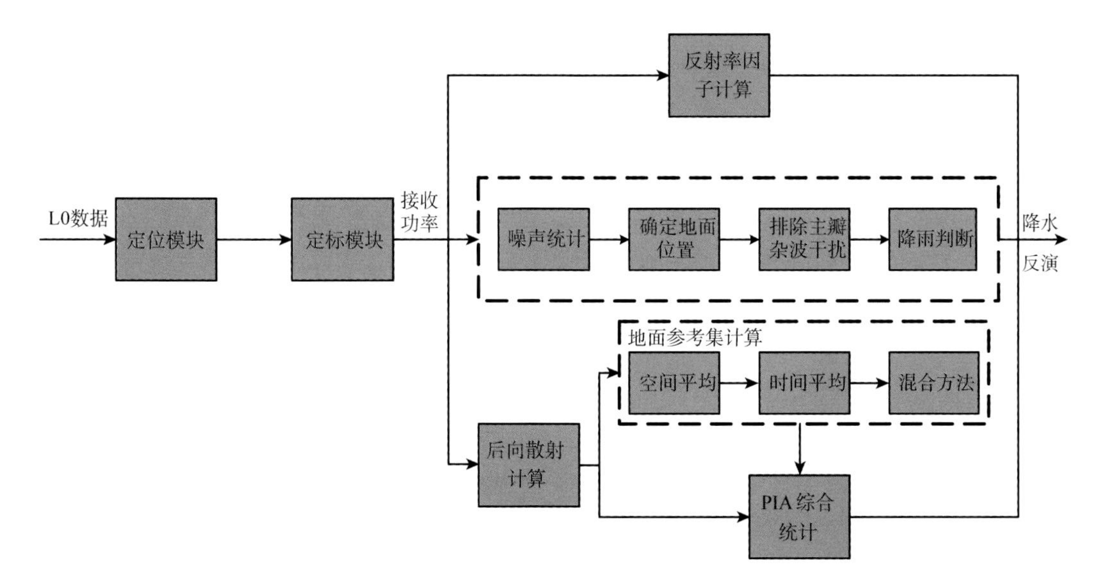

图 7.3　星载降水雷达 1 级数据处理的流程图

7.2.1　定 位 处 理

地理定位作为 1 级数据处理的第一步，其主要功能是利用输入的卫星轨道数据和降水测量雷达的观测模型数据计算每个测量点的经度、纬度以及其他相关的辅助定位信息。定位处理的基础计算过程是将仪器坐标系下的每个观测点视场的波束方位向量 $\vec{D}_{\mathrm{S}}$ 变换到地心地固(earth centered earth fixed, ECEF)坐标系中的观测方位向量 $\vec{D}_{\mathrm{E}}$，即从仪器坐标系到卫星飞行坐标系、再到大地测量坐标系、最后到 ECEF 坐标系的一系列变换过程，在数学上可以用下面的公式描述

$$D_{\mathrm{E}} = \boldsymbol{N}\boldsymbol{A}^{\mathrm{T}}\boldsymbol{S}^{\mathrm{T}}D_{\mathrm{S}} \tag{7.8}$$

式中，$\boldsymbol{N}$、$\boldsymbol{A}$ 和 $\boldsymbol{S}$ 都是 3×3 的方阵；上标 T 表示矩阵的转置。

定义卫星飞行坐标系的 X 轴沿飞行速度方向，Z 轴朝向卫星的大地天底，Y 轴由 Z 轴和 X 轴的叉积给出。假设卫星飞行坐标系首先绕仪器坐标系的 Y 轴旋转角度 Θ，接着绕仪器坐标系的 X 轴旋转角度 Ψ，然后绕仪器坐标系的 Z 轴旋转角度 Φ，就得到了仪器坐标系，那么，表征从卫星飞行坐标系旋转到仪器坐标系的矩阵 $\boldsymbol{S}$ 可由下式计算

$$\boldsymbol{S} = \begin{bmatrix} \cos\Phi\cos\Theta + \sin\Phi\sin\Psi\sin\Theta & \sin\Phi\cos\Psi & \cos\Phi\sin\Theta + \sin\Phi\sin\Psi\cos\Theta \\ -\sin\Phi\cos\Theta + \cos\Phi\sin\Psi\sin\Theta & \cos\Phi\cos\Psi & \sin\Phi\sin\Theta + \cos\Phi\sin\Psi\cos\Theta \\ \cos\Psi\sin\Theta & -\sin\Psi & \cos\Psi\cos\Theta \end{bmatrix} \tag{7.9}$$

卫星通过高精度的星敏感器和陀螺等器件获取其相对于惯性空间(即大地测量坐标系下)的姿态信息。通常卫星姿态获取的频率较低，需要通过线性内插得到指定时刻的卫星姿态数据。从大地测量坐标系到卫星飞行坐标系的变换是按 Z 轴-Y 轴-X 轴的旋转顺序得到的，所以矩阵 $\boldsymbol{A}$ 的计算公式为(Wertz，1978)

$$\boldsymbol{A} = \begin{bmatrix} \cos\Theta\cos\Phi & \cos\Theta\sin\Phi & -\sin\Theta \\ -\cos\Psi\sin\Phi + \sin\Psi\sin\Theta\cos\Phi & \cos\Psi\cos\Phi + \sin\Psi\sin\Theta\sin\Phi & \sin\Psi\cos\Theta \\ \sin\Psi\sin\Phi + \cos\Psi\sin\Theta\cos\Phi & -\sin\Psi\cos\Phi + \cos\Psi\sin\Theta\cos\Phi & \cos\Psi\cos\Theta \end{bmatrix} \tag{7.10}$$

式中，旋转角度的定义与式(7.9)相同，即 Φ 是旧 Z 轴相对新 Z 轴的旋转角，Θ 是旧 Y 轴相对新 Y 轴的旋转角，Ψ 是旧 X 轴相对新 X 轴的旋转角。这样由大地测量坐标系到仪器坐标系的旋转矩阵为

$$\boldsymbol{M} = \boldsymbol{S}\boldsymbol{A} \tag{7.11}$$

定义仪器的欧拉角 Φ_{IY}、Θ_{IP}、Ψ_{IR} 分别是通常所说的偏航角、俯仰角和滚动角，那么

$$\begin{cases} \Phi_{\mathrm{IY}} = \arctan\left(\dfrac{\boldsymbol{M}_{12}}{\boldsymbol{M}_{11}}\right) \\ \Theta_{\mathrm{IP}} = \arcsin\left(-\boldsymbol{M}_{13}\right) \\ \Phi_{\mathrm{IR}} = \arctan\left(\dfrac{\boldsymbol{M}_{23}}{\boldsymbol{M}_{33}}\right) \end{cases} \tag{7.12}$$

在 ECEF 坐标系下，大地测量坐标系 Z 轴方向 $\vec{Z}^{\mathrm{GE}}$ 沿着大地天底方向，卫星速度矢量为 $\vec{V}^{\mathrm{E}}$，卫星位置矢量(从地心指向卫星)为 $\vec{P}^{\mathrm{E}}$。由于相对惯性系 ECEF 坐标是旋转的，而大地测量坐标系就是惯性系，所以需要将速度矢量 $\vec{V}^{\mathrm{E}}$ 转换为惯性系下的有效速度 $\vec{V}^{\mathrm{I}}$ (Patt and Gregg，1994)。速度矢量 $\vec{V}^{\mathrm{I}}$ 的各个分量可以用下式计算

$$\begin{cases} \vec{V}_x^{\mathrm{I}} = \vec{V}_x^{\mathrm{E}} - \vec{\Omega}_E \cdot \vec{P}_y^{\mathrm{E}} \\ \vec{V}_y^{\mathrm{I}} = \vec{V}_y^{\mathrm{E}} + \vec{\Omega}_E \cdot \vec{P}_x^{\mathrm{E}} \\ \vec{V}_z^{\mathrm{I}} = \vec{V}_z^{\mathrm{E}} \end{cases} \tag{7.13}$$

式中，$\vec{\Omega}_{\mathrm{E}}$ 是地球的恒星视周日运动速度矢量。这样，$\vec{Z}^{\mathrm{GE}}$ 与 $\vec{V}^{\mathrm{I}}$ 叉积的归一化值就给出了大地测量坐标系在 ECEF 坐标系下的 Y 轴，即

$$\vec{Y}^{\mathrm{GE}} = \frac{\vec{Z}^{\mathrm{GE}} \times \vec{V}^{\mathrm{I}}}{\left\| \vec{Z}^{\mathrm{GE}} \times \vec{V}^{\mathrm{I}} \right\|} \tag{7.14}$$

而 $\vec{Y}^{\mathrm{GE}}$ 与 $\vec{Z}^{\mathrm{GE}}$ 的叉积又给出了大地测量坐标系在 ECEF 坐标系下的 X 轴，即

$$\vec{X}^{\mathrm{GE}} = \vec{Y}^{\mathrm{GE}} \times \vec{Z}^{\mathrm{GE}} \tag{7.15}$$

这样联合矢量 $\vec{X}^{\mathrm{GE}}$ 、$\vec{Y}^{\mathrm{GE}}$ 、$\vec{Z}^{\mathrm{GE}}$ 就得到了从大地测量坐标系到 ECEF 坐标系的旋转矩阵 $\boldsymbol{N}$，即

$$\boldsymbol{N} = \begin{bmatrix} X_x^{\mathrm{GE}} & Y_x^{\mathrm{GE}} & Z_x^{\mathrm{GE}} \\ X_y^{\mathrm{GE}} & Y_y^{\mathrm{GE}} & Z_y^{\mathrm{GE}} \\ X_z^{\mathrm{GE}} & Y_z^{\mathrm{GE}} & Z_z^{\mathrm{GE}} \end{bmatrix} \tag{7.16}$$

用矢量 $\vec{E}$ 表示从卫星到地心的矢量，故它是 $\vec{P}^{\mathrm{E}}$ 的相反矢量。这样波束方向矢量 $\vec{D}_{\mathrm{E}}$ 和地球椭球模型表面的交点，可以用(ECEF 坐标系下)地心到交点的矢量 $\vec{G}$ 来表示

$$\begin{aligned} \vec{G} &= \vec{P}^{\mathrm{E}} + \vec{D} \\ &= \vec{D} - \vec{E} \end{aligned} \tag{7.17}$$

式中，从卫星到地表的矢量 $\vec{D}$ 可以表达为方向矢量 $\vec{D}_{\mathrm{E}}$ 与距离标量的乘积。这样，矢量 $\vec{G}$ 的三个分量可以写为

$$\vec{G} = \begin{bmatrix} G_x \\ G_y \\ G_z \end{bmatrix} = \begin{bmatrix} D_{\mathrm{Ex}} d - E_x \\ D_{\mathrm{Ey}} d - E_y \\ D_{\mathrm{Ez}} d - E_z \end{bmatrix} \tag{7.18}$$

由于地球椭球表面点在 ECEF 坐标系下可以用椭球方程表示，即

$$x^2 + y^2 + z^2 / (1-f)^2 = r^2 \tag{7.19}$$

式中，r 是地球赤道半径；f 是地球扁率，即

$$f = \frac{r - r_{\mathrm{p}}}{r} \tag{7.20}$$

式中，r_{p} 表示地球短轴半径。

所以，将式(7.18)代入式(7.19)中，就可以求得卫星到地表交点的距离 d。再将 d 代入式(7.18)就得到了地表交点的直角坐标，通过直角坐标和经纬度的转换公式，便得到了最终的地球椭球表面交点的经度 lon 和纬度 lat，即有

$$\begin{cases} \tan(\mathrm{lat}) = \dfrac{G_z}{(1-f)^2 \sqrt{G_x^2 + G_y^2}} \\ \tan(\mathrm{lon}) = \dfrac{G_y}{G_x} \end{cases} \tag{7.21}$$

与传统的被动遥感仪器观测点都位于地球表面不同，由于星载降水雷达具有不同距离的测量能力，其观测分布在整个三维的立体空间。因此，同一波束不同距离回波测量位置的经纬度会有区别，特别是扫描角度越大，高处和低处的经纬度差别越大。为了计算同一波束不同距离位置的经纬度，需要重新计算该位置的矢量 $\vec{G}$，然后代入式(7.21)计算经纬度。

另外，实际地球表面高低起伏的地形会使得实际地表点的经纬度偏离地球椭球模型的交点经纬度。更重要的是，来自不同高度的地表杂波会影响降水判断等后续的一系列星载降水雷达的数据处理。因此，地形影响校正的处理内容放在了后面的章节中。

7.2.2 接收功率与等效反射率因子计算

1 级数据处理的主要内容是将电压计数值转换成接收机的输入功率并计算雷达测量的回波等效反射率因子。星载降水雷达接收机输出的电压计数值与其输入功率的关系由系统模型以及降水雷达的温度决定。这个关系定期地使用内定标循环地对雷达中频单元，以及随后的接收机状态进行测量。同时开展在轨绝对定标，用 ARC 对整个降水雷达的系统参数进行定期的测量。通过内定标以及外定标得到的结果就可以获得星载降水雷达接收机的功率。由于星载降水雷达并不直接测量降水的回波功率 P_s 而是输出总的接收功率 P_r，即

$$P_r = P_s + P_n \tag{7.22}$$

故在计算等效反射率因子之前，需要从总的接收功率中减去系统噪声 P_n 得到 P_s。系统噪声是通过平均同一波束不受地表和降水干扰的距离单元的测量回波功率来估计的。

对于发射短脉冲的普通星载降水雷达而言，在距离分辨率区间 $L(=c\tau_p/2$，c 表示光速，τ_p 表示发射脉冲宽度) 内有 $G_r=1$，故由式(7.1)可以得到降水回波功率与反射率的关系如下，

$$P_s = \frac{\lambda^2 {G_0}^2 \theta_1 \phi_1 \eta c \tau_p A_r}{1024\pi^2 R_0^2 \ln 2} P_t \tag{7.23}$$

同时，雷达反射率与雷达等效反射率因子 Z_e 之间存在如下的关系

$$\eta = \frac{\pi^5}{\lambda^4}\left|\frac{m^2-1}{m^2+2}\right|^2 Z_e \tag{7.24}$$

其中，m 是水或冰的复折射指数。这样通过应用星载降水雷达方程式(7.23)，就可以从接收的回波功率中推导出回波信号的(未经衰减校正的)测量反射率因子 Z_m，该值需要转换成以 dBZ 为单位表示的形式，即

$$\begin{aligned} \mathrm{dBZ_m} &= \mathrm{dBZ_e} + 10\lg A_r \\ &= 10\lg(P_r - P_n) - C + 20\lg R_0 \end{aligned} \tag{7.25}$$

式中，C 是与雷达参数相关的量(注：在第 2 章中记为 C_r)：

$$C = 10\lg\left(\frac{\pi^3}{1024\ln 2}\frac{P_t G_0{}^2 c\tau\theta_1\phi_1}{\lambda^2}\left|\frac{m^2-1}{m^2+2}\right|^2\right) \tag{7.26}$$

在使用该雷达方程时，还需要各个计算单元到卫星天线的准确距离信息 R_0。

7.2.3　辅助数据处理

在后续的降水强度反演处理过程中，除了需要雷达反射率因子外，还需要一些降水的辅助数据，主要是星载降水雷达瞬时视场(instantaneous field of view, IFOV)内是否存在降水以及降水高度等信息。

对于星载降水雷达而言，地(海)面回波要比典型的降水回波强很多。因此，在判断雷达每个扫描角的回波数据是否存在降水之前，必须首先考虑来自地面的杂波对降水判断的影响。地面杂波来自两个方面：一个来自于星载降水雷达天线的主瓣。星载降水雷达的地面足迹尺寸通常是距离分辨率的 10 倍以上，因此在降水雷达的扫描边缘，由天线主瓣引起的杂波能出现在地面 1 km 以上甚至更高的雷达距离单元中。由于主瓣耦合进来的接收电平比降水回波强得多，在出现主瓣杂波的地方就无法进行降雨的判断。另一种是天线旁瓣耦合进的杂波。热带降水测量计划(TRMM)卫星搭载的降水雷达(PR)的观测表明，有时候会在天底方向出现特别大的地面回波(Kozu et al.，2001)。由于星载降水雷达的灵敏度非常高，当天线偏离天底指向时，在天底方向通过旁瓣进入的地面回波偶尔会出现在地面之上的回波区域。如果这些进入旁瓣的地面回波比较强，并且出现在相连的距离单元，它们就可能有时被识别为降水回波。

为了将天线主瓣杂波从降水回波中区分开来，第一步是确定星载降水雷达每个扫描角内地面所在的位置(即距离单元号)，这需要根据定位信息和地理高程信息进行综合判断。然后，从地面位置开始向上检查雷达回波，确定地面杂波影响的最大高度。对于天线旁瓣杂波，由于它们是天底的旁瓣信号反射造成的，所以不论主波束指向如何，它们只出现在等于天底方向地面距离号的那些距离单元内。故需要在天底地面距离单元的相应距离单元附近检查雷达回波来确定天线旁瓣杂波。

在排除地面主瓣杂波和旁瓣杂波之后，接下来就需要研究并分析得到一个合理的接收功率阈值进行是否存在降水的判断。降水粒子之间的距离比粒子本身的尺度大得多，所以可以认为它们彼此之间没有相互作用，是互相独立、无规则分布的粒子。它们所散射的电磁波具有完全不规则的相位。更重要的是云滴、雨滴相互之间存在着大量的、复杂的随机运动，因而各个粒子产生的回波有时相互加强，有时互相抵消，使得合成的降水粒子群瞬时回波功率呈现涨落现象，单个回波功率的概率密度函数(probability density function, PDF)遵循指数分布(Marshall and Hitschfeld，1953)。为了减轻降水回波随机涨落的影响，星载降水雷达通常将多个发射脉冲的回波进行累计。当累积的样本数足够多时，得到的回波功率的均值其概率密度函数可以用高斯分布很好地近似(Ulaby et al., 1982)。因此，降水判断的基础是对雷达接收信号进行统计分析，星载降水雷达获得的多次累积后的降水回波信号的标准偏差为(Zrnic，1975)

$$\sigma_{\mathrm{s}}=\kappa\sqrt{\frac{\overline{P}_{\mathrm{r}}^{2}}{N}+\frac{\overline{P}_{\mathrm{n}}^{2}}{M}}=\kappa\sqrt{\frac{1}{N}\left(\overline{P}_{\mathrm{s}}+\overline{P}_{\mathrm{n}}\right)^{2}+\frac{1}{M}\overline{P}_{\mathrm{n}}^{2}} \tag{7.27}$$

式中，N、M 分别是接收功率和噪声的累积数；κ 是与雷达接收机类型相关的常数；上划线“¯”表示均值。在无降水时，雷达回波的标准偏差为

$$\sigma_{\mathrm{s0}}=\kappa\overline{P}_{\mathrm{n}}\sqrt{\frac{1}{N}+\frac{1}{M}} \tag{7.28}$$

当累积数目足够多时，降水信号的 PDF 分布将接近正态分布。

这样，根据接收信号的 PDF 曲线和要求的信号检测概率和虚警概率，就可以确定对应的门限值。首先，对于确定有降水的情况，可以选择无降水 PDF 曲线上侧概率很小的位置作为阈值。例如，选择 PDF 上侧 3 倍标准偏差的位置，此时的虚警概率(实际无降水但被判为有降水)为 0.13%。但在星载降水雷达的接收机噪声较大(即信噪比较低)时，该阈值对弱降水的检出概率会比较低，导致很多弱降水漏检。因此，为了提高弱降水的检出概率，有必要设一个低一些的阈值，即允许有一定程度的虚警，用它来剔除无降水的数据。可以看出，如果只在确实有降水的时候设一个标识，就会漏掉很多弱的降水。而在后续的处理时，又有必要找出确定有降水的数据。为了满足这一相互矛盾的要求，需要设立两个阈值，输出 3 种标识，这 3 个标识分别为确定有降水、可能有降水和无降水。

前面描述的阈值分析是在星载降水雷达的每个距离单元内进行的，实际的降水标识则是按每个扫描角设置的。因此，需要考虑从每个距离单元的判断结果确定扫描角单元降水标识的方法。基本上主要是确定在每个扫描角单元内进行降水判断的距离单元范围。一种方法是扫描角单元的某个距离单元回波信号超出了阈值，将这个扫描角单元标识为有降水。但对星载降水雷达而言每个扫描角内有超过 80 个距离单元，如果简单地依据单个距离单元的判断，即便去除地表杂波的影响，那也会使得几乎所有的扫描角都被判定为有降水。这是因为每个距离单元有降水判定的可信度是 90%，如果统计 80 个距离单元的判断结果，即便实际上没有降水，判断成有降水的概率为

$$P_{\mathrm{error}}=1-0.9^{80}\approx 1 \tag{7.29}$$

解决该问题的方法是只有在多个连续的距离单元内观测到降水，才将该扫描角设为有降水。物理上，实际的降水在高度方向有一定的相关距离，故上述方法相当于检查是否存在这个相关性。

7.2.4　地表雷达后向散射截面计算与统计

星载降水雷达的 1 级数据处理还包括根据雷达内、外定标的结果计算陆、海表后向

散射的过程。当入射角为α时，对于发射短脉冲的星载降水测量雷达接收到的地表回波功率$P_s(\alpha)$近似为(Kozu，1995)

$$P_s(\alpha)=\frac{P_t\lambda^2G_0^2\theta_2\phi_1}{512\pi^2\ln 2}\frac{\sigma^0(\alpha)A_s}{R_0^2\cos\alpha} \tag{7.30}$$

式中，σ^0是地表的标准化雷达后向散射截面；A_s表示大气和降水的衰减；

$$\begin{aligned}\theta_2&=1\Big/\sqrt{\theta_1^{-2}+\theta_p^{-2}}\\ \theta_p&=\frac{c\tau_p}{2R_0\tan\alpha}\end{aligned} \tag{7.31}$$

根据式(7.30)就可以计算出地表的后向散射截面。为了在进行降水反演特别是单频降水反演时校正降水对电磁波的衰减影响，需要分析星载降水雷达所测的地面后向散射截面在有降水和无降水情况下的差异，来对降水造成的路径积分衰减(path-integrated attenuation, PIA)进行估计，即

$$\mathrm{PIA}=\Delta\sigma^0=\sigma_{\mathrm{NP}}^0(\alpha)-\sigma_{\mathrm{P}}^0(\alpha) \tag{7.32}$$

由于无法在有降水时同时测量无降水地面后向散射截面的值σ_{NP}^0，需要对计算得到的无降水情况的雷达后向散射截面进行统计作为有降水时计算 PIA 的参考值，即用〈σ_{NP}^0〉来代替σ_{NP}^0，这样路径衰减的估计为

$$\mathrm{PIA}=\left\langle\sigma_{\mathrm{NP}}^0(\alpha)\right\rangle-\sigma_{\mathrm{P}}^0(\alpha) \tag{7.33}$$

无降水σ_{NP}^0参考值的统计数据集包括顺轨方向空间平均数据集、时间平均数据集和交轨混合数据集等。

空间平均参考数据集是按入射角和地面类型分别统计的，计算最近的若干个无降水时的后向散射截面的均值和方差。地面类型通常分为海洋、海岸和陆地三种。考虑到星载降水雷达交轨扫描在刈幅的左右两侧可能有细微的观测几何差异，因而空间平均是对左右两侧所有的入射角独立进行的。另外，为了利用更多的后向散射测量结果改进估计精度，可以不仅统计降水发生前(即沿卫星轨道的后退方向)的那些邻近σ^0值，也可以统计降水发生后(即沿卫星轨道的前进方向)的那些邻近σ^0值，这样可以获得每轨中向前和向后两次统计结果。

时间平均参考数据集是在划分的固定经纬度网格上进行统计的，使用多年观测的无降水σ^0数据按照月份和入射角划分，统计值包括均值、标准差和观测数目。考虑到每个按月划分的时间参考数据集统计的样本数非常多，因此可以忽略星载降水雷达在交轨刈幅左右两侧的观测几何差异，即时间参考数据集的入射角单元数只有空间参考数据集的一半。图 7.4 给出了使用 TRMM PR 观测的三年地面散射数据得到的时间平均参考数据的示例。

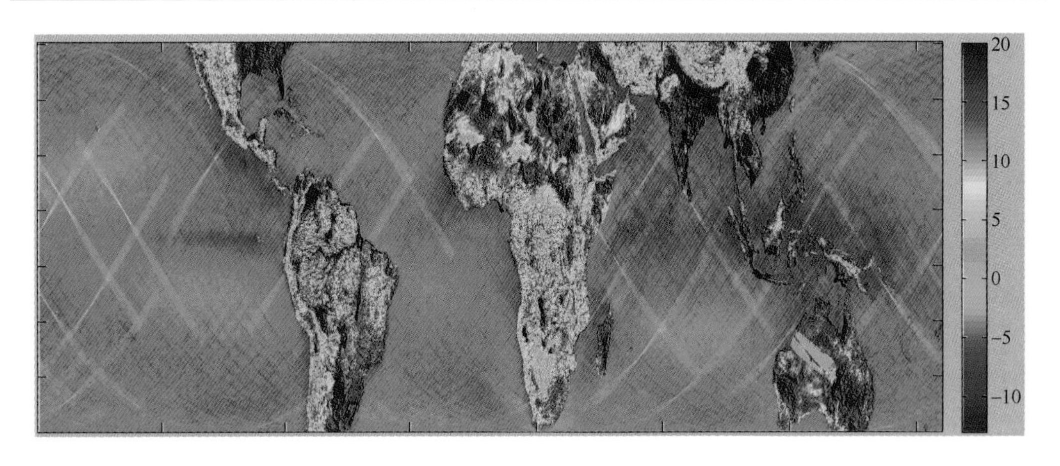

图 7.4　由 TRMM PR 测量的地面散射截面数据统计得到的时间平均参考数据集示例

交轨混合参考数据集与空间参考数据集一样，都是按入射角和地面类型对顺轨方向进行空间平均，也需要沿着轨道前进和后退方向计算两次。故交轨混合在第 i 个扫描角单元的空间平均是最近若干个同样地面类型的无降水地面后向散射值的平均，即

$$y_i = \left\langle \sigma_{\mathrm{NP}}^0(\alpha_i) \right\rangle \tag{7.34}$$

用 AS 表示顺轨空间参考，其标准差为

$$S_{\mathrm{AS}}(\alpha_i) = \sqrt{\mathrm{var}\left(\sigma_{\mathrm{NP}}^0(\alpha_i)\right)} \tag{7.35}$$

与空间参考数据集直接使用每个入射角的均值不同的是，交轨混合参考数据集还需要考虑后向散射在交轨方向随入射角的整体变化特征。当星载降水雷达的入射角较小时，地面特别是海面的后向散射截面可以用标准物理光学表达式近似(Freilich and Vanhoff, 2003)，即

$$\sigma^0 = c\alpha^2 + a \tag{7.36}$$

实际中由于海面风速、风向在星载雷达观测调制下可能出现左右两侧刈幅的不对称性，可以用下面的二次函数进行拟合

$$y\mathrm{fit}(\alpha_i) = a + b\alpha_i + c\alpha_i^2 \tag{7.37}$$

那么通过最小化下式就可以确定拟合函数的系数

$$\chi^2 = \sum_i \left(\frac{y_i - y\mathrm{fit}(\alpha_i)}{S_{\mathrm{AS}}(\alpha_i)} \right) \tag{7.38}$$

交轨混合估计得到的 $\widetilde{\mathrm{PIA}}_{\mathrm{HY}}$ 的标准偏差为

$$\mathrm{std}\left(\widetilde{\mathrm{PIA}}_{\mathrm{HY}}\right) = \sqrt{\frac{1}{N}\sum_{j=1}^{N} S_{\mathrm{AS}}^2\left(\alpha_j\right)} \tag{7.39}$$

式中，N 是星载降水测量雷达的扫描角单元总数。

对于时间参考数据集，判断其统计数据是否有效的依据是是否有足够的统计点数。对于空间参考数据集(顺轨方向空间平均数据集和交轨混合数据集)，除了需要有足够的统计数目，这些观测的位置还不能离出现降水的位置太远才能进行 PIA 的计算。

当遇到降水时，如果对应的参考数据集有效，就由该参考数据集计算相应的双程路径衰减以及该 PIA 的可靠性因子。PIA 估计的可靠因子可以定义如下：

$$F_{\text{rel}} = \frac{E(\text{PIA})}{\text{std}(\text{PIA})} \cong \frac{\text{PIA}}{\text{std}\left(<\sigma_{\text{NP}}^0>\right)} \tag{7.40}$$

当这个值很大的时候，估计的可靠性被认为是高的；当这个值小的时候，可靠性就比较低。F_{rel} 的大小与多个因素有关。首先是地面散射特征固有的变化性，例如海面后向散射会随海面风场变化，陆地后向散射会因土壤湿度、植被覆盖情况等发生变化。其次，参考数据集统计的样本数量会影响 σ_{NP}^0 的估计方差，如当地面可以建模为有大量独立且散射强度基本相当的 Rayleigh 目标时，64 个独立样本统计得到的标准偏差约为 0.7 dB（Doviak and Zrnic，1993）。另外，降水会导致 σ_{P}^0 的计算出现偏差从而影响 PIA 估计的可靠性。

这样每一种无降水参考数据集都可以得到一个 PIA 的估计，即

$$\text{PIA}_j = <\sigma_{\text{NP}}^0>_j - \sigma_{\text{P}}^0 \tag{7.41}$$

其中，第 j 个参考数据的方差为

$$\text{var}\left(\text{PIA}_j\right) = \text{var}\left[<\sigma_{\text{NP}}^0>_j\right] = \sigma_j^2 \tag{7.42}$$

由于上述每一种无降水参考数据集的生成过程都存在着特定的问题，而且每种参考数据集得到的 PIA 估计的可靠性也不一样，因此需要用这些 PIA 估计计算最终有效的路径积分衰减 PIA_{eff} 和它对应的可靠性因子 Rel_{eff}（Meneghini et al.，2015），即：

$$\text{PIA}_{\text{eff}} = \frac{\sum u_j \text{PIA}_j}{\sum u_j} \tag{7.43}$$

$$\text{Rel}_{\text{eff}} = \frac{\sum u_j \text{PIA}_j}{\sqrt{\sum u_j}} \tag{7.44}$$

式中

$$u_j = 1/\sigma_j^2 \tag{7.45}$$

最后的累加需要所有有效的参考数据集，即便该 PIA 是负值。需要注意上面的有效 PIA 与可靠性因子的定义，当且仅当只有一个 PIA 估计时它们就变成了单个估计值。

7.3　2 级数据处理

星载降水雷达的 2 级数据处理的主要目的是获取降水强度的垂直廓线。为了辅助降水强度的反演，还需要判断回波亮带是否存在，并由此将降水分成不同类型。如本章开始所说，星载降水雷达和地基天气雷达在观测几何、工作频率等方面有着显著区别，从而导致两者在数据处理上有明显的不同，但是星载降水雷达的降水反演算法是从地基算法发展起来的。因此，我们将从地基天气雷达反演降水的基础讲起，然后再着重介绍星

载降水雷达的降水反演处理过程。

自雷达用于气象观测以来，已经发展出了非常多的降水反演算法。根据不同的分类方法，这些算法又有不同的种类。例如，直接反演算法可以根据在雷达数据处理过程中主要被测量和利用的是后向散射还是衰减而分成两个主要的类别。按照所计算的分辨率单元的起始位置，可以将反演算法分成前向方法和后向方法。在这里，我们将按照雷达系统的配置，即使用的是单频雷达还是双频雷达，将这些算法分成两类。

7.3.1　降水反演基础

1. 降水的散射

来自降水区的回波信号，是降水粒子对雷达所发射的电磁波的散射回到雷达后产生的。因此，电磁波在降水粒子上的散射，是星载降水雷达探测降水的基础。粒子散射电磁波的能力，和粒子的大小、形状以及它的电磁特性有关。由于数学处理上比较困难，目前只能对圆球形、圆柱形、小椭球形等少数几种几何形状比较简单的粒子的散射给出精确解析解。降水中雨滴、冰水混合滴等粒子一般可以近似看作是球形。

为了定量描述粒子散射能量分布的方向性，首先引入散射函数。如以 S_{i} 表示到达降水粒子的入射波能流密度，S_{s} 表示粒子散射电磁波的能流密度，R 表示粒子离雷达的距离，则有

$$S_{\mathrm{s}} = \frac{S_{\mathrm{i}}}{R^2}\beta(\theta,\phi) \tag{7.46}$$

式中，$\beta(\theta,\phi)$ 称为散射函数或方向函数。

降水粒子散射的能量，在不同方向上的分布是不均匀的，在星载降水雷达观测中最关心的是向后方(即向雷达方向)散射的能量，或回波强度。对于普遍的球形粒子，根据米(Mie)散射理论，其后向散射函数 $\beta(\pi)$ 可以表示为

$$\beta(\pi) = \frac{1}{4k^2}\left|\sum_{n=1}^{\infty}(-1)^n(2n+1)(a_n - b_n)\right|^2 \tag{7.47}$$

式中，$k = 2\pi/\lambda$；a_n、b_n 为散射场的系数。

如以 $S_{\mathrm{s}}(\pi)$ 表示粒子后向散射到雷达天线的能流密度，用 σ 表示总散射功率与到达降水粒子的入射波能流密度之比，即

$$\sigma = \frac{S_{\mathrm{s}}(\pi)4\pi R^2}{S_i} = 4\pi\beta(\pi) \tag{7.48}$$

σ 就是所谓的后向散射截面。后向散射截面是一个虚拟的面积，它可用来定量地表示粒子后向散射能力的强弱。后向散射截面越大，表示粒子的后向散射能力越强，在同样条件下，它所产生的回波信号也越强。由于实际粒子不是理想散射体，所以粒子的后向散射截面不等于它的几何截面。前述的标准化后向散射截面 σ^0 等于后向散射截面与几何截面的比值。

对于普遍的球形粒子，雷达后向散射截面为

$$\sigma = \frac{\pi r^2}{\alpha^2}\left|\sum_{n=1}^{\infty}(-1)^n(2n+1)(a_n - b_n)\right|^2 \tag{7.49}$$

式中，r 是粒子的半径；$\alpha = 2\pi r / \lambda$（即 Mie 参数）。

当粒子的半径远小于入射电磁波长时，米散射可以用瑞利(Rayleigh)散射来近似，小球形粒子的后向散射截面的形式为

$$\sigma = \frac{64\pi^5 r^6}{\lambda^4}|K|^2 = \frac{\pi^5 D^6}{\lambda^4}|K|^2 = \frac{\pi^5 D^6}{\lambda^4}\left|\frac{m^2-1}{m^2+2}\right|^2 \tag{7.50}$$

雷达天线接收到的是一群大小不同的降水粒子的后向散射功率的总和。假定组成这群云、降水的粒子是相互独立、无规则分布的，则这群粒子同时在天线处造成的总散射功率平均值等于每个粒子散射功率的总和。用雷达反射率 η 表示单位体积内全部降水粒子的后向散射截面之和，即

$$\eta = \sum_{\text{单位体积}} \sigma_i \tag{7.51}$$

引进雷达反射率的目的，不仅是为了考虑单位体积内云和降水粒子的数目，而且还要考虑云或降水粒子的分布情况。用 $N(D)$ 表示粒子的数密度或滴谱分布(drop size distribution, DSD)，$N(D)\mathrm{d}D$ 表示单位体积内粒子直径处于 $D \sim D+\mathrm{d}D$ 之间的粒子数，那么雷达反射率可以表示为

$$\eta = \int_0^{\infty} N(D)\sigma(D)\mathrm{d}D \tag{7.52}$$

由于降水粒子的后向散射截面通常是随着粒子尺度的增长而增大，因此反射率 η 大，说明单位体积中降水粒子的尺度大或数量多，亦即可以反映气象目标强度大。但是，降水粒子的后向散射截面不仅取决于降水粒子本身，还取决于雷达的波长。为了使不同波长雷达所观测到的气象目标情况可以直接比较，引进了雷达反射率因子这个量。在 Rayleigh 散射近似下将式(7.50)代入式(7.52)得到

$$\eta = \frac{\pi^5}{\lambda^4}|K|^2\int_0^{\infty} N(D)D^6\mathrm{d}D \tag{7.53}$$

令

$$Z = \int_0^{\infty} N(D)D^6\mathrm{d}D \tag{7.54}$$

就是雷达反射率因子，其单位为 $\mathrm{mm}^6/\mathrm{m}^3$。

反射率因子 Z 值的大小，反映了气象目标内部降水粒子的尺度和数密度，常用来表示气象目标的强度。由于反射率因子 Z 只取决于气象目标本身而与雷达参数和距离无关，所以不同参数的雷达所测得的值可以相互比较。由于反射率因子 Z 是从用 Rayleigh 后向散射表示的反射率公式中引出的，只适用于小球形粒子。当使用短波长雷达(如星载降水雷达)探测降水时，Rayleigh 条件不再成立，就必须使用等效的 Z 值，以 Z_e 表示。

2. 后向散射方法

由式(7.25)可知，在不考虑衰减并满足 Rayleigh 散射条件下，只要知道 Z-I 关系，就可以直接根据距雷达 R_0 处的平均回波功率 P_0 来计算降水强度 I。而当忽略近地面的垂直气流时，降水强度 I 可以表示为

$$I = \frac{\pi\rho}{6}\int D^3 N(D) w_{\mathrm{t}}(D)\mathrm{d}D \tag{7.55}$$

式中，ρ 为水的密度；w_{t} 是水滴下落的末速度。观察式(7.55)和式(7.54)可以发现，雷达反射率因子 Z 和降水强度 I 都与滴谱分布 $N(D)$ 有联系，故有可能在它们之间建立某种关系。

一般情况下，由于滴谱分布随时间和空间，特别是随不同的降水类型而变。Srivastava 曾计算了雨滴经过分裂、合并达到稳态后的分布 $N(D)$，结果表明，稳态时的 $N(D)$ 独立于假设的初始分布(Srivastava，1971)。对于雨滴合并(其变化较慢)而言，指数分布就是近似稳态的，窄型分布会很快趋近于指数分布(Srivastava，1967)。大多数的降水观测也表明，对 $N(D)$ 使用指数函数是很恰当的描述，即滴谱分布可以用下面的经验公式表示：

$$N(D) = N_0 D^{\mu} e^{-\Lambda D} \qquad (\text{单位：mm}^{-1}/\text{m}^3) \tag{7.56}$$

式中，N_0 为截断参数($D \to 0$ 时的滴谱密度)；参数 Λ 表示了指数分布的陡度。而关于雨滴在静止大气中的下落末速度 w_{t}，根据理论分析和实测资料，它和雨滴直径的关系一般可用幂函数来近似表示(Atlas and Ulbrich，1977)

$$w_{\mathrm{t}}(D) = cD^{\gamma} \tag{7.57}$$

将式(7.56)代入式(7.54)，得到(积分过程中用了等式 $\Gamma(\alpha+1) = \int_0^{\infty} t^{\alpha} e^{-t}\mathrm{d}t$)

$$Z = \int_0^{\infty} N_0 D^{\mu} e^{-\Lambda D} D^6 \mathrm{d}D = N_0 \int_0^{\infty} \frac{(\Lambda D)^{\mu+6}}{\Lambda^{\mu+7}} e^{-\Lambda D}\mathrm{d}(\Lambda D) = \frac{N_0}{\Lambda^{\mu+7}}\Gamma(\mu+7) \tag{7.58}$$

同样将式(7.56)和式(7.57)代入式(7.55)，可得

$$I = \frac{\pi\rho}{6} N_0 c \int_0^{\infty} \frac{(\Lambda D)^{3+\mu+\gamma}}{\Lambda^{4+\mu+\gamma}} e^{-\Lambda D}\mathrm{d}(\Lambda D) = \frac{\pi\rho N_0 c}{6\Lambda^{4+\mu+\gamma}}\Gamma(4+\mu+\gamma) \tag{7.59}$$

比较上面两个公式，即得到 Z–I 关系为

$$I = aZ^b \tag{7.60}$$

研究 Z–I 关系已有很长历史，并且建立了很多的经验公式。尽管有大量的 Z–I 关系式，如 Battan(1973)曾至少列出了 69 种不同的 Z–I 关系，但其中很多在降水强度为 20～200 mm/h 时变化不大。由于在推导 Z–I 关系过程中使用了大量的假设，它一般只适用于平均情况。实际的降雨观测也表明，使用不同的 Z–I 关系式，可能与由雨量计测得的降雨强度相比出现很大的偏差，但是降雨的测量精度可以通过对空间和时间进行平均获得提高(Atlas and Ulbrich，1974)。

即便雷达工作于非衰减频率，还有许多因素会影响降雨强度的估计。由于 Z–I 关系

是在对滴谱分布形式作了假定的条件下得到的，而由于雨滴的蒸发、碰撞、破裂等导致实际的滴谱分布可能会偏离假定。而不同的降水类型也有着不同的滴谱分布。例如，混合型降水(雨和雹、雪或是冻雨混合)会产生大的反射率因子值，引起降水强度的过高估计。当冰晶下落通过 0 ℃等温线以下的融化层时，外表面开始融化，这些包着水外层的冰晶反射率很高，会产生增强的雷达回波信号(即所谓的“亮带”)，亮带也会造成降水强度的过高估计。

3. 降水的衰减及衰减订正方法

由于受到分辨率和天线尺寸等因素的共同决定，星载降水雷达工作频率都在 10 GHz 以上，此时降水(特别是中等以上强度的降水)对电磁波衰减就十分可观。故在使用 Z–I 关系反演降水强度时，通常都要考虑衰减的影响。造成电磁波能量衰减的物理原因是，当电磁波投射到气体分子或液态、固态的云和降水粒子上时，一部分能量被散射，另一部分能量被吸收而转变为热能或其他形式的能量，从而使电磁波减弱。

介质对电磁波能量衰减的强弱，由衰减系数 k 来表示，它等于通过单位距离后电磁波能流密度减少的分贝数，即

$$k = -10\lg\frac{S_0}{S_{\mathrm{i}}} \tag{7.61}$$

式中，S_0 为通过单位距离后的能流密度。

在雷达探测的情况下，雷达发出的探测脉冲要遭受介质的衰减，从目标返回的回波信号又要在途中遭受同样的衰减。因此，距离 R 处的目标，由于介质衰减所引起的回波功率减少的分贝数，等于：

$$10\lg\frac{P_{\mathrm{s}}}{P_{\mathrm{s}_0}} = -2\int_0^R k\mathrm{d}s \tag{7.62}$$

式中，P_{s_0} 和 P_{s} 分别表示途中没有介质衰减和有介质衰减时的回波功率。上式也可以写成：

$$P_{\mathrm{s}} = P_{\mathrm{s}_0} \cdot 10^{-0.2\int_0^R k\mathrm{d}R} \tag{7.63}$$

设在能流密度为 S_{i} 的雷达波照射下，单位时间内单个云、降水粒子从入射电磁波中吸收的能量为 P_{a}，散射的能量为 P_{sc}，衰减的能量为 P_{to}，则令

$$\begin{gathered}\sigma_{\mathrm{a}} = P_{\mathrm{a}}/S_{\mathrm{i}} \\ \sigma_{\mathrm{s}} = P_{\mathrm{sc}}/S_{\mathrm{i}} \\ \sigma_{\mathrm{t}} = \sigma_{\mathrm{a}} + \sigma_{\mathrm{s}} = \left(P_{\mathrm{a}} + P_{\mathrm{sc}}\right)/S_{\mathrm{i}} = P_{\mathrm{to}}/S_{\mathrm{i}}\end{gathered} \tag{7.64}$$

式中，σ_{a}、σ_{s}、σ_{t} 分别称为吸收截面、散射截面和衰减截面。

若粒子是球形的，那么根据电磁场理论可以得到：

$$\begin{gathered}\sigma_{\mathrm{t}} = -\frac{\lambda^2}{2\pi}\mathrm{Re}\left\{\sum_{n=1}^{\infty}(2n+1)(a_n + b_n)\right\} \\ \sigma_{\mathrm{s}} = \frac{\lambda^2}{2\pi}\sum_{n=1}^{\infty}(2n+1)\left(|a_n|^2 + |b_n|^2\right)\end{gathered} \tag{7.65}$$

这样云或降水中多个粒子造成的总衰减系数 k(dB/km)可以表示为

$$k = 0.4343\sum_i N_i \sigma_{ti} \tag{7.66}$$

云滴的半径小于 100 μm，所以对于星载降水雷达波段来说，它们满足 $\alpha = 2\pi r / \lambda \ll 1$ 的条件，可以采用 Rayleigh 近似，即

$$\begin{aligned}\sigma_{\mathrm{s}} &= \frac{128\pi^5 r^6}{3\lambda^4}|K|^2 = \frac{2\lambda^2}{3\pi}\alpha^6|K|^2 \\ \sigma_{\mathrm{a}} &= \frac{8\pi^2 r^3}{\lambda}\mathrm{Im}(-K) = \frac{\lambda^2}{\pi}\alpha^3\,\mathrm{Im}(-K)\end{aligned} \tag{7.67}$$

由于 $\alpha \ll 1$，故可以从上面的式子很容易得出 $\sigma_{\mathrm{s}} \ll \sigma_{\mathrm{a}}$，即云的衰减主要是由于吸收作用引起的，这样有

$$\sigma_{\mathrm{t}} \approx \sigma_{\mathrm{a}} = \frac{8\pi^2 r^3}{\lambda}\mathrm{Im}(-K) = \frac{\lambda^2}{\pi}\alpha^3\,\mathrm{Im}(-K) \tag{7.68}$$

在对 k 有显著贡献的雨滴直径范围内，衰减截面 $\sigma_{\mathrm{t}}(D)$ 与 D 间的关系可以用如下的幂指数形式近似(Atlas and Ulbrich，1974)

$$\sigma_{\mathrm{t}}(D) \approx CD^n \tag{7.69}$$

那么将衰减系数公式(7.66)改写成积分形式，有

$$k = 4.34\times10^3\int_0^\infty N(D)\sigma_{\mathrm{t}}(D)\mathrm{d}D = 4.34\times10^3 C\int_0^\infty N(D)D^n\mathrm{d}D\ [\mathrm{dB/km}] \tag{7.70}$$

双程路径积分衰减 PIA 与衰减 k 和散射体的衰减截面 σ_{t} 之间的关系为

$$\mathrm{PIA} = 2\int_0^R k(s)\mathrm{d}s = 2\int_0^\infty\int_0^R \sigma_{\mathrm{t}}(D)N(D)\mathrm{d}D\mathrm{d}s \tag{7.71}$$

式中，积分从星载降水雷达到地面的斜距 R 上进行。

根据前一小节 Z-I 关系的推导过程可知，衰减系数 k 和降雨强度 I 之间也存在幂率的依赖关系。特别是当式(7.69)中的 n 和式(7.57)中的 γ 满足 $n=\gamma+3$ 时，那么 I 和 k 就会线性相关。这样，由于 Z 和 I 及 k 和 I 之间都存在幂率的依赖关系，可以推知，k 和 Z 之间同样可以用幂律关系表示为

$$k = \alpha Z^\beta \tag{7.72}$$

考虑到电磁波的衰减，星载降水雷达测量的反射率因子 Z_{m} 与真实的(经过衰减校正的)反射率因子 Z_{e} 间的关系为

$$Z_{\mathrm{m}} = Z_{\mathrm{e}}\exp\left[-0.46\int_0^R k(s)\mathrm{d}s\right] \tag{7.73}$$

将上面两个式子代入式(7.60)就可以得到降水强度的估计

$$I(R) = aZ_{\mathrm{m}}^b(R)[p(R)]^{-b/\beta} \tag{7.74}$$

其中，

$$p(R) = 1 - 0.2\beta\ln10\int_0^R \alpha Z_{\mathrm{m}}^\beta(s)\mathrm{d}s \tag{7.75}$$

实际上，最早是 Hitschfeld 和 Bordan 依据工作在衰减频率的地基雷达提出了解决校正雷达测量中 PIA 问题的分析方法(Hitschfeld and Bordan，1954)。之后，Meneghini 等又通过数值模拟结果进一步重新检查和讨论了该方法，并扩展到星载雷达上(Meneghini，1978；Meneghini et al.，1983)。

7.3.2　降水分类方法

由式(7.74)可知，为了估计降水强度需要知道 Z–I 关系及 k–I 关系的幂率参数 a、b、α 和 β。这些幂律参数依赖于频率和降水的滴谱分布，而滴谱分布又取决于不同的降水类型。因此，在进行降水强度反演之前，需要依据雷达的测量结果先对降水进行分类。

通常可以根据降水的垂直和水平结构特点将其分为对流性降水和层状降水。对流性降水内部垂直运动旺盛，反射率因子在水平方向往往有较大的梯度，同时降水也较强。相比之下，层状降水的垂直运动、反射率因子的水平方向梯度以及降水强度都要小很多。此外，层状降水上部还经常能出现较为稳定的融化层，导致雷达回波突然增大形成所谓的亮带（bright band, BB）。

因为亮带对层状降雨的指示作用，星载降水雷达降水分类处理的第一步就是检测回波中是否存在亮带。如前所述亮带的特征是某些高度的降水反射率因子显著增大，所以亮带检测是在星载降水雷达的一次交轨扫描内通过检查每个扫描角度单元的反射率因子垂直(距离)廓线的峰值来进行的。

亮带峰值的检测可以通过空间滤波来实现，比如下面的空间滤波器形式(Awaka et al.，1998)：

$$\begin{bmatrix} -1 & -1 & -1 \\ 2 & 2 & 2 \\ -1 & -1 & -1 \end{bmatrix} \tag{7.76}$$

其中，行表示天线扫描角的方向，列表示距离方向。上面的空间滤波器检查的是 Z_m 相对到卫星距离的二阶导数。因为空间滤波器使用三个相邻的天线扫描角数据，在亮带峰值的位置会出现大的滤波器输出，亮带峰值往往在水平方向较为均匀的展开。亮带的检测是在亮带搜索窗口内进行的，该窗口的高度需要参考估计的液态水凝结高度(即 0 ℃层高度)

$$H_{\text{freeze}} = \left(T_s - 273.13\right)/6.0 \tag{7.77}$$

式中，T_s 是当地在海平面位置的温度，可以用平均气候温度代替。通常需要搜索高度 H_{freeze} 上下各 1～2 km 的范围内来找到亮带峰值位置，这是因为 TRMM PR 的观测表明亮带峰值一般出现在高度 H_{freeze} 下方大约 0.5 km(Awaka et al.，2009)。为避免错检，还需要检查亮带峰值上部的 Z_m 的斜率。检测到亮带之后，就要确定亮带的厚度。在天底方向亮带的厚度定义为亮带上下边界的差，即

$$W_{\text{BB}} = R_{\text{BBbottom}} - R_{\text{BBtop}} \tag{7.78}$$

式中，R_{BBtop}、R_{BBbottom} 分别是亮带上下边界到星载降水雷达的距离。Fabry 等对亮带的观测数据进行了分析，并给出了上下边界的确定方法(Fabry and Zawadzki，1995；Klaassen，1988)。对于非天底方向，需要使用经验方法校正亮带峰值受杂波污染的影响，亮带厚度为(Awaka et al.，2009)

$$W_{\mathrm{BB}} = \left(R_{\mathrm{BBbottom}} - R_{\mathrm{BBtop}} - \frac{R_0 \theta_1}{\cos^2 \alpha} F \sin \alpha \right) \cos \alpha \tag{7.79}$$

式中，α 为入射角；R_0 是卫星到地面的斜距；θ_1 是雷达在交轨扫描方向的波束宽度；F 是经验校正因子。

从数学角度来看，亮带可以认为是反射率因子垂直廓线上的奇异值。因此用于分析不同空间变化的数学工具也可以用来检查这一奇异值，如小波分析(Chandrasekar and Zafar，2004)。理论上，如果将一个小波作为某一平滑函数的一阶导数的话，就可以用该小波变换得到的绝对值的局部最大值来检查是否出现奇异值。但是对星载降水雷达而言，不同扫描角度的距离廓线的垂直分辨率并不一致，因此可能需要不同的小波变换来分别检测不同扫描角度上的亮带。

由于星载降水雷达的卫星平台高度一般较低，雷达的扫描角范围也比较小，可以认为降水类型在每个扫描角度的不同距离上保持不变。所以如果检测到了亮带，那么该扫描角度的降水就被分类为层状降水。当没有检测到亮带时，还需要沿着距离廓线在不受杂波干扰的区域寻找反射率因子的最大值。如果该扫描角度上的最大回波强度超过一个阈值，就将其降水类型设为对流降水。如果既没有检测到亮带，最大回波也没有超出阈值，降水类型就被设为其他类型。另外，对于降水层顶的高度比估计的高度 H_{freeze} 低很多时，该降水还被归类为浅层降水。

除了通过检查反射率因子垂直廓线来进行降水分类的方法外，也可以通过检查反射率因子在同一高度上的水平分布特征进行降水分类(Steiner et al.，1995；Yuter and Houze，1997)。在降水区域中检查每个扫描角度上反射率因子最大值的分布特征，确定得到降水区域最大的反射率因子值 $Z_{\mathrm{m}}^{\max}$。如果 $Z_{\mathrm{m}}^{\max}$ 超过设定的阈值或者显著大于周围的值，那么该扫描角和相邻的几个扫描角的降水就被设置为对流降水。否则的话，该降水区域就被认为是层状降水。对于回波较弱的角度单元，降水类型被设为其他。

7.3.3 单频降水反演方法

对于星载单频降水雷达而言，可以利用式(7.74)沿着雷达发射电磁波的方向从降水层顶向地面一个距离单元一个距离单元地反演降水强度，这就是所谓的前向方法。前向方法的好处是不需要初始的约束条件，当前距离单元的降水衰减可以用上面单元的 DSD 估计参数来校正，但它也假设了降水层顶以上的衰减是已知的。前向方法在遇到中到大的降水出现较大的降水衰减时会变得不稳定。此外，亮带的模型或者垂直分布的云水也会给前向方法的应用带来困难。

后向方法在路径积分衰减的约束下由地表向降水层顶逐个距离单元反演降水，处理过程在数学上更加稳定。以后向方法为基础的星载降水雷达单频反演降水的流程图如图 7.5 所示。

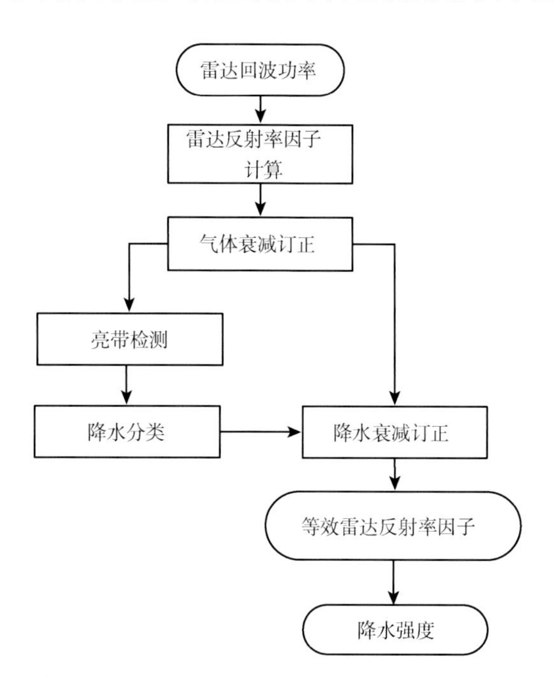

图 7.5　星载降水雷达单频反演降水流程

如前所述，衰减订正是星载降水雷达数据处理中非常重要的一个环节，是反演降水廓线的基础。星载降水雷达的路径积分衰减可以认为由以下四部分组成：

$$\mathrm{PIA}(r)=\mathrm{PIA}_{\mathrm{P}}(r)+\mathrm{PIA}_{\mathrm{CLW}}(r)+\mathrm{PIA}_{\mathrm{WV}}(r)+\mathrm{PIA}_{\mathrm{O_2}}(r) \tag{7.80}$$

式中，$\mathrm{PIA}_{\mathrm{P}}$、$\mathrm{PIA}_{\mathrm{CLW}}$、$\mathrm{PIA}_{\mathrm{WV}}$ 和 $\mathrm{PIA}_{\mathrm{O_2}}$ 分别代表降水、云液态水、水汽和氧气对雷达波束所造成的衰减。在衰减订正过程中，需要对这四个部分都进行订正，才能得到准确的雷达反射率因子。

1. 降水衰减订正

降水衰减是引起雷达回波衰减的最主要原因，降水衰减订正是整个衰减订正的难点和重点。下面只考虑降水的衰减，定义衰减因子

$$A(R)\triangleq\exp\left[-0.2\ln 10\int_0^R k(s)\mathrm{d}s\right] \tag{7.81}$$

这样，雷达测量反射率因子与真实值两者间的关系式(7.73)可以写为

$$Z_{\mathrm{e}}(R)=\frac{Z_{\mathrm{m}}(R)}{A(R)} \tag{7.82}$$

同样假设 k-Z 之间的关系具有 $k=\alpha Z_{\mathrm{e}}^{\beta}$ 的形式，如果 α、β 在同一距离门内是常数，上式可以改写成下面的微分方程形式

$$\frac{\mathrm{d}u}{\mathrm{d}R}+u\beta\frac{\mathrm{d}}{\mathrm{d}R}\ln Z_m+q\alpha=0 \tag{7.83}$$

式中，$u=Z_{\mathrm{e}}^{-\beta}$，而$q=0.2\beta\ln 10$。该方程的通解为

$$Z_{\mathrm{e}}(R)=Z_{\mathrm{m}}(R)\left[c-qS(R)\right]^{-1/\beta} \tag{7.84}$$

式中，c是一任意常数，

$$S(R)=\int_0^R\alpha(s)Z_{\mathrm{m}}^{\beta}(\mathrm{s})\mathrm{d}s \tag{7.85}$$

如果加上初始条件$Z_{\mathrm{e}}=Z_{\mathrm{m}}$（在处 $R=0$），那么$c=1$，就得到了 Hitschfeld-Bordan 解(Hitschfeld and Bordan，1954)

$$Z_{\mathrm{HB}}(R)=Z_{\mathrm{m}}(R)\left[1-qS(R)\right]^{-1/\beta} \tag{7.86}$$

此时的衰减因子为

$$A_{\mathrm{HB}}(R)=\left[1-qS(R)\right]^{-1/\beta} \tag{7.87}$$

那么，由 HB 方法估计的路径积分衰减即在地面处（$R=R_{\mathrm{s}}$）的衰减为

$$\mathrm{PIA}_{\mathrm{HB}}=-10\lg[A(R_s)]=-\frac{10}{\beta}\lg\left[1-qS(R_{\mathrm{s}})\right] \tag{7.88}$$

这样的校正过程存在许多缺点，最主要的问题是在出现测量噪声和雷达定标偏差时算法便会表现出数值不稳定性(Testud et al.，1992；Marzoug and Amayenc，1994)。地面参考技术(surface reference technique, SRT)通过对估计的 PIA 设置边界误差的约束，来消除直接方法的数学不稳定性(Meneghini et al.，2000；Durden et al.，2003；Meneghini et al.，2004)。如 7.2.4 节所述，SRT 方法假定地表雷达截面积的减少（$\Delta\sigma^0$）是由雨的传播损失引起的。故作为替代，如果给定在接近地面处的Z_{e}作为最终条件，那么常数c必须满足条件

$$c=\left[Z_{\mathrm{m}}(R_{\mathrm{s}})/Z_{\mathrm{e}}(R_{\mathrm{s}})\right]^{\beta}+qS(R_{\mathrm{s}}) \tag{7.89}$$

将其代入式(7.84)，得到

$$Z_{\mathrm{fv}}(R)=Z_{\mathrm{m}}(R)\left\{\left[Z_{\mathrm{m}}(R_{\mathrm{s}})/Z_{\mathrm{e}}(R_{\mathrm{s}})\right]^{\beta}+q\left[S(R_{\mathrm{s}})-S(R)\right]\right\}^{-1/\beta} \tag{7.90}$$

此时的衰减因子为

$$A(R_{\mathrm{s}})=\frac{Z_{\mathrm{m}}(R_{\mathrm{s}})}{Z_{\mathrm{e}}(R_{\mathrm{s}})}=10^{\Delta\sigma^0/10} \tag{7.91}$$

式(7.90)就可以写成

$$Z_{\mathrm{fv}}(R)=Z_{\mathrm{m}}(R)\left\{A(R_{\mathrm{s}})^{\beta}+q\left[S(R_{\mathrm{s}})-S(R)\right]\right\}^{-1/\beta} \tag{7.92}$$

这就是所谓的“终值解法”。终值解法使用 PIA 作为单一的条件来选择解。与 HB 解不同，这个解是稳定的。由于解是从地面开始后向计算得到的，它只依赖于感兴趣位置与地面之间的测量值$Z_{\mathrm{m}}(R)$，而在距离单元R之上的测量值不影响解。由于在高海拔区域降水粒子的相态和滴谱分布都是未知的，很难建立合适的 k–Z 关系，因此这是终值解法的一

个优势。在积分过程中曾经调整了常数 c 以满足地面条件，故解不满足固有的初始条件。该方法的一个缺点是使用 SRT 估计路径衰减而没有考虑该估计的可靠性。当衰减较小时，地面衰减截面的测量就会出现较大的误差。

作为替代，可以通过寻找路径积分衰减的最优估计 $\mathrm{PIA_e}$，并引进校正因子来调整关系式 $k=\alpha Z_{\mathrm{e}}^{\beta}$ 中的系数 α，使 HB 方法估计的路径积分衰减与该最优路径积分衰减相匹配，然后使用修正的 α 值和 HB 方法实现对雷达反射率的衰减订正，从而同时满足初始条件和 $\mathrm{PIA_e}$。校正因子的定义为

$$\varepsilon \triangleq \frac{1-A_{\mathrm{e}}(R_{\mathrm{s}})^{\beta}}{qS(R_{\mathrm{s}})} \tag{7.93}$$

通过校正因子 ε 调节参数 α，校正后的 $Z_{\mathrm{e}}(R)$ 为

$$Z_{\mathrm{e}}(R)=Z_{\mathrm{m}}(R)\left[1-\varepsilon qS(R)\right]^{-1/\beta}=Z_{\mathrm{m}}(R)\left\{A_{\mathrm{e}}(R_{\mathrm{s}})^{\beta}+\varepsilon q\left[S(R_{\mathrm{s}})-S(R)\right]\right\}^{-1/\beta} \tag{7.94}$$

如果认为 SRT 估计是准确的，即 $\mathrm{PIA_e}=\mathrm{PIA_{SRT}}=\Delta\sigma^{0}$，那么校正因子就是

$$\varepsilon=\frac{1-10^{\beta\Delta\sigma^{0}/10}}{qS(R_{\mathrm{s}})} \tag{7.95}$$

如果模型参数 α 和 β 精确表示了 k-Z 之间的关系，并且认为 $qS(R_{\mathrm{s}})$ 没有误差，那么 ε 就变成单位值。这就是整个衰减等于从反演的 $Z_{\mathrm{e}}(R)$ 中(在假定的 k-Z 关系下)计算出的衰减时的情况，即 $\mathrm{PIA_e}=\mathrm{PIA_{HB}}$。

路径积分衰减的最优估计是通过概率论的方法得到的。给定两个独立量 θ_1 和 θ_2，它们分别与用 SRT 方法和 HB 方法推导出的 PIA 估计相关。考虑下面 PIA 的条件概率密度函数

$$p(\mathrm{PIA}\mid\theta_1,\theta_2) \tag{7.96}$$

使用 Bayes 理论并去逼近先验密度 $p(\theta_1|\mathrm{PIA})$ 和 $p(\theta_2|\mathrm{PIA})$，式(7.96)的最大值就由单独的 PIA 估计和它们的方差的函数来决定。最后利用得到的路径积分衰减最优估计，就可以计算调节因子 ε 并构建衰减校正后的 Z_{e} 廓线。

2. 幂律关系参数的确定

构建衰减校正后的 Z_{e} 廓线和用 Z_{e} 廓线计算降水强度廓线需要使用 k-Z 及 Z-I 关系，这些幂律关系的参数 a、b、α 和 β 都与降雨类型、亮带存在与否、冰冻凝结高度与降水层厚度等有关，并且需要考虑降水类型、相态和温度导致的滴谱分布的不同以及空气密度随高度变化导致的水汽凝结体末速度的不同。在确定这些参数初值的时候，一般先确定五个基本点，其他点的系数插值生成。这五个点的位置示意如图 7.6 所示。其中图 7.6(a)表示层状降水且有亮带存在的情况，C 点是亮带的中心，B 点是亮带以上 500 m 位置，D 点是亮带以下 500 m 位置，E 点是降水层的底部(即有效回波中最低的距离单元位置)，A 点是降水层的顶部(即有效回波最高的距离单元位置)。图 7.6(b)表示了没有亮带的层状降水/对流降水以及其他降水的情况，C 点是 0 ℃对应的高度，B 点和 D 点分别为 0 ℃层

以上和以下 750 m 的位置，且 B、C、D 三点均为 0 ℃的液水相态，A 和 E 点仍然是有效回波顶部和底部位置。

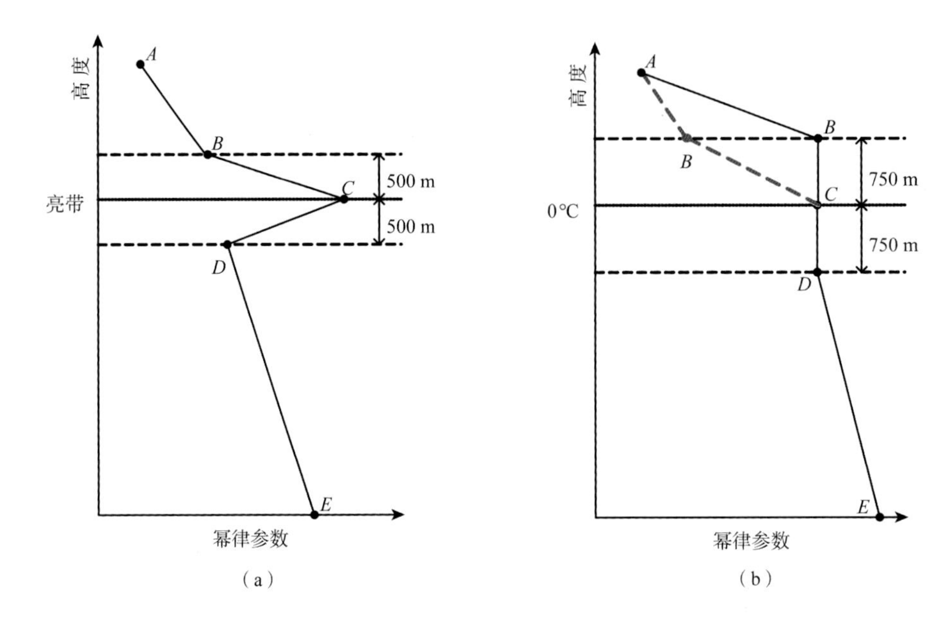

图 7.6　幂律关系 k–Z 及 Z–I 的参数廓线

利用卫星资料模拟器(satellite data simulator unit, SDSU)仿真的星载降水雷达测量的不同降水类型的反射率因子和衰减廓线，可以拟合不同高度位置处的幂律关系参数。图 7.7 给出了 Ka 频段在 0 ℃位置的幂律关系拟合结果，其中散点是 SDSU 输出的星载降水雷达模拟测量值。同时，由于图 7.7 是以测量值取对数的结果展示的，所以拟合的幂律关系就变成了一条直线。

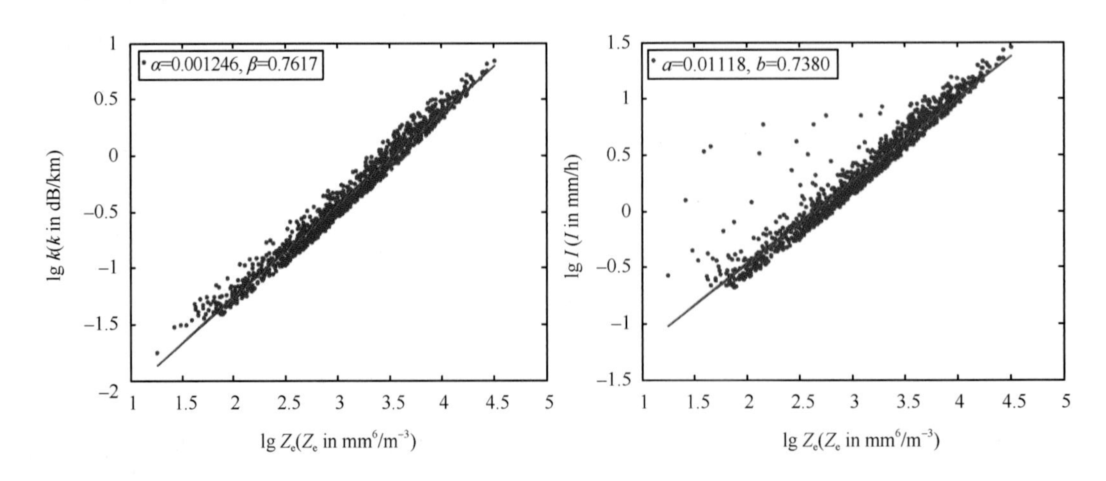

图 7.7　利用 SDSU 仿真获得的幂律关系 k–Z 及 Z–I 参数结果

7.3.4　双频降水反演方法

1. 标准双频方法

标准双频方法的基本原理是使用雷达方程计算两波长的回波功率比，来估计路径衰减以及降水强度。设两个分离的波长分别为λ_1、λ_2，在距离R_1处两个波长的雷达回波功率的差为$P_r(\lambda_1,R_1)-P_r(\lambda_2,R_1)$，而在距离$R_2$处回波功率的差为$P_r(\lambda_1,R_2)-P_r(\lambda_2,R_2)$。考虑到$Z_m$与$Z_e$之间的关系式(7.82)和路径衰减的定义式(7.71)，降水雷达方程式(7.25)可以改写为

$$\mathrm{dB}(P_r)=C+\mathrm{dB}Z_m-20\lg R=C+\mathrm{dB}Z_e+\mathrm{PIA}-20\lg R \tag{7.97}$$

那么，回波功率差的 dB 值为

$$\begin{aligned}\Delta P_{\mathrm{DF}}&=\left[\mathrm{dB}\left(P_r(\lambda_1,R_2)\right)-\mathrm{dB}\left(P_r(\lambda_2,R_2)\right)\right]-\left[\mathrm{dB}\left(P_r(\lambda_1,R_1)\right)-\mathrm{dB}\left(P_r(\lambda_2,R_1)\right)\right]\\&=\left[\mathrm{dB}Z_e(\lambda_1,R_2)-\mathrm{dB}Z_e(\lambda_2,R_2)\right]-\left[\mathrm{dB}Z_e(\lambda_1,R_1)-\mathrm{dB}Z_e(\lambda_2,R_1)\right]\\&\quad+\mathrm{PIA}(\lambda_1,R_2-R_1)-\mathrm{PIA}(\lambda_2,R_2-R_1)\end{aligned} \tag{7.98}$$

如果在R_1和R_2两点都满足 Rayleigh 散射条件，即反射率因子与波长无关，那么这就要求在R_1和R_2两点处都有$Z_e(\lambda_1)=Z_e(\lambda_2)$。或者如果在测量的距离区间$[R_1,R_2]$上降水强度是一致的，这意味着在不同的波长$\lambda_1$和$\lambda_2$上分别有$Z_e(R_1)=Z_e(R_2)$。无论在哪种假设下，式(7.98)都变成如下的形式

$$\begin{aligned}\Delta P_{\mathrm{DF}}&=\mathrm{PIA}(\lambda_1,R_2-R_1)-\mathrm{PIA}(\lambda_2,R_2-R_1)\\&=2\int_{R_1}^{R_2}\left[k(\lambda_1,R)-k(\lambda_2,R)\right]\mathrm{d}s\end{aligned} \tag{7.99}$$

上式表明，双波长的雷达回波功率可以作为 PIA 差值的指示。与单频类似，双频的衰减系数差值 k_1-k_2 和降雨强度I之间也存在幂率的依赖关系。因此，如果能够精确地估计衰减差值，就可以用于估计I。另外，双频反演中往往更需要单频的 PIA 估计而不是两个频率的差值。通常单频的 PIA 估计与 PIA 差值可以用线性关系很好地近似，故引入比值$p=\mathrm{PIA}(\lambda_1)/\mathrm{PIA}(\lambda_2)$，那么可以得到

$$\begin{cases}\mathrm{PIA}(\lambda_1)=\dfrac{p}{p-1}\Delta\mathrm{PIA}\\[2ex]\mathrm{PIA}(\lambda_2)=\dfrac{1}{p-1}\Delta\mathrm{PIA}\end{cases} \tag{7.100}$$

这样可以使用前面的单频方法反演降水。

标准双频方法的主要缺点是其中较高频率的使用限制了它的动态范围(Testud et al., 1992)。在频率较高或降水强度较大的情况下，上面的两个假设往往都无法成立。还要指出，Fujita(1983)以及 Goldhirsh(1988)所讨论的双频算法对测量噪声敏感，可能需要相对较多的独立样本数量来获得可靠的衰减差值估计。同时，由于雷达采样次数有限，而

信号的差值相对较小，估计的标准差就会变大(Meneghini et al.，2002)。虽然这一缺点可以通过在更大的距离间隔上测量反射率的差值来克服(它相当于在径向上的某种空间滤波)，但是这也降低了距离分辨率。

2. 双频 SRT 方法

通过单频SRT来估计PIA的方法同样可以用于双频算法，即将其分别用于两个频率。由于σ^0与PIA相比对频率更不敏感，故这里估计的是两个频率PIA的差值(Meneghini et al.，2015)，如下式所示

$$\begin{aligned}\Delta \mathrm{PIA} &= \mathrm{PIA}(\lambda_1) - \mathrm{PIA}(\lambda_2) \\ &= \left[< \sigma_{\mathrm{NP}}^0(\lambda_1) > - \sigma_{\mathrm{P}}^0(\lambda_1)\right] - \left[< \sigma_{\mathrm{NP}}^0(\lambda_2) > - \sigma_{\mathrm{P}}^0(\lambda_2)\right]\end{aligned} \tag{7.101}$$

如果令$\Delta\sigma^0 = \sigma^0(\lambda_1) - \sigma^0(\lambda_2)$，那么上式可以写成

$$\Delta \mathrm{PIA} = < \Delta\sigma_{\mathrm{NP}}^0 > - \Delta\sigma_{\mathrm{P}}^0 \tag{7.102}$$

相比单频SRT估计可以看到，双频SRT方法与单频方法的唯一区别，就是用归一化后向散射截面的差代替了后向散射本身。与单频方法类似，双频SRT估计的可靠性也与其方差有关，参照式(7.42)方差的定义，双频SRT估计的方差为

$$\begin{aligned}\mathrm{var}(\mathrm{PIA}) &= \mathrm{var}\left[< \sigma_{\mathrm{NP}}^0 >\right] \\ &= \mathrm{var}\left[\sigma^0(\lambda_1) - \sigma^0(\lambda_2)\right] \\ &= \mathrm{var}\left[\sigma^0(\lambda_1)\right] + \mathrm{var}\left[\sigma^0(\lambda_1)\right] - 2\,\mathrm{cov}\left[\sigma^0(\lambda_1), \sigma^0(\lambda_2)\right]\end{aligned} \tag{7.103}$$

双频SRT方法的主要优势是：如果对两个频率的地面回波功率做一些(即便是一般程度的)校正，由它推导出的(空间)平均降雨强度估计的精度相对于其单频版本会有很大改进(Meneghini et al.，1987)。除了这一点之外，双频SRT与单频SRT技术在本质上有着相似的优缺点。

3. 非 SRT 的迭代方法

如7.3.3节所述，SRT方法在衰减较大时性能好，而在小雨情况下就变得不可靠。对于星载双频雷达中的高频通道而言，降水强度较大时的地面回波不太容易被探测到。这一两难境地使得双频SRT相对于单频SRT较难用于星载场合。为了克服这个问题，需要使用不带PIA测量的方法来估计DSD参数。

假设降水的滴谱分布可以用式(7.56)的Gamma分布表示，即

$$N(D,R) = N_0(R) D^{\mu} e^{-\Lambda(R)D} \quad (\text{单位：mm}^{-1}\text{m}^{-3}) \tag{7.104}$$

其中，

$$\Lambda(R) = (3.67 + \mu)/D_0(R) \tag{7.105}$$

在DSD中，未知参数包括系数N_0、中体积直径D_0以及μ。N_0和D_0会随距离发生变化，而μ则独立于距离是个常数。波长为λ_i (i=1，2)的雷达在距离为R处的等效雷达反射率

因子 Z_e 由 DSD 的参数、后向散射截面 σ 和水的介质因子 K_w 决定，即

$$Z_{ei}(R)=\frac{\lambda_i^4}{\pi^5|K|^2}\int N_0(R)\sigma_i(D)D^{\mu}e^{-\Lambda D}\mathrm{d}D=C_{Zi}N_0(R)I_{bi}\left[D_0(R)\right] \tag{7.106}$$

式中

$$C_{Zi}=\frac{\lambda_i^4}{\pi^5|K|^2} \tag{7.107}$$

$$I_{bi}\left[D_0(R)\right]=\int\sigma_i(D)D^{\mu}e^{-\Lambda D}\mathrm{d}D \tag{7.108}$$

这样可以得到给定距离上 Z_{e1} 和 Z_{e2} 的比值为

$$\frac{Z_{e1}}{Z_{e2}}=\frac{C_{Z1}I_{b1}\left[D_0(R)\right]}{C_{Z2}I_{b2}\left[D_0(R)\right]}=g\left[D_0(R)\right] \tag{7.109}$$

如果给定 λ_1、λ_2、μ 和温度 T，上式中作为 D_0 函数的反射率比值就可以用 Mie 散射理论进行计算。

相似地，根据式(7.70)衰减系数 k_i 可以表示成 DSD 参数和衰减截面 σ_t 的函数

$$k_i(R)=4.34\times10^3\int_0^{\infty}N(D,R)\sigma_t(D)\mathrm{d}D=C_kN_0(R)I_{ti}\left[D_0(R)\right] \tag{7.110}$$

式中，

$$C_k=4.34\times10^3 \tag{7.111}$$

$$I_{ti}\left[D_0(R)\right]=\int\sigma_{ti}(D)D^{\mu}e^{-\Lambda D}\mathrm{d}D \tag{7.112}$$

考虑由 n 个空间均匀划分的距离门构成的降水剖面结构。距离门 R_j ($j=1, 2, \cdots, n$) 从降水层顶端 R_1 开始向紧挨在地面上方的距离门 R_n 计数。由算法估计或计算的值用变量名顶上的符号～表示。与其他的后向方法一样，在推导 DSD 剖面结构之前需要 PIA 的约束条件。注意到，PIA 与衰减因子之间的关系为 $\mathrm{PIA}=10\lg A[\mathrm{dB}]$。双频反演的整个过程开始于两个波长上的 PIA 值初始猜测，这样各波长在第 j 个距离单元的真实雷达反射率就可以通过反射率因子的测量值和衰减因子的估计值进行计算

$$\tilde{Z}_{ei}(R_j)=Z_{mi}(R_j)\big/\tilde{A}_i(R_j) \tag{7.113}$$

这样在第 j 个距离单元内的 DSD 参数可以通过下面的表达式得到

$$\begin{cases}f(R_j)=\tilde{Z}_{e1}\big/\tilde{Z}_{e2}\\ \tilde{D}_0(R_j)=g^{-1}\left(f(R_j)\right)\\ \tilde{N}_0(R_j)=\tilde{Z}_{ei}(R_j)\big/\tilde{I}_{bi}\left[\tilde{D}_0(R_j)\right]\\ \tilde{A}_i(R_{j-1})=\tilde{A}_i(R_j)\exp\left\{0.2\ln10L\tilde{N}_0(R_j)\tilde{I}_{ti}\left[\tilde{D}_0(R_j)\right]\right\}\end{cases} \tag{7.114}$$

式中，L 是雷达的距离分辨率。

一直继续上面所描述的过程直到降雨层的顶端，这样就得到了 DSD 的剖面结构，同时也计算了 PIA。而通过反演的 DSD 剖面结构，就可以向前计算出地表反射率因子

$Z_{\mathrm{m}i}(R_n)$的估计值

$$\tilde{Z}_{\mathrm{m}i}(R_n)=\tilde{N}_0(R_j)\tilde{I}_{bi}\left[\tilde{D}_0(R_j)\right]\ g\ \tilde{A}_i(R_n) \tag{7.115}$$

其中，

$$\tilde{A}_i(R_n)=\exp\left\{-0.2\ln 10L\sum_{j=1}^{n}\tilde{N}_0(R_j)\tilde{I}_{ti}\left[\tilde{D}_0(R_j)\right]\right\} \tag{7.116}$$

令反演的雷达反射率因子$\tilde{Z}_{\mathrm{m}i}(R_n)$和实际测量的雷达反射率因子$Z_{\mathrm{m}i}(R_n)$的比值为$C_i$。在双频反演算法中，$n$个距离库的雷达反射率因子$Z_{\mathrm{m}i}(i=1,2)$是已知量，需要反演的未知参数为$n$个距离库的$D_0(R)$和$N_0(R)$（假定$\mu$为常数），因此未知参数的个数和已知数的个数相等，都是$2n$个。$D_0(R)$和$N_0(R)$的反演结果依赖于$A_i(R_n)$，因此，找到最佳估计的$A_i(R_n)$是双频反演的关键。

图 7.8 给出了双频后向迭代降水反演算法的原理框图。迭代计算的目的是找出最佳估计的$A_i(R_n)$，在每次迭代计算中，需要对$A_i(R_n)$进行调节，第k和第$k+1$次迭代的$A_i(R_n)$满足(Mardiana et al.，2004)：

$$A_{i,k+1}(R_n)=\frac{\tilde{Z}_{\mathrm{m}i,k}(R_n)}{Z_{\mathrm{m}i}(R_n)}A_{i,k}(R_n)=C_{i,k+1}A_{i,k}(R_n)=\tilde{A}_{i,k}(R_n) \tag{7.117}$$

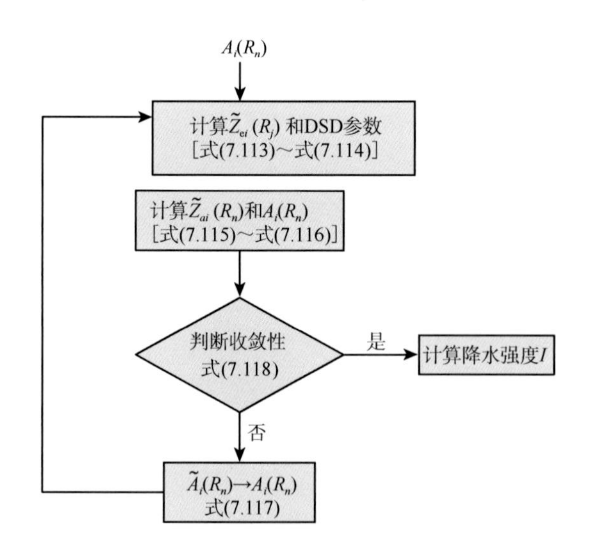

图 7.8　双频后向迭代降水反演框图

在迭代计算开始前，给出初值$A_{i,0}(R_n)$，每次迭代计算后通过不断调整订正因子C_i来调节$A_i(R_n)$，直到反演的雷达反射率因子等于实际测量的雷达反射率因子，C_i接近于 1 时所对应的$A_i(R_n)$就是最佳估计的$\tilde{A}_{i,k}(R_n)$。也就是在迭代计算中，如果满足下式

$$\left|1-\frac{A_{i,k}(R_n)}{A_{i,k+1}(R_n)}\right|<\varepsilon \tag{7.118}$$

就可以停止迭代过程，其中 ε 是预先定义的收敛边界值。

迭代双频方法比较适合用于小到中等强度的降水反演(Liao and Meneghini，2005)。但是在实际反演过程中发现，即便是迭代过程最后收敛[即式(7.118)得到满足]，得到的降水廓线也可能与期望或实际情况的不一致(Rose and Chandrasekar，2005)。这是由于方程(7.114)出现了不只一个解，从而导致滴谱分布的参数没有得到正确的结果，最终降水反演也是错的。这点可以在 $Z_e(\mathrm{Ka})/Z_e(\mathrm{Ku})$ 和 D_0 的关系曲线中看出来。图 7.9 是利用单频反演算法中使用的融化层模型计算的融化层不同高度对应的 $Z_e(\mathrm{Ka})/Z_e(\mathrm{Ku})$ 和 D_0 的关系，其中 0 km、0.55 km 以及 1.1 km 分别对应融化层底(液态层顶)、亮带峰值以及融化层顶，相应的水的体积比分别为 1、0.17 和 0.011。在液态层顶以及大约 1/3 的融化层区域，由于曲线的峰值大于 1，因此对于同一个 $Z_e(\mathrm{Ka})/Z_e(\mathrm{Ku})$，$D_0$ 可能存在两个解。

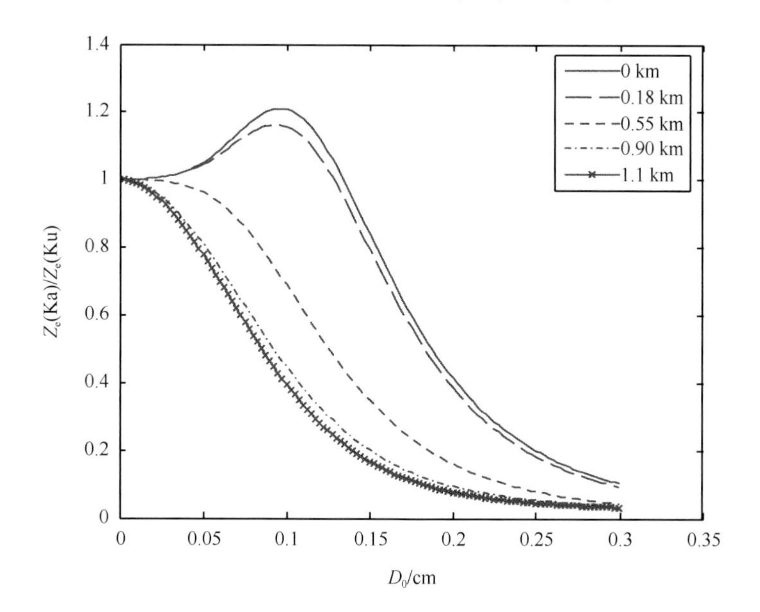

图 7.9　融化层不同高度下 $Z_e(\mathrm{Ka})/Z_e(\mathrm{Ku})$ 和 D_0 的关系曲线

为解决多解导致的反演问题，需要在迭代算法中增加额外的约束条件。例如，可以增加对 N_0、D_0 等滴谱参数的约束(Rose and Chandrasekar，2006；Rose and Chandrasekar，2006a)，也可以修改双频反射率因子比值的计算式(7.109)使其与 D_0 之间重新变成一一对应的关系(Liao and Meneghini，2019)。

7.4　融合产品数据处理

星载降水雷达的融合产品包括降水雷达联合同平台的微波辐射计共同反演的降水产品，以及将降水雷达瞬时降水产品融合到等间隔的时空网格上的采样产品。

7.4.1　主被动微波联合降水反演方法

星载降水雷达虽然可以获得高精度的三维降水结构，但是由于平台和技术的限制，其观测刈幅通常比较窄。相比之下，微波辐射计虽然测量精度低一些但是观测刈幅很宽，同时还布置在很多卫星上。利用降水测量卫星上同时搭载的降水雷达和微波辐射计联合反演降水，既能够充分利用这两种主被动仪器的测量信息获得更加精确的降水垂直分布，又能够为其他卫星的被动微波降水估计提供统一的参考。

主被动微波联合反演降水算法是基于集合 Kalman 滤波(ensemble Kalman filtering, EnKF)与变分方法的混合方法，从而由星载降水雷达测量的反射率和同步观测的微波辐射计测量的亮温反演估计降水廓线。图 7.10 给出了主被动微波联合反演降水算法的流程。给定观测 y_{obs}、未知参数 x 和假设的前向模型 $y(x)$，EnKF 方法用于估计与观测值及其不确定度 $\sigma_{y_{\mathrm{obs}}}$ 相符的值的集合。首先，给定 x 的假设的先验分布，随机选出一组值 x_i。通常有 50 个数的集合就足够代表方法中 x 的统计状态。然后用前向模型 $y(x)$计算集合 x_i 对应的值 y_i。然后用下式更新集合 x_i，

$$x_i' = x_i + \frac{\mathrm{cov}(x, y)}{\left[\mathrm{cov}(y, y) + \sigma_{y_{\mathrm{obs}}}^2\right]}\left(y_{\mathrm{obs}} - y_i\right) \tag{7.119}$$

式中，cov(·)表示括号内变量集合的协方差。更新后的集合 x_i' 与观测 y_{obs} 及其不确定度相符。上式可以很直接地推广到有多个观测和多个未知参数的场合(Anderson，2003)。

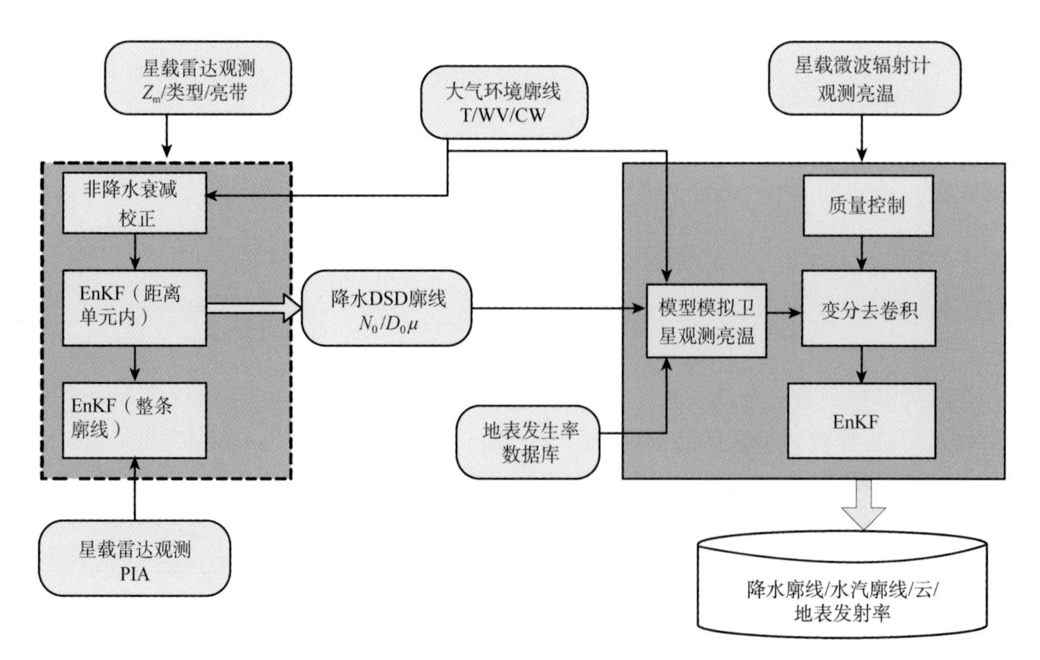

图 7.10　主被动微波联合反演降水算法的流程图

首先根据星载降水雷达反演算法估计的降水一般特征(降水判断、亮带检测、亮带高度、层状/对流降水分类)和环境信息(温度、水汽)以及这些估计的不确定度来随机生成温度/水汽廓线的初始先验集合。星载降水雷达的每个足迹生成的集合中含多条廓线。根据云系统解析模型模拟的与雷达足迹位置环境相符的云廓线分布，还要为每条廓线指定云液水/云冰廓线(Masunaga and Kummerow，2005)。初始的温度/水汽/云水廓线用于进行初步的 Ku 和 Ka 频段反射率衰减校正来生成校正的反射率廓线集合。每条廓线中水汽和云水的衰减是从预先计算的吸收系数表得到的，在给出的廓线中还插入了气压、温度、湿度和云中液水当量。这样每个反射率廓线中剩余的衰减就是由降水造成的。

对降水滴谱分布参数以及相应的降水引起的雷达反射率和衰减的估计，也是基于降水粒子为 Gamma 分布的假设，即

$$N(D)=N_0 f(\mu)\left(\frac{D}{D_0}\right)^{\mu}\exp\left[-\frac{(3.67+\mu)}{D_0}D\right] \tag{7.120}$$

与式(7.56)和式(7.104)稍有不同，上式是经过归一化处理的正态 Gamma 分布(Testud et al.，2001)，其中

$$f(\mu)=\frac{6(3.67+\mu)^{\mu+4}}{3.67^4\Gamma(\mu+4)} \tag{7.121}$$

根据先验分布给每条廓线集合的成员随机分配 μ 的值，这样就在每个距离门内留下了 N_0、D_0 两个未知量。

从检测出降水的最高处的雷达距离门开始，为集合中每条反射率廓线成员从先验分布中随机指定 N_0 的估计。在给定 N_0 和 Ku 频段反射率的值以及降水层顶距离门内集合成员廓线的情况下，可以由支撑散射的参数表提供的衰减和反射率(在假定的 μ 和降水粒子组成情况下)的理论值使用通用的 HB 方法迭代确定 D_0 的值(Grecu et al.，2011)。这样，就为降水层顶距离门内的集合的每条成员廓线估计了 D_0 的值，得到的 N_0/D_0 对就与 Ku 波段衰减校正后的反射率(其与观测的 $Z_{\mathrm{m}}^{\mathrm{Ku}}$ 相符)相关联。然后用估计的 N_0、D_0 值来为每个集合成员廓线模拟 Ka 频段的含衰减的反射率 $Z_{\mathrm{m}}^{\mathrm{Ka}}$ 。之后，再根据集合 Kalman 滤波，并使用 N_0 与模拟的 $Z_{\mathrm{m}}^{\mathrm{Ka}}$ 值的集合协方差以及观测的 $Z_{\mathrm{m}}^{\mathrm{Ka}}$ 来更新先验的 N_0 估计。接下来，根据散射参数表使用更新后的 N_0 和衰减校正后的 $Z_{\mathrm{e}}^{\mathrm{Ku}}$ 来找出相一致的 N_0 值。简单地说，前向过程确定了 N_0/D_0 对的集合，它与降水层顶距离门内的 Ku 和 Ka 频段观测的反射率(及它们的不确定度)相符。

为了处理下一个距离门，根据降水层顶距离门内的 N_0 估计使用统计自回归模型生成该距离门的 N_0 先验值。然后，用于降水层顶距离门的过程就可以在下一个距离门内重复，从而得到与该距离门内观测的 $Z_{\mathrm{m}}^{\mathrm{Ku}}$ 和 $Z_{\mathrm{m}}^{\mathrm{Ka}}$ 相符的 N_0/D_0 估计集合。按这种方法向下递归处理一条星载降水雷达廓线，就估计出了一个多条 N_0/D_0 廓线的集合。

在整条星载降水雷达廓线都处理完后，集合中的每个估计的 N_0/D_0 廓线就与 Ku 和 Ka 波段的总路径积分衰减相符。但是，这些估计的路径积分衰减值可能与使用 SRT 得

到的独立的路径积分衰减(及不确定度)估计并不一致。因此，需要用 N_0/D_0 廓线和相应的路径积分衰减的协方差以及 SRT 路径积分衰减以 EnKF 方法来更新 N_0/D_0 廓线。如此得到的 N_0/D_0 廓线集合就与 Ku、Ka 频段反射率廓线以及 SRT 估计的总路径积分衰减相符。

当用雷达模块处理完整个星载降水测量雷达刈幅，与雷达观测相符的 N_0/D_0 廓线集合就被传递到微波辐射计模块。在这里，为集合的每个成员廓线随机指定具有同步观测的星载微波辐射计通道频率/极化特性的微波地面发射率估计。在水面上，使用经验模型来计算所有频率/极化通道上的发射率，它是地面表层温度、盐度和 10 m 处风速的函数(Meissner and Wentz，2012)。通过在廓线特性模块中对雷达足迹的分析，内插得到地面表层温度、10 m 处风速的估计及其不确定度，而水体盐度估计及方差是从气候数据集推导出来的。将这些随机生成的量输入到发射率模型中就得到了计算发射率的集合，该集合被指定给在每个雷达足迹位置的垂直廓线集合。对于陆地表面，由于没有地面发射率的经验模型，因此使用卫星推导的发射率气候数据及协方差来为雷达推导的每个集合廓线随机指定发射率(Aires et al.，2011)。

然后将 N_0/D_0 廓线集合与指定的发射率传递到辐射传输模型，计算同步观测的微波辐射计所有频率/极化通道上的与每个集合廓线相符的上行微波亮温。廓线集合和相应的上行亮温需要在星载降水雷达水平分辨率样本上进行估计。通常星载降水雷达的水平分辨率要高于同平台的星载微波辐射计。解决微波辐射计相对低分辨率的方法是用去卷积方法将微波辐射计低分辨率数据变为雷达高分辨率(Robinson et al.，1992)。由于无约束的去卷积对辐射计观测中的噪声极其敏感，所以使用了雷达分辨率的亮温集合作为去卷积亮温的高分辨率的先验约束。在星载降水雷达分辨率尺度上的微波辐射计亮温的估计是通过变分方法得到的。在该方法中，估计雷达分辨率尺度的亮温 $\mathbf{TB}_R$ 的代价函数 J 被最小化，其函数表达式为

$$\begin{aligned} J(\mathbf{TB}_R) \equiv & \frac{1}{2}(\mathbf{TB}_{\text{obs}} - \boldsymbol{G} * \mathbf{TB}_R)^T \boldsymbol{W}_{\mathbf{TB}}^{-1} (\mathbf{TB}_{\text{obs}} - \boldsymbol{G} * \mathbf{TB}_R) \\ & + \frac{1}{2}\left(\mathbf{TB}_R - \langle \mathbf{TB}_{\text{Rens}} \rangle\right)^T \boldsymbol{W}_{\text{TB-Rens}}^{-1} \left(\mathbf{TB}_R - \langle \mathbf{TB}_{\text{Rens}} \rangle\right) \end{aligned} \tag{7.122}$$

式中，$\mathbf{TB}_{\text{obs}}$ 是观测的微波辐射计分辨率尺度的亮温向量；$\boldsymbol{G}$ 是表示微波辐射计天线方向图的矩阵；$\boldsymbol{W}_{\text{TB}}$ 是观测亮温误差协方差(噪声方差)矩阵；$\langle \mathbf{TB}_{\text{Rens}} \rangle$ 是推导出的平均亮温集合的向量；$\boldsymbol{W}_{\text{TB-Rens}}$ 是对应的导出的协方差集合矩阵。该函数中的第一项表示雷达分辨率尺度的估计相对观测亮温的误差；第二项表示估计相对于推导的初始猜测值的误差。

一旦估计了同步观测的微波辐射计所有频率/极化通道上的雷达分辨率尺度的亮温，就可以用它们对雷达模块输出廓线集合进行第二次集合滤波来获得每个星载降水雷达足迹位置上的水汽、云水、$N_0/D_0/\mu$ 廓线和地面发射率(或水面 10 m 风速)的最终集合。最终集合的均值代表了这些参数的最优估计，而该集合相对均值的标准偏差就代表了最优估计的不确定度。

7.4.2　时空统计降水产品处理

星载降水雷达的时空统计产品作为其 3 级产品，是由前级产品在全球等经纬度的固定网格上计算降水参数的日或月的各种统计量，通常包括降水参数出现的次数以及它的均值、方差、统计直方图等。

星载降水雷达的二级产品是在瞬时视场下按扫描角和到卫星的斜距进行排列的，进行时空统计处理时除了经纬度网格点需要固定，在空间的高度位置也需要处理成一致的，这是因为降水参数还与高度相关，需要在高度方向进行统计处理以方便用户使用。另外，星载降水雷达在一个扫描角上的距离单元有几十个甚至上百个，它的时空统计产品通常只包括几个固定的高度。以降水强度的统计产品为例，一般包括地表、2 km、4 km、6 km、10 km 和 15 km 等高度。对于天底以外的观测特别是刈幅外侧的观测而言，会有多个距离单元都与同一个高度点相交，因此需要对这些不同的距离单元进行加权统计。

所有的统计都是以存在降水或其他的参数出现(如亮带或层状降水的出现等)为条件的。如果要计算无条件的统计结果，就需要计算作为该降水参数事件的发生概率。比如，要计算在网格点(i,j)及高度 k 处的降水强度的无条件均值 $I_{\mathrm{Un}}\left(i,j,k\right)$，那么就需要用降水强度的条件均值结果乘上降水出现的概率，即

$$I_{\mathrm{Un}}(i,j,k)=I(i,j,k)\times p_{\mathrm{r}}(i,j,k) \tag{7.123}$$

其中，降水出现的概率定义为对应网格上降水次数与总的观测次数的比值

$$p_{\mathrm{r}}(i,j,k)=\frac{N_{\mathrm{p}}(i,j,k)}{N_{\mathrm{t}}(i,j)} \tag{7.124}$$

7.5　数据处理产品的地面验证

由于在空间和时间上的变化很大，降水成为最难测量的气象水文参数之一。星载降水雷达与地面业务天气雷达相比，可以通过外定标手段保证降水的测量精度，能够对全球降水进行有效观测。与星载可见光/红外辐射计、微波辐射计等被动遥感降水不同，星载降水雷达测量参数可以与降水强度直接相关，能够供降水的垂直结构信息，因而具有更强的降水测量能力。为了估计出准确的降水强度值，必须地面验证星载降水雷达的算法和产品。

卫星产品的验证通常定义为使用地基观测来评价卫星产品是否符合所标称的精度要求。地面验证可用于对由星载降水雷达测量数据反演得到的产品进行定量估计，从而获得产品的系统和随机误差。地面验证还可以辨别出产品误差的空间和时间结构特性，分析误差的来源。通过将定量的误差反馈给算法，为星载算法的改进提出建议，进而增加星载降水雷达系统产品的可靠性和一致性。

7.5.1 验证的内容

如 7.2 节所述，星载降水雷达的一级产品主要是测量的回波功率和雷达反射率因子。由式(7.23)～式(7.26)可知，回波功率和雷达测量反射率因子除与降水本身有关外，还与雷达波长、观测路径等因子有关。因此，直接检验降水测量雷达的一级产品需要利用相同观测几何、相同空间分辨率的同频雷达进行同步测量，这是难以实现的。实际操作中更合理的方式是，利用地面的 ARC 对降水测量雷达的发射功率、增益等参数进行标定，结合内定标结果得到回波功率，然后利用雷达方程计算得到雷达反射率因子，从而完成一级产品的检验。

根据 7.3 节描述的星载降水雷达 2 级数据处理过程，无论是单频反演方法，还是双频反演方法，二级产品处理首先都是对降水进行分类，即利用雷达反射率因子在高度上的变化梯度来检测是否存在亮带，并据此将降雨分成对流和层状的。另外，根据雷达反射率因子在 Ku、Ka 两个频段上的差别大小，还可以区分不同相态(固态、液态)的降水，确定是降雨或降雪。

星载降水雷达 2 级产品处理的第二步是进行降水衰减的订正(也要考虑云水、水汽和氧气的衰减影响)，获得不受衰减影响的雷达反射率因子的垂直廓线。单频衰减校正方法是根据衰减系数与降水强度间像反射率因子与降水强度间一样也存在幂律关系，假设衰减系数和反射率因子之间的关系如式(7.72)，这样在不同的约束条件下，就可以向前或向后依次得到其他距离门的经过衰减校正的等效反射率因子。对于双频衰减校正，由式(7.109)可以发现不同波长的等效雷达发射率因子的比值只与中体积直径 D_0 相关，所以在地面处 PIA 的约束下就可以使用式(7.114)从低到高依次推导出整条廓线上的滴谱分布参数 D_0 和 N_0。

可见，双频星载降水雷达的 2 级降水产品不仅包括与第一代星载降水雷达系统 TRMM PR 一样的降水强度，还有双频观测反演得到的截断参数、中体积直径等降水滴谱分布的参数。所以，需要对这些空间三维分布的降水产品全都进行地面的真实性检验。此外，无论是单频反演方法还是双频反演方法在推导降水产品的过程中对很多物理参数做了假设，地面验证试验同样需要检验算法的这些物理基础。表 7.2 总结了需要进行检验的星载降水雷达的相关产品。

表 7.2　需要检验的星载降水雷达产品特性

产品		分辨率	反演方法/物理基础	误差源
定性	降水类型	5 km 水平分辨率	亮带检测，外表融化的冰晶反射率比冰晶和水滴大	地面杂波的影响，定标精度，距离分辨率的影响
	降水相态		固态和液态降水在两个频段的反射率因子差不一致	雨和雪的滴谱分布模型，定标精度
过程	Z_e	水平分辨率 5 km，垂直分辨率 250 m	衰减系数和反射率因子间存在幂律关系	滴谱分布模型推导的幂律关系参数，定标精度，PIA 估计误差
	D_0、N_0		不同波长的等效雷达发射率因子的比值是 D_0 的函数	滴谱模型，定标精度，PIA 估计误差

续表

产品	分辨率	反演方法/物理基础	误差源
降水强度	水平分辨率5 km，垂直分辨率250 m，精度：40%(单频)、20%(双频)	单频：Z–I关系 双频：降水强度与滴谱分布关系	单频：Z–I关系(特别是小雨) 滴谱模型(随降水类型、时空、降水强度变化) 累积误差

7.5.2　验证设备的要求

地面的雨量计能够直接测量降水强度，但是无法获得降雨的滴谱分布信息。雨滴测量器(雨滴谱仪)特别是二维视频雨滴测量器可以直接、准确地测量降水粒子的数密度、形状(包括粒径)、下落速度等滴谱参数，由此可以计算很多其他降雨参数，如雷达反射率因子、降水强度等。但是它只能布置在地面上对非常有限的地表区域(0.1 m×0.1 m)进行观测。

由于星载降水雷达能够测量降水的垂直廓线结构，因此，不仅需要验证到达地表的降水信息，还需要对降水的整条垂直廓线做验证。所以，除了雨量计等传统的地表降水测量设备外，同样能够测量降水垂直空间分布的地基雷达对降水产品的真实性检验而言是必不可少的。

地面的传统扫描天气雷达能获得降水的反射率因子的空间分布，并通过反射率因子与降水强度间的经验关系转换成降水强度的估计，所以单部雷达就能获得星载降水雷达整个刈幅内连续的降水估计。但是，由于降水强度是由反射率因子推导的，在反演过程中有多个误差源，包括降水滴谱分布的空间变化、雷达硬件的定标、波束的部分充塞、短波长时降水的衰减、使用不恰当的Z–I关系等。另外，传统的业务天气雷达定标通常比较困难，也难以区分不同相态的水汽凝结物。

研究已经表明，双极化(即双偏振，dual-polarization)雷达技术相比传统的仅提供一个反射率测量的雷达技术可以获得更高精度的瞬时雨强的估计(Ryzhkov and Zrnic，1996)。双极化雷达发射在水平和垂直方向极化的脉冲，除了测量各自的同极化回波反射率、不同极化间的差分反射率，还能测量水平和垂直极化回波的相位，并通过与降水粒子外形相关的模型推导得到粒子类型、滴谱分布参数、降水强度等估计。不同相态的降水粒子外形有明显差异，即便同时下落的水滴其外形也与水滴大小有关。这些不同相态、不同大小的降水会导致不同极化的回波有明显的差异。所以，双极化雷达可以较为准确地区分不同相态(固态、液态、混合态)、不同类型(层状/对流、大雨/小雨)的降水，比如国外成熟的双极化雷达可以辨别出十几种不同的回波类型(Park et al.，2009)。

差分反射率Z_{DR}表示测量的水平和垂直极化雷达反射率因子的比，在只有雨的情况下它提供了雷达体积内的滴谱分布信息，其原理类似于双频算法反演滴谱分布参数的过程。对降雨而言，随着雨滴的增大雨滴的外形会愈发变扁，差分反射率也就越大。因而，差分反射率为雨强和微物理参数反演添加了重要的约束。

由于穿过包含扁平雨滴区域的水平极化波速度比垂直极化波的速度慢，这就导致水平极化回波的相位逐渐落后于垂直极化回波的相位，所以水平和垂直极化回波信号的相位差(差分相位)能够用来指示是否有扁平雨滴。另外，当降雨中出现冰雹时，它就会占据反射率因子的主要部分并导致其拥有很大的值，这一点用 Z–I 关系很难去解释。但是由于冰雹是翻滚着下落的，它对差分相位随距离变化的比值(即特定差分相移 K_{DP})没有贡献。因此，在混合相态降水情况下反射率和差分反射率方法都不可用时，特定差分相移和反射率相比与降水强度有着更好的线性相关性。

同极化相关系数描述了回波中水平和垂直极化反射率因子时间序列的相关性。在 Rayleigh 散射条件下，雨滴通常有着相似的形状，同时还表现出很高程度的一致取向性，所以此时雨滴间的相关性很强。可以用相关系数的值估计滴谱分布的宽度和雨滴翻转的角度。线性去极化率也是极化雷达可以提供的参数之一，它等于交叉极化与同极化回波的比。当湿冰晶下落时，如果其轴倾向于水平方向，它的交叉极化回波就很强。故线性去极化率是湿冰极好的指示，同时它也可以用来指示是否有亮带出现。

总之，双极化技术为降水提供了附加信息。这些额外的参数可以用来改进降水强度的估计。极化测量也避免了传统雷达使用反射率相关的方法估计降雨带来的很多问题，特别是信号的相位信息与衰减无关，这对检查硬件定标有利。表 7.3 总结了双极化雷达测量的变量的主要应用和优势。

表 7.3　双极化雷达测量参数的应用和优势

应用 \ 参数和优势		反射率因子	差分反射率	差分相移	相关系数	去极化率	优势
降水分类	降水相态	√	√	√	√	√	与目标外形等特征直接相关
	亮带检测		√		√	√	
	地海杂波		√	√	√	√	
	生物散射		√	√			
降水反演	滴谱参数		√		√		无定标、衰减和波束充塞问题
	降水强度	√	√	√			

根据式(7.55)，降水强度的大小除了与滴谱分布有关，还与水滴的下落末速度有关。垂直向上指向的 Doppler 雷达能遥感得到高处的反射率因子和水汽凝结体垂直速度谱，从而得到滴谱的垂直分布信息。根据静止空气中特定大小的雨滴下落速度一定的准则，可以将每个速度间隔内测量的功率值转换为特定大小雨滴的数目。因此，廓线雷达能提供降雨参数的连续垂直廓线，如雨滴中值直径，从而为雨量计的细微的采样体积与扫描雷达和卫星仪器的巨大的采样体积之间架起一座桥梁。

但是，滴谱廓线反演也存在一些困难。由廓线雷达的观测来反演滴谱分布的过程中最大的两个未知量就是空气垂直运动和雷达脉冲体积内的湍流与风切变大小。测量的 Doppler 速度是雨滴下落末速度与作用到雨滴上的空气运动的和。由于下降气流会使得 Doppler 谱向更大的雨滴方向偏而上升气流正好相反，所以未知的空气运动会导致反演的滴谱分布出现误差。雷达脉冲体积内湍流和风切变的影响会使得与某一大小的雨滴相关的功率扩展到多个速度区间上。相比没有湍流和空气不动的情况，Doppler 速度要宽。因此，需要垂直廓线雷达来解决这些问题。

7.5.3　验 证 方 法

开展星载降水雷达产品地面验证的方法主要有两种：一是通过与来自地面业务天气雷达和常规降水测量设备的国家业务网络的类似测量产品进行直接统计验证；二是通过外场试验对降水物理过程进行观测的物理验证。

国家业务网络验证的目标是确认星载降水雷达观测的雷达反射率和降水与地基国家业务网络的类似观测之间的差异，即定量评估星载降水反演的误差。这种比较的最终目标是理解和解决不同气象/水文区域在大尺度上降水反演的一阶变化和偏差。国家业务网络的验证由两个部分组成：第一部分进行星载降水雷达反射率的直接统计检验；第二部分对降水强度的概率分布、地面累积降水量等进行比较统计。为了便于比较，需要将地面业务天气雷达和星载降水雷达的产品重新重采样到均匀的笛卡儿网格上(Bolen and Chandrasekar，2003)。网格以地基雷达的位置为中心，其水平和垂直尺度与相应的雷达可用数据范围相匹配。应选取业务网络中质量控制较好的观测设备进行统计比较，特别是经过双极化升级的地面天气雷达。经过升级改造的天气雷达间可以获得内在一致的反射率定标，生成更好的降水强度估计。降水分布和降水量的验证主要依赖于国家业务网络业务产品包中生成的高分辨率、质量控制的降水产品。

地面验证的另一个主要活动就是外场试验。外场试验活动是在局部和区域尺度上对云微物理特性、降水、雷达反射率和微波辐射开展地面和飞机测量，构建与大气模拟和反演算法相关的物理过程模型，分析星载降水雷达反演误差的来源，从而为改进卫星算法提出建议，并最终降低反演误差。外场试验既可以作为星载降水雷达发射前算法进一步发展的途径，也可以作为卫星在轨后产品验证的途径。由 TRMM 地面验证吸取的一条主要经验是降水反演算法的误差不是不变的，而是与天气类型有很强的相关性(Amitai et al.，2006)。因此，地面验证测量需要针对所选的天气类型，特别是那些在卫星观测的降水估计上有大的误差或不确定性的地区开展地面验证。外场试验需要使用比直接统计验证更多的仪器在短时间内开展更密集的测量。全球降水测量 GPM 项目曾规划过地面超级验证点的概念，利用多种仪器的密集观测来帮助评价和改进算法(Bidwell et al.，2004)。地面超级验证点的仪器组合包括车载的多频段极化雷达、地面业务天气雷达、以及可同时部署的地基辐射计、滴谱仪和雨量计等。这一仪器组合主要进行多参数雷达变量(除反射率之外)的三维测量、估计降水强度和降水量、分析降水发生的整个过程中(如从降水开始出现在云中到出现大降雨)的滴谱分布。

第 8 章　星载降水和云雷达资料的应用

星载降水和云雷达的任务是提供全球或区域尺度降水和云的垂直结构与微物理参数廓线，刻画云和降水的时空分布与变化特征，进而估算加热率和辐射通量，目的是检验当前天气和气候模式中云与降水的表达，改进有关云和降水微物理及与气溶胶及辐射相互作用的参数化，进一步改进模式的模拟和预报效果。

热带降雨测量卫星(TRMM)在轨工作 17 年(自 1997 年 12 月 1 日至 2015 年 4 月 15 日)，其主载荷降水雷达(PR)与微波辐射计(TMI)、可见/红外扫描仪(VIRS)及闪电成像仪(LIS)一起提供了远超设计寿命的多种产品资料。

全球降水测量 GPM 是由美国 NASA 和日本 JAXA 发起的一个国际卫星计划，GPM 核心观测台(GPM-CO)于 2014 年 2 月发射升空，携带了 Ka/Ku 波段双频降水雷达(dual-frequency precipitation radar, DPR)和 GPM 多波段(10～180 GHz)微波成像仪(GMI)。GPM-CO 位于高度 407 km、倾角 65°的非太阳同步轨道上，有利于进行降水日变化的测量，并在多星座时有多次交轨开展相互对比验证。DPR 和 GMI 的多波段主被动遥感降水反演使用了实际观测的降水云清单，提供的资料已超出设计寿命(3 年)，预计可以继续运行至 2030 年。

CloudSat 于 2006 年 4 月 28 号发射升空，设计预期寿命 3 年，但至今仍在轨正常工作(Stephens et al.，2018)。CloudSat 位于 NASA 的 A-Train 下午对地观测星座上，轨道高度 705 km，重访周期为 16 天。CloudSat 携带第一部 94 GHz 云廓线雷达 CPR，测量提供云等效反射率因子 Z_e 廓线。CPR 与 A-Train 星座其他传感器的融合，提供了云、降水、气溶胶和辐射多参量产品。

这些卫星微波主动遥感技术提供的资料，为许多方向的研究提供了前所未有的有利条件。因此相关的研究与应用工作多种多样，文献成千上万，难以全部收集、一一分析，这里根据我们的了解，对星载微波降水和云雷达资料在科学研究与业务应用方面的贡献尝试做一简要的综述。

需要说明的是，以下科学研究与应用方向的划分并不严格。一些研究与应用内容是多方向交叉的，将其划归某一方向，只是为了叙述方便；类似方向的工作主要以发表时间的前后顺序来介绍。此外，我们有意无意地多选择了一些中国学者的工作，一方面是因为我们了解得多一些；另一方面是使感兴趣的中文读者更方便与他们联系与交流。

8.1 云和降水物理研究中的贡献

8.1.1 降水特征与降水物理研究

1. 降水的气候特征

多年 TRMM 卫星观测资料的分析，可靠地显示出热带降水的时空分布特征以及与大尺度环流的关系，使我们更好地了解该地区的降水分布、频率和强度。

傅云飞等(2008)利用 10 年 TRMM PR 探测结果，分析亚洲对流和层状降水的频次、强度及降水垂直结构的季节性气候变化特征。结果表明，东亚地区春、秋、冬三季的平均降水雨强一般不超过 10 mm/d；夏季，沿孟加拉湾、中国西南、中国东部至日本的大片雨区中出现了大于 12 mm/d 强降水；亚洲陆面对流和层云降水强度均弱于洋面。降水频次的季尺度变化体现为：亚洲大部分地区对流降水频次小于 3%；而层云降水频次一般大于 3%，最高可超过 10%。降水频次的区域分布还表明，春季中南半岛至中国华南及南海南部对流活动多于同期的印度次大陆。对流和层云降水廓线的季节变化特征主要体现在降水云厚度的变化，并且两类降水平均廓线的季节变化随区域变化显著，如热带外地区较热带地区显著、陆面较同纬度洋面显著、孟加拉湾比南海显著。此外，降水结构的剖面分析还表明，对流降水存在 4 层结构，层状降水存在三层结构。Liu 和 Zipser(2009)利用 PR 估算降水量分析发现，暖云降水对于热带地区洋面降水贡献为 20%，陆面贡献为 7.5%。基于 PR 降水资料，Elsaesser(2010)采用聚类分析方法将热带对流划为浅对流、中等和深对流三种级别，并发现每种级别的对流对热带降水贡献为 20%～40%，尤其中等级别对流在印度和大西洋上明显增强，太平洋中部和西部浅对流单体相对增多，而深对流在西太平洋最为显著。利用 TRMM PR 16 年(1998～2013 年)的降水产品(2A25 和 3A25)，Lu 等(2016)研究夏季东亚季风区对流和层云降水的降雨率、降水面积比例和降水贡献比例的年际变化特征。总体看来，两种降水的降雨率气候平均模态较为接近，只是层云降水面积比例在夏季季风区高达 80%。两种降水类型这些参量的年际变化强度的空间分布都很一致，这表明降水的年际变化主要受东亚夏季季风(east Asian summer monsoon, EASM)影响。进一步研究揭示，对流层低层夏季季风的强度主要受层云/对流降水的降雨率和大气稳定度的年际变化影响，后者也进一步影响层云/对流降水的降水面积比例和降水贡献比例。

由于 TRMM PR 能够直接探测降水垂直结构，因此 PR 降水资料广泛应用于区域或全球对流系统的垂直结构特征研究。Liu 和 Zipser(2005)利用 PR 2 级降水产品 2A25 数据中的雷达反射率因子建立一个降水特征(precipitation feature, PF)参量，用于分析热带降水的深对流分布。PF 由 PR 测量的连续降水像元群组所确认。通过 5 年数据分析发现，热带对流系统中高度超过 14 km 的深对流约占 1.3%；深对流穿过对流顶高度的占 0.1%，并且陆面出现频率明显高于洋面，尤其在非洲中部。进一步结合 TRMM 12 年 PF 和 TMI 降水资料，Liu 等(2011)分析不同尺度和对流强度的降水系统对降雨量影响，结果表明，陆地降水系统的尺度和对流强度都明显高于洋面上的，大的降水系统(面积＞30 000 km^2)在副热带比热带地区产生更多降水量；季风区降水系统的尺度和对流强度具有较大季节变化；维持12小时以上长时间降水事件很少出现，尤其在陆地上，并且基本源自范围和对流强度都大的降水系统。同时，Liu(2014)用12年降水特征PF资料分析东太平洋地区大尺度环流对PR观测的浅对流和深对流影响，结果表明，对于不同程度的对流系统，两种对流都同时存在，也对应有多个环流单体，并且大尺度环流强度与对流强度基本对应。Liu(2019)使用16年PF数据库分析个别地区的ENSO现象对热带和亚热带降水系统的影响。总体看来，冬半年比夏半年的影响关系更为复杂。在厄尔尼诺年，太平洋中部、墨西哥湾和阿根廷降水量增加，伴随着更多降水事件、更多高强度的大降水系统，而澳大利亚只有很少降水事件，并且基本都是浅对流的小降水系统。

刘鹏等(2012)利用1998～2007年的TRMM PR探测数据分析热带及副热带地区对流降水和层云降水的气候特征。结果表明，对流降水主要分布在热带辐合带(ITCZ)、南太平洋辐合带(SPCZ)、亚洲季风区、南美至中美以及热带非洲等区域，其频次多介于1%～2%。总体上，热带及副热带85%以上区域四季对流降水频次小于1%，层云降水分布较广，其频次也相对较高，超过55%的区域的四季层云降水频次在1%以上，但两类降水的频次都体现出明显的地域性和季节变化特征。对流降水的降水强度主要介于6～14 mm/h，而绝大部分地区层云降水的降水强度在4 mm/h以下。对降水廓线的分析表明，层云降水平均“雨顶”高度多在9 km以下，而对流降水平均“雨顶”高度相对较高，可达14 km左右。两类降水的频次和强度都是洋面大于陆地，“雨顶”高度却相反，三者均存在显著的海陆差异。降水垂直结构的季节变化主要体现在“雨顶”高度的变化上，并且高纬度带的季节变化较低纬度带剧烈。此外，由于洋面下垫面较陆地稳定，故洋面两类降水的季节变化较陆地偏弱。此外，傅云飞等(2012)利用10年TRMM PR探测结果，对亚洲夏季对流和层云降水的雨顶高度分布、雨顶高度与地表降水强度的关系、雨顶高度日变化特征进行了研究。结果表明，青藏高原和中国东部平原70%以上对流降水的雨顶高度分布在8～12 km和5～10 km，其他地区分布在5～9 km；陆面对流降水雨顶平均高度高于洋面；洋面和陆面层云降水雨顶高度没有明显差异，多在5～8 km；夏季亚洲浅对流降水比例少，而深厚对流主要出现在中国东部平原、西南、印度次大陆西部至伊朗高原东部地区。夏季亚洲对流降水和层云降水的雨顶平均高度均随着地面平均降水率的增大而升高，两者遵从二次函数关系。对流降水及层云降水频次、强度和雨顶高度的日变化峰值分析表明，陆面这些参量的日变化强于洋面，并且三者的日变化基本同步。

2. 热带气旋的降水特征

TRMM PR资料在监测和研究热带气旋中发挥了重要作用。多年降水资料有助于建立不同强度、发展阶段的热带气旋的降水分布和变化等主要特征参数，能有效地研究热带气旋内部和外部地区降水云结构差异，尤其是台风内部不同位置，如台风眼墙及其外部降雨带的云雨结构差异(Chen et al.，2006；Houze，2010)。Jiang和Zipser(2010)利用8年TRMM的降水特征参量PF研究台风季节热带气旋对洋面降水量影响，分析结果表明，六大洋面上热带气旋的降水贡献为3%～11%。此外，TRMM观测反演的降水和海表面温度 SST 相结合常用于热带气旋产生机理的研究。

柴乾明等(2016)利用 TRMM 卫星和 CloudSat 卫星数据，对比分析 2013 年 5 个不同强度的热带气旋过程中气旋眼壁及周围螺旋云带的云宏微观结构特征、热力结构和降水特征。结果表明，发展成熟的气旋，冰相云主要分布在 5 km 以上的高度。冰粒子有效半径随高度增加而减小，冰水含量随高度整体呈现先增长后减小的趋势，冰粒子数浓度随高度增加而增加。热力结构及降水方面，在眼区上空，除了一个众所周知的暖心区外，在眼区外部附近也可能出现一个暖区，高度约 8～15 km。降水率水平分布表现为大范围的层云降水中夹杂着独立的对流性降水，垂直降水一般从地面延伸到 7.5 km，其大值区主要集中在 5 km 以下。在距离气旋中心较远的外围云系上层，也可能会有较多冰粒子存在，这主要是由于气旋眼壁云墙生成的冰粒子被带到外围对流云系后二次抬升所致。

赵震(2016)利用 Himawari-8 卫星、CloudSat 卫星和 GPM 卫星高分辨率资料研究了 2016 年台风“莫兰蒂”的发展演变过程，以及在海面上的 IMERG 算法获得的降水和台风眼区、外围雨带降水云系三维结构特征。结果表明，“莫兰蒂”台风在超强阶段有小而清晰的圆形台风眼，台风降水呈现非均匀、非对称结构，最强降水集中于台风中心附近。CloudSat 卫星发现云墙和螺旋云带由深厚对流云系统组成，云顶附近是卷云和高层云，4 km 高度上存在不连续亮带并且亮带以上云系发展旺盛。CloudSat 卫星和 GPM 卫星搭载的雷达均观测到台风云墙内存在高耸的对流“热塔”。GPM 卫星搭载的测雨雷达观测到“莫兰蒂”台风眼壁东北侧出现 295 mm/h 的最大降水强度，台风眼两侧的回波强度和潜热加热率垂直结构呈不对称分布。台风眼右侧云墙对流“热塔”内最大回波强度达 57 dBZ，最大回波顶高为 17 km，最大潜热加热率为 88 K/h，这里暖云降水过程占主导地位。

按照热带气旋强度分类的 6 个等级以及沿台风中心的径向距离，高洋和方翔(2018)利用 2012～2014 年 CloudSat 卫星数据，分析了西太平洋台风云系的垂直结构及其微物理特征。研究表明，①不同强度的台风云系中均是单层云占主导，多层云中双层云出现比例最高；随着台风强度的增强，距离台风中心 250 km 之内，单层云分布位置更加集中且垂直厚度较厚，而 450 km 之外的单层云一直集中在 7～15 km，厚度较薄；随着台风强度的增强，距离台风中心 250 km 之内的双层云中的底层云和顶层云均增厚且分布位置更加趋于集中，云间距变窄，而 450 km 之外顶层云和底层云较薄，云间距一直较大。②台风云系中，深对流云、高层云、卷云与其他云类型相比，分布的垂直范围较广，出现频率较高，分布的位置会随着台风强度变化和沿台风中心径向距离的增加有明显的变化。③随着台风强度的增强，近台风中心 5 km 以上的回波有明显增强，除此高值区外，发展较为成熟的台风，距台风中心 450 km 之外也会出现多个明显的柱状回波高值区。④近台风中心液水含量的值和冰水含量的值随强度变化均有明显增加，但外围云系中也有分散的冰水含量高值中心但分布高度相对较低，在 10 km 附近；液水粒子数浓度的高值区域与液水含量的高值区非常对应，而冰水含量的高值区位于冰粒子数浓度的高值区下方，表明小的冰粒子被较强的对流活动带到了高处，而大的冰粒子集中在云系较低处。

3. 降水潜热的研究

热带降水释放的潜热(latent heat, LH)是大气环流能量的重要来源,TRMM 卫星的一个主要任务就是测量估算热带降水 LH。Tao 等(1993;2016)基于 TRMM 卫星观测和云模式结合建立 TRMM 潜热廓线产品,利用 LH 数据库比较了热带地区不同方法估计的 LH 廓线差异。热带地区潜热垂直结构的认知比较有限,Hagos 等(2010)比较探空、再分析数据估算的 LH 廓线与 TRMM LH 产品差异,进而认识这些产品的可靠性及其问题。比较发现,LH 廓线结构主要差异出现在大气低层,并且峰值出现的高度和频数各有不同。

国内,利用 TRMM 卫星上测雨雷达 PR 和微波成像仪 TMI 的探测反演结果,并结合全球降水气候计划(GPCP)提供的地面降水率,傅云飞等(2010)对青藏高原降水和潜热的水平分布、垂直结构及其与周边的差异、高原降水日变化特点进行了研究。研究结果表明,夏季青藏高原降水主要集中在它的东南部,7 月和 8 月雅鲁藏布河谷及其以东的横断山脉地区降水显著,平均最大雨强达 7 mm/h(GPCP 结果);而 TRMM 测雨雷达(PR)探测结果显示,念青唐古拉山北侧存在一降水大值区,强度近 3 mm/h。结果还发现 GPCP 给出的地表降水率较 TRMM 测雨雷达探测结果高出一倍以上,如 GPCP 指示的高原西部的平均降水率小于 4 mm/h,而 TRMM PR 则指示了 2 mm/h 的平均降水率。TRMM PR 探测的统计结果分析表明,高原降水云“雨顶”(storm top)较周边地区高出 2～4 km,如同“塔”状分布。研究结果指出,因地表海拔高,TRMM PR 的降水类型分类方法不适用于青藏高原地区;根据降水廓线的特征,文中定义了青藏高原三种降水类型:深厚强对流、深厚降水和浅薄对流,并通过标准化廓线方法,指出了不同类型降水廓线之间的差异及其与周边地区降水廓线的差异。高原与周边及热带地区降水廓线的差异,主要表现在高原降水很少出现层云的特征(即亮带)。就高原与周边及热带地区深厚强对流降水平均廓线而言,它们之间的差别表现在平均廓线斜率不同。高原深厚强对流降水平均廓线斜率比同纬度 6.5 km 高度以上的中国中东部大陆和东海的斜率大,而比南海和热带洋面 6 km 高度以上的斜率小。因此,在大气中上层高度,高原深厚强对流降水所释放的潜热比同纬度地区(陆地和洋面)多,但要比低纬度地区小。高原夏季总潜热分布表明,1998 年和 1999 年 7 月份高原总潜热较 6 月和 8 月小;而 6 月和 8 月高原东部和东南部的总潜热量大,其最大值超过 300 W/m^2。潜热廓线表明夏季高原最大潜热位于 7 km 高度;此高度向下至近地面,潜热逐渐减小;7～10 km,潜热也迅速减小;10～16 km,潜热随高度升高再次缓慢减小;16 km 以上潜热向上增加。潜热廓线还表明,8 月份高原上整个气柱拥有最大潜热,而 7 月份整个气柱潜热最小。这种差异在高原东部和东南部表现尤为显著,高原河谷地区则没有显示出这种较大的差异。另外,高原西部,东部及河谷地区 6 月和 8 月的潜热廓线差异小,而东南部潜热廓线有明显的月份差异。高原上潜热廓线与周边地区潜热廓线的差异,主要表现在:非高原地区(陆面和洋面),潜热廓线在整个对流层中呈双峰型,分别出现在 3～4 km 和 8～9 km 高度(中国中东部大陆及暖池地区)、4～5 km 和 7～8 km(印度次大陆);而高原潜热廓线为单峰型,单峰位于近地面上空(6～7 km)。研究结果表明,夏季高原降水具有强烈的日变化,降水峰值出现在午后地方时 16 点左右,这些降水多以零散块状水平分布,而在垂直剖面上呈“馒头”状分布。

李锐等(2011)基于 TRMM 测雨雷达 PR 观测和相关的逐日海表温度 SST、6 小时间隔的再分析资料分析了 1998～2000 年 1～4 月期间 El Nino 事件对热带东太平(EP，East Pacific)洋降水垂直结构影响。分析表明，主要有 5 个参量主要影响 SST 和大尺度动力，这 5 个参量是：地面降雨率，降雨顶高度或温度，降雨率廓线低层、中层和顶层的降雨增长率。在 1997/1998 年的 El Nino 事件期间，EP 地区的降雨顶高度比非 El Nino 条件系下系统偏高 1 km，并且冻结层高度也增加 0.5 km。并且，对应的地面降雨率和降雨率廓线分布也有显著不同：降雨率廓线中层的降雨增长率相对加快，但是低层受 El Nino 影响而降低。此外，降雨顶高度与 SST 强度相关性在非 El Nino 条件下明显增强，而在 El Nino 时期明显减弱。这种降雨率廓线中部和明显的降雨率增长变化的综合效果会进一步影响潜热向上变化的转移，因此，降雨率垂直变化是反映潜热变化的一个重要因子，建立了降水率的垂直变化计算潜热释放率的原理。Li 等(2015)利用 WRF 模式模拟分析发现，暖雨云中云水含量(CWC)廓线与三个宏观云参量(云水路径总量、云底和云顶高度)紧密相关，因此提出一种估算 CWC 廓线的查找表反演方法，并用 WRF 模式模拟和 CloudSat 观测数据加以验证。验证结果表明，该方法能较好地反演出 CWC 垂直分布，并且适用于不同云系。该 CWC 反演结果可以与降水率廓线一起计算潜热释放率。李锐等(2017)详细比较了 NCEP 和 ERA40 再分析资料“残差诊断法”计算的大气非绝热加热数据，分析两种资料所反映的高原上大气非绝热加热的时空分布特点，重点比较了两者在高原南麓的差异，并结合 TRMM PR 降水和潜热资料分析了差异的可能原因。研究发现两种资料之间的差异在夏季最大：ERA40 在高原南麓高海拔地区所诊断的非绝热加热显著大于 NCEP。ERA40 大气强加热区域从高原南部山脚向北延伸，越过海拔 4 000 位势米直至高原主体的南部；而相应 NCEP 大气强加热区主要位于高原南麓低海拔地区，不超过海拔 4 000 位势米界限。上述差异不仅限于贴地层(地表感热的直接影响区域)，而在 400～500 hPa 大气层也很显著。同时发现，ERA40 所估计的夏季高原南麓降水显著大于 NCEP 和 TRMM PR 的观测，这种差异在时间、空间上都与非绝热加热的差异相吻合，这说明降水所释放的潜热是造成上述差异的主要原因。分析大气加热场和大气环流的经向垂直剖面发现，ERA40 在南麓高海拔地区所诊断的大气非绝热加热可向上延伸至对流层高层 300 hPa，而相应的 NCEP 大气非绝热加热主要集中在较低大气层，相应 ERA40 诊断的大气垂直上升速度明显强于 NCEP，200 hPa 的水平辐散也较强，高原南麓深对流降水及其潜热的不确定性是充分理解高原-大气相互作用的主要难点。在以往研究基础上，Li 等(2019)针对我国青藏高原地区，建立一个简化的物理和统计结合的潜热反演算法。该算法的物理基础就是降水率的垂直变化能够反映降雨形成的时间变化，而降雨形成过程与云的形成过程紧密相关，这都与潜热变化有直接关系。该新算法中，潜热变化利用一个线性函数来表示，其中固定的斜率和截距是通过 WRF 模式在青藏高原地区 3 个月模拟结果统计获得。和模式结果相比，反演算法能正确获取潜热水平和垂直变化主要特征。和其他两个在 GPM DPR 中广泛应用的潜热算法相比，在低纬度地区，该算法与这两个算法基本一致，只是在高地形处产生更多的对流性潜热和相对低的潜热中心。该算法的主要特色是针对类似青藏高原的高大地形地区，并且只需要输入降水率廓线就能容易获得潜热廓线。

4. 人类活动对降水影响

测雨雷达数据可以用来识别人类活动对环境影响造成的降水异常可能性。结合TRMM PR-TMI-VIRS同步观测资料，分析气溶胶(包括污染物)、土地使用改变与降雨的关系。研究表明，无论自然还是人为排放存在的气溶胶，在降水过程中发挥重要作用。有些研究表明，受污染的云垂直结构发展更快，会抑制降水形成，从而减少降水；也有研究认为，气溶胶能够增强降水云的对流，产生更多闪电和更强降水(Lin，2006；L'Ecuyer et al.，2009；Han and Shepherd，2009)。有研究认为，中国东海高浓度的硫化物气溶胶影响并导致生成那里云系中存在大量云水；也有研究表明工作日中期夏季降水量明显高于周末，这可能与区域气溶胶和人类污染物排放有关系(Berg，2006；2008)。此外，利用PR降水资料还发现大暴雨事件出现概率通常在工作日中间的下午和傍晚会明显增高(Bell et al.，2008；2009)。砍伐树木对于降水也有显著影响，如TRMM卫星观测结果就曾用于定量化评估非洲和巴西地区大量树木砍伐对局地降水的影响，也为政府部门提供管理依据。

邵慧等(2017)利用14年TRMM PR观测资料，研究了合肥地区夏季(6月、7月、8月)不同类型降水的降水强度和频次的水平空间分布、降水垂直结构、日变化特征以及气候变化等特征，揭示了城市化效应造成城市及其周边区域降水特征在时空上的分布差异。研究结果表明：

(1)主城区对流和层云降水强度低于周边区域，对流降水频次也低于周边区域，但层云降水频次则相反。可见城市化发展是改变降水的空间分布的因素之一，且对不同的降水类型空间分布影响不同。

(2)主城区降水回波信号高度高于周边区域，而降水强度低于周边区域，表明城市效应促进降水云发展而未造成降水强度增强。

(3)合肥地区对流和层云降水的强度和频次日循环存在时空分布不均匀性，其中城区的对流降水强度和频次日循环与城市热岛效应日循环具有一致性。总体来看，城市化对局地降水强度影响较大，而对局地降水频次的总体影响不是很明显。

(4)通过降水气候变化分析表明，城区两种类型降水强度和频次均呈逐年下降趋势，周边区域降水强度呈不显著上升趋势，降水频次呈逐年下降趋势，其中层云降水频次下降趋势较显著。城市化进程使得城市及其周边区域降水不均匀性逐年增强。极端降水空间分布特征分析表明，城市周边区域强降水频次高于主城区，尤其在城市下风区高出主城区75%；而周边区域弱降水发生的频次低于主城区，城市下风区最低，低于主城区约18%。

5. 降水机理的研究

利用丰富的星载测雨和云雷达观测资料，开展了大量降水产生机理的研究。Schumacher和Houze(2003)研究了热带层状降雨的分布并将其与大尺度环流相联系；Petersen等(2002)研究了亚马孙区域对流系统的季节变率，将降水的垂直分布与大尺度系统联系起来；有人研究了喜马拉雅山区夏季风对流降水的三维结构及与天气过程的关系

(Houze et al.，2007)；Chen 等(2006)研究垂直风切变和风暴移动对热带气旋降水不对称的影响。

青藏高原上空的云及其相关联的降水和辐射影响了高原上空非绝热加热的空间结构。刘屹岷等(2018)回顾了 2006 年发射的 CloudSat/CALIPSO 卫星提供的云垂直结构信息在青藏高原上云宏观和微观结构特征的研究、云与降水相关性、云辐射效应以及模式中的云-辐射问题方面的研究，指出抬升的青藏高原上水汽较少，限制了高原上云的垂直高度，对云层厚度和层数有显著压缩作用。在云量及其季节变化上，单层云的相对贡献大于亚洲季风区的其他区域；夏季对流云比较浅薄，积云发生频率最高，云内滴谱较宽；降水云以积云和卷云为主，云对总降水的贡献随着云层数增多而减小，降水增强时高层冰粒子的密集度趋于紧密；夏季青藏高原地区云的净辐射效应在 8 km 高度存在一个厚度仅 1 km 左右但较强的辐射冷却层，而在其下(4～7 km 高度之间)为强的辐射加热层。

在 CloudSat 云雷达工作的 W 波段(3.2 mm)上，融化雪花的地基观测没有显示出一个反射率峰值，而这是更长波长(以瑞利散射为主)所观测的亮带特征。然而，检查 CloudSat 下视观测的降水回波中，在融化层经常看到一个显著的信号峰值。Sassen 等(2007)通过融化层微物理和散射模式的模拟，证明了 CPR 下视特征与地基激光雷达观测的亮带相似，由于强的衰减出现这一峰值。在激光雷达上视情况下，强衰减来自大的低数浓度的雪花；而对 94 GHz 的 CPR，是由于水粒子与冰的折射率差异的影响。94 GHz 雷达暗带使得亮带突显出来，是雪花衰减造成的。为了比较，激光雷达上视的亮和暗带也建立了模型，暗带通过含冰雨滴的光散射效率减小来模拟。Wang 等(2013)使用 4 年(2006 年 6 月至 2010 年 6 月)AMSR-E 和 TRMM PR 的联合资料，分析了降雪云中的液态水含量，结果显示，约 72%的降雪云(地面温度低于 2°C)存在液态水，其平均液态柱水量(liquid water path, LWP)为 74 g/m^2，水平范围大的云中液水含量比孤立降雪云中的约高 1 倍；随着地面温度的降低，降雪云出现液水的可能性减小；近地 CPR 回波在−10～0 dBZ 时(对应降雪 0.02～0.25 mm/h)出现较大的 LWP 值，而不是在较大降雪时。

GPM 双频降水雷达能够探测反演全球降雪。Adhikari 等(2018)使用 3 年 GPM Ku 波段降水雷达(KuPR)资料和 ERA-interim 再分析资料，给出了降雪系统的全球分布与特征，比较分析了南北半球陆地和海上降雪特征(snow features, SFs)的季节和日变化。以 KuPR 和 CloudSat CPR 联合估计为参考比较，CPR 在强降雪时仅低估 3%，而 KuPR 低估了 52%的弱降雪。仅有很小的比例(0.35%)SFs 的面积大于 1 万 km^2，反射率大于 30 dBZ 的比例 5.1%，回波顶高大于 5 km 占 1.6%。北半球降雪比南半球的有更强的日和季节变化，海上的 SFs 比陆地的弱。

此外，Kikuchi 和 Suzuki(2019)研究了降水云中的垂直粒子分布，揭示深对流廓线如何系统性地响应云顶的浮力以及降水的变化。基于 TRMM PR 和 VIRS 的研究基础，从 CloudSat 和 CALIPSO 的观测确定的云和降水高度来定义雷暴类型，扩展至全球范围，而先前的研究仅局限于热带地区。他们采用水成物类型分类算法来解译雷暴中热力学相态和粒子形状的构成。发现在全球尺度降水系统在它们的代表性微物理结构方面有显著的差异。对于水成物结构垂直分层的情况，基于温度的统计量可以转化到高度上。如预期的那样，低云和降水高度小于 4 km 的浅暖类型主要含有小的液态云和降水粒子；而冷的类型(称着浅冷和中高度冷)有不同的粒子类型，包括在近云顶处的 3D-冰和其下经常出现 2D-板状粒子，以及在低层有固态和/或液态降水。2D 板状的存在可以区分冷的类型与中层暖和深对流，后两种类型比冷类型具有较简单的粒子结构。尽管中层暖和深对流之间有共同的特征，但深对流常含有雪粒子，而中层暖云仅由 3D 冰和雨组成。根据降水云内核微物理结构可以分为 5 种雷暴类型，需要卫星、地基和飞机观测的进一步验证。在不同生命期情形下深对流垂直微物理结构的变率得到了研究，而生命期从云顶浮力条件推得，发现从发展到消散阶段从非降水到降水情形有系统性地变化。还发现在不同情形之间的变化同时存在跳跃，显示在系统中降水形成过程中冰粒子非线性加速生成的观测事实。

他们研究的一个创新点是组合了多源卫星观测(即：云雷达、激光雷达、多光谱成像和微波辐射计)，对雷达反射率廓线组合提供了基于微物理的解译，并放进由浮力条件表达的动力学考察中。通过这种协作的多传感器分析，提供了雷暴系统生命周期研究的新视角，对于评估数值云分辨/气候模式中的对流过程很有用。

8.1.2　云特征与云物理研究

云是天气与气候变化的重要影响因子，准确估量云顶高度和云量对分析云特性、降水及强天气预报、估算云辐射强迫等都具有重要意义。

1. 云的分类

CloudSat 上 CPR 测量的一个最大优点是能够从有效反射率因子 Z_e 反演定量的云参数，这基于 Z_e 与不同微物理参数之间经验关系的算式，例如 Z_e 与冰水含量 IWC。然而，由于大气中微物理条件的差异，这些算式在合适条件下才能适用。也就是说，首先需要识别目标，然后再选择恰当的算式。例如，虽然卷云、高层云和积雨云上部都是冰相粒子为主，但不能对它们施用同一种算式反演 IWC，因为这些云含有不同类型和大小的冰粒子。对云进行分类是施用云微物理反演算式的第一步，对于云气候学研究也是一项重要的任务。全球尺度上云类频数的认识提高并与 GCM 结果比较，能够导致天气和气候预报的改进。此外，气候变化也能影响云类的频率和特性，所以具有监测全球云分布的能力很重要。

Sassen 和 Wang(2008)使用 CloudSat CPR 测得的云和降水廓线，发展了一个云分类算式。因为云类型对应特殊的云物理特性，所以要应用其他算式导出定量的一些云参数和辐射资料。云分类算式应用于一年的 CPR 资料，得到了全球不同类型云的分布，初步结果与之前的比较一致，但一些差异反映出 CloudSat 测量的局限性。他们介绍了 1 年(2006 年 6 月 15 日至 2007 年 6 月 15 日)CloudSat 的观测结果。全球 2.5°×2.5°平均的不同云类的云量分布显示，总云量在南北中纬度风暴轴上是高值，在南半球达 80%以上；云量的海陆差异显著；高云量出现率在 ITCZ 上空最高，这与深对流云有强相关；在中纬度，高云的分布不均匀，这是不同季节性卷云生成机制(包括深对流、天气系统急流和地形抬升)的组合结果；中层云(As 和 Ac)在极区 30°广泛地分布，As 的分布清晰地与风暴轴相联系，而 Ac 与深对流云相联系；全球 Sc 和 St 在海洋上有高出现率，它们在 30°S 和 30°N 区域主要出现在中北美的西海岸、南美和西非，向极区 30°它们更均匀地分布在海上；两类主要降水云(Ns 和深对流)分布显示 Ns 主要在中纬度和极地风暴轴区域，而深对流云出现在热带并向中纬度伸展，更多的浅对流云广泛地分布。

陆地和海洋以多种方式影响云的形成与维持，例如水汽与云凝结核的供给、地表温度和地形。Sassen 和 Wang(2008)从 1 年 CloudSat 云分类资料的纬向平均分布考察海陆云分布的差异，特别是 Sc 和 St 在陆地上比海洋上少～10%(表 8.1)；Ac、Cu 和深对流云也有显著的海陆差异；然而，由风暴轴生成的 As 和 Ns 在海陆上空相当接近。

表 8.1　CloudSat 1 年全球陆地和海洋上云类频数纬向均值，并与地面观测员报告年均以及 ISCCP 1986～1993 年年均的比较

云类	CloudSat		地面		ISCCP	
	陆地	海洋	陆地	海洋	陆地	海洋
高云	9.6	10.9	23.1	14.0	19.3	15.6
As	12.7	12.0	4.8	6.5	8.7	9.7
Ac	6.8	6.7	17.2	17.1	8.6	10.2
St + Sc	13.5	22.5	18.9	39.4	10.7	18.3
Cu	1.7	1.7	4.2	9.8	7.7	12.7
Ns	8.6	8.3	6.3	7.9	3.2	3.0
Deep	1.8	1.9	3.2	5.3	2.5	2.4

注：取自 Sassen 和 Wang(2008)

与 CloudsSat 结果可比较的有两个云分类气候学资料集：一是基于地面观测员的报告；另一个是 ISCCP 卫星观测，全球平均值的比较列在表 8.1 中。可见，除了 Cu 云型外，CloudSat 结果至少与一种资料集的相吻合，尤其是与 ISCCP 的。要注意到，表 8.1 给出的 CloudSat 仅为 CPR 一年的资料结果，没有考虑年际天气变率。三种资料各有其缺陷，还没有一种可以作为验证的“真值”。在云统计量中的差异的一些原因可以得到解释。因为 CPR 地面回波污染了地表之上 3～4 个距离库，CloudSat 资料中的小(晴天)积云 Cu 可能要偏少。另一个影响 Cu、Ac 和光学薄卷云的因子是 CPR 的灵敏度，许多暖 Cu 和冷卷云中缺乏足够大小和多的水成物，所以不能被毫米波云雷达探测出来，这是所有云雷达都有的局限性。此外，CPR 探测不到 Ac 除非有降水冰晶粒子。在将 CloudSat 资料应用于天气和气候模式研究时，必须清楚这些问题。

热带卷云，尤其是对流层顶过渡层(tropopause transitional layer, TTL)卷云的成因及其辐射效应还不清楚，即使深对流云顶的云砧在卷出层(detrainment layer)是否产生卷云也有争议。造成研究结论的不同是因为先前的外场观测地点少、时间短。Sassen 等(2009)使用两年 CloudSat 和 CALIPSO 的云雷达与激光雷达组合资料，研究了热带卷云和深对流云的出现特征。云识别算式利用了微波雷达探测深对流云的能力以及激光雷达探测薄的(几乎不可见)卷云。这些热带云的出现频数、地理分布及其表观联系的分析表明，主要在陆地热带卷云有明显的日变率，即晚上比白天探测到明显多的卷云，但深对流云没有清

上有 2 个高值区，最大值均达到 80 μm 以上。在 1 km 以下的边界层，水云有效半径值较大，达到 12 μm 以上。总云光学厚 COD 在全球大部分地区小于 40，高值区普遍位于中高纬度的广阔地区和低纬度靠近大陆的洋面上空；垂直方向上，COD 的高值集中在 2 km 以下的边界层；COD 的分布受云量、云水含量和云滴有效半径的影响，云量大的地区基本对应云光学厚度大值区。

为了分析比较东亚地区(15°～60°N，70°～150°E)云微物理量分布特征，张华等(2015)将这一地区划分为北方、南方、西北、青藏高原地区和东部海域五个子区域。他们利用 2007～2010 年整四年的 CloudSat 卫星资料，对东亚地区云的微物理量(包括冰/液态水含量、冰/液态水路径、云滴数浓度和有效半径等)的分布特征和季节变化进行了分析。结果显示，东亚地区冰水路径 IWP 的范围基本在 700 g/m^2 以下，高值区分布在北纬 40°以南，在南方地区夏季平均值最大，为 394.3 g/m^2，而在西北地区冬季的平均值最小，为 78.5 g/m^2；液态水路径 LWP 的范围在 600 g/m^2 以下，冬季在东部海域的值最大，达到 300.8 g/m^2，夏季最大值为 281.5 g/m^2，出现在南方地区上空。冰水含量 IWC 的最高值为 170 mg/m^3，发生在 8 km 附近，南方地区夏季值最大，青藏高原地区的季节差异最大；而液态水含量 LWC 在东亚地区的范围小于 360 mg/m^3，垂直廓线从 10 km 向下基本呈逐渐增大的趋势，峰值位于地面之上 1～2 km 的高度上。冰云云滴数浓度在东亚地区的范围在 150 L^{-1} 以下，水云云滴数浓度的值小于 80 cm^{-3}，垂直廓线的峰值均在夏季最大。冰云有效半径在东亚地区的最大值为 90 μm，出现在 5 km 高度上下；水云有效半径在东亚地区的值分布在 10 km 以下，最大值为 10～12 μm，基本位于 1～2 km 高度上。从概率分布函数来看，东亚地区冰/水云云滴数浓度的分布呈现明显的双峰型，其他量基本为单峰型。这些结果可以作为全球和区域气候模式在东亚地区对以上云微物理量的模拟验证的参考。

云的垂直结构和多云层重叠直接影响大气辐射收支及加热/冷却率分布，是模式中难以描述和参数化的问题。彭杰等(2013)将东亚地区划分为六个研究区域，利用 CloudSat 和 CALIPSO 2007～2009 年 3 年的观测资料，研究了不同云类的垂直分布统计特征。分析结果表明，东亚地区不同高度的云量之和具有明显的季节变化趋势，夏季最大，春秋次之，冬季最小；东亚海洋上空的单层云量最大值出现在冬季，而在陆地上空出现在夏季；在春、夏、秋、冬四个季节，东亚地区单层云出现的概率依次为 52.2%、48.1%、49.2% 和 51.9%，而多层(2 层和 2 层以上)云出现概率分别为 24.2%、31.0%、19.7%，15.8%；云出现的总概率和多层云出现的概率，在六个区域都呈现出夏季最大，冬季最小，在 4 个季节中都是东亚南部比北部大，海洋上空比陆地上的大，即云出现的总概率的季节变化主要由多层云的变化决定。东亚地区云系统中最高层云云顶的高度，在夏季最高，为 15.9 km，在冬季最低，为 8.2 km；在东亚南部和海洋上空较高，平均为 15.1 km；在东亚北部较低，平均为 12.1 km。东亚地区的云层厚度基本位于 1 km 到 3 km 之间，夏季较大，冬季小；对同一季节，不同区域的云层厚度差别较小；当多层云系统中的云层数目增加时，云层的平均厚度减小，较高层的云层平均厚度大于较低层的。云层间距的概率分布基本呈单峰分布，出现峰值范围的云层间距在 1 km 到 3 km 之间，各区域之间无明显差别，季节变化不明显。

暴轴相联系，而 Ac 与深对流云相联系；全球 Sc 和 St 在海洋上有高出现率，它们在 30°S 和 30°N 区域主要出现在中北美的西海岸、南美和西非，向极区 30°它们更均匀地分布在海上；两类主要降水云(Ns 和深对流)分布显示 Ns 主要在中纬度和极地风暴轴区域，而深对流云出现在热带并向中纬度伸展，更多的浅对流云广泛地分布。

陆地和海洋以多种方式影响云的形成与维持，例如水汽与云凝结核的供给、地表温度和地形。Sassen 和 Wang(2008)从 1 年 CloudSat 云分类资料的纬向平均分布考察海陆云分布的差异，特别是 Sc 和 St 在陆地上比海洋上少～10%(表 8.1)；Ac、Cu 和深对流云也有显著的海陆差异；然而，由风暴轴生成的 As 和 Ns 在海陆上空相当接近。

表 8.1　CloudSat 1 年全球陆地和海洋上云类频数纬向均值，并与地面观测员报告年均以及 ISCCP 1986～1993 年年均的比较

云类	CloudSat		地面		ISCCP	
	陆地	海洋	陆地	海洋	陆地	海洋
高云	9.6	10.9	23.1	14.0	19.3	15.6
As	12.7	12.0	4.8	6.5	8.7	9.7
Ac	6.8	6.7	17.2	17.1	8.6	10.2
St + Sc	13.5	22.5	18.9	39.4	10.7	18.3
Cu	1.7	1.7	4.2	9.8	7.7	12.7
Ns	8.6	8.3	6.3	7.9	3.2	3.0
Deep	1.8	1.9	3.2	5.3	2.5	2.4

注：取自 Sassen 和 Wang(2008)

与 CloudsSat 结果可比较的有两个云分类气候学资料集：一是基于地面观测员的报告；另一个是 ISCCP 卫星观测，全球平均值的比较列在表 8.1 中。可见，除了 Cu 云型外，CloudSat 结果至少与一种资料集的相吻合，尤其是与 ISCCP 的。要注意到，表 8.1 给出的 CloudSat 仅为 CPR 一年的资料结果，没有考虑年际天气变率。三种资料各有其缺陷，还没有一种可以作为验证的“真值”。在云统计量中的差异的一些原因可以得到解释。因为 CPR 地面回波污染了地表之上 3～4 个距离库，CloudSat 资料中的小(晴天)积云 Cu 可能要偏少。另一个影响 Cu、Ac 和光学薄卷云的因子是 CPR 的灵敏度，许多暖 Cu 和冷卷云中缺乏足够大小和多的水成物，所以不能被毫米波云雷达探测出来，这是所有云雷达都有的局限性。此外，CPR 探测不到 Ac 除非有降水冰晶粒子。在将 CloudSat 资料应用于天气和气候模式研究时，必须清楚这些问题。

热带卷云，尤其是对流层顶过渡层(tropopause transitional layer, TTL)卷云的成因及其辐射效应还不清楚，即使深对流云顶的云砧在卷出层(detrainment layer)是否产生卷云也有争议。造成研究结论的不同是因为先前的外场观测地点少、时间短。Sassen 等(2009)使用两年 CloudSat 和 CALIPSO 的云雷达与激光雷达组合资料，研究了热带卷云和深对流云的出现特征。云识别算式利用了微波雷达探测深对流云的能力以及激光雷达探测薄的(几乎不可见)卷云。这些热带云的出现频数、地理分布及其表观联系的分析表明，主要在陆地热带卷云有明显的日变率，即晚上比白天探测到明显多的卷云，但深对流云没有清晰的日变化型式。从全球可见光云光学厚度 COD 大小分类结果来看，在热带大部分几乎不可见的(COD<～0.03)卷云更多地出现在晚上和海洋上；薄的(～0.03<COD<～0.3)卷云在赤道陆地和西太平洋上空有最高的发生率，也是在晚上陆地上空较多；厚的不透明(～0.3<COD<～3.0)卷云分布广、在海上白天出现率高一点。虽然不知道在热带哪几种卷云形成机制是关键的，但卷云与对流云的密切联系说明热带卷云与深对流活动有关，但 TTL 的卷云例外。

Kikuchi 等(2017)发展了 CloudSat 和 CALIPSO 联合云和降水粒子类型检测方案，对全球几类水成物三维出现概率进行了统计，结果显示，三维冰晶云出现频数最高，占 53.8%；其次是过冷水云(14.3%)、二维板状冰晶云(9.2%)、降雨(5.9%)、暖云(5.7%)、降雪(4.8%)、混合相态细雨(2.3%)及其他类型(4.0%)。这一水成物类型分类遥感结果，对气候模式诊断云相态和微物理特征描述有直接的帮助。

2. 云的宏微观分布特征

Luo 等(2009)使用 2006 年 7 月～2007 年 8 月两种 CloudSat 标准产品(GEOPROF 和 GEOPROF-lidar)，刻画了中国东部和印度季风区上空水成物(云)的出现频数、垂直位置及其雷达反射率因子(dBZ)的季节变化。14 个月平均水成物出现率分别为 80%(中国东部)和 70%(印度区)，其中多层水成物(大多是 2 层或 3 层)的贡献是 37%和 47%。在印度区，从冬季到夏季多层水成物量的显著增加造成总水成物一个明显的季节变化。在中国东部，单层和多层水成物季节变化的近似反相位使得总水成物无明显的季节变化。虽然如 CloudSat/CALIPSO 产品所证实的那样，被动传感器卫星产品能提供水成物出现频数(hydrometeor occurrence frequency，HOF)，但它一般低估了 HOF。在两个区域夏季，都出现高层和厚的水成物层数量的极大值，反映了亚洲季风的效应。在中国东部，从秋季到冬季低层云多而高层水成物少，反映了中高对流层总体上的下沉运动。在印度区域含小冰晶的卷云是最多的云类，而在中国东部水成物位置较低并在 dBZ 垂直分布上更为均匀。虽然印度区比中国东部有更深的对流和更多的云砧，但深对流和云砧的平均 dBZ 高度分布几乎相同。

宇路和傅云飞(2017)利用 2006～2010 年 6～8 月 CloudSat 卫星搭载的微波云廓线雷达 CPR 和 CALIPSO 卫星搭载的云-气溶胶偏振激光雷达 CALIOP 的探测资料，分析了全球云顶高度及云量的空间分布特征。结果表明，热带地区微波雷达探测云顶高度平均比激光雷达低约 4 km，但均超过 12 km；副热带洋面云顶高度在 4 km 以下，且两部雷达探测的云顶高度差异存在地域性。微波雷达对薄云、云砧及云顶高度低于 2.5 km 的低云存在漏判，对厚云的云顶高度偏低估；微波雷达探测的全球总云量均值为 51.1%，比激光雷达少 23.3%；两者给出的云量分布也存在显著的海-陆差异，其中洋面云量差异更大，如微波雷达测出局部洋面云量为 80%，而激光雷达的探测结果却超过 90%。由于激光雷达发射波长短，对云顶微小粒子比较敏感，而微波雷达波长较长，对相对较小粒子的探测存在局限性。因此，激光雷达对云顶高度的探测优于微波雷达。此结果不仅加强了对激光雷达和微波雷达探测原理的认识，而且进一步理解了云的气候特征。

郑建宇等(2018)利用搭载在 A-Train 卫星的 CloudSat 和 CALIPSO 上的 94 GHz 云廓

线雷达（CPR）以及正交极化云-气溶胶激光雷达（CALIOP）联合的 2 级云分类产品，分析了 2007 年 3 月～2010 年 2 月 8 种云类及三相态的云量地理分布、纬向垂直分布的季节变化特征以及云层分布概率。结果发现，卷云的分布体系与深对流云相似，主要集中在西太平洋暖池、全球各季风区及赤道辐合带，分布格局与气压带、风带季节性移动一致。层云与层积云主要分布在中低纬度非季风区以及中高纬度的洋面上。高积云与高层云的分布形成明显的海陆差异，雨层云与积云的分布形成明显的纬度差异。冰云分布与卷云相似，云高随纬度递增而递减；水云分布与层积云相似，平均分布于 2 km 高度；混合云集中于高纬度地区及赤道辐合带，中纬度地区随纬度变化集中于海拔 0～10 km 的弧形带。层状云多以多层云形式出现，积状云多以单、双层云的形式出现，层状云的云重叠现象比积状云更显著。积状和层状云的分布特征与积云和层云降水的分布特征基本一致，验证了不同类型降水的卫星观测结果，同时为气候模式的云量诊断方案提供对比验证的数据。

云的辐射强迫（直接气候效应）主要取决于不同云类的光学厚度、粒子有效半径和垂直结构。Huo 和 Lu（2014）使用 4 年 CloudSat-CALIPSO 的资料比较了中国北部陆地和海上高云的宏观和微观特性，包括出现的频数、大小、含水量和粒子尺寸。统计分析显示，无论是在陆地还是海上，卷云在夏季出现率为 33%，在冬季仅为 10%；大于 50%的卷云厚度在 0.25～1.5 km，大于 98%的冰粒子出现在高云中；温度与有效半径有线性的关系。平均卷云出现的频数、大小、含水量和粒子尺寸夏季要大于冬季，海上大于陆地；温度与有效半径的关系在陆地上更好。霍娟（2015）利用 Cloud Sat 和 CALIPSO 卫星云产品数据分析了 2007 年 1 月至 2010 年 12 月中国华北（陆地 A1）、日本海（近海 A2）和太平洋地区（远海 A3）的中云（高积云 Ac 和高层云 As）分布特征。3 个地区全年中云平均发生概率近 1/3，As 的发生概率高于 Ac。As 高度主要位于 4～8 km，Ac 则集中于高度 3.5～5.5 km 范围，中云垂直及水平尺度从陆地向深海逐步增加。位于对流层中部的中云其所处位置温度使冰晶和过冷水状态的液态水能够同时存在。统计结果表明 As 中冰态粒子含量占绝对多数，Ac 中液态和冰态各占比例彼此相当。As 与 Ac 中 IER（冰晶有效粒子半径）分布与高度均呈负相关关系，IER 谱分布主要范围为 35～80 μm。As 中 LER（液水有效粒子半径）与高度呈正相关特征，但 Ac 中这一特征明显减弱，Ac 及 As 中 LER 主要分布范围为 5～15 μm。As 及 Ac 中 IWC 及 LWC 谱分布比较分散，与高度之间的相关性也不明显。

杨冰韵等（2014）利用 2007 年 1 月～2010 年 12 月 CloudSat 卫星高垂直分辨率的 2B 数据产品，对云微物理特征量（包括云中液态水 / 冰水含量、液态水 / 冰水路径、云滴有效半径等）以及云光学厚度等的全球分布和季节变化进行了统计分析，并研究了云微物理性质与光学性质的关系。结果表明，冰水路径 IWP 主要分布在北美南部、南美大陆、非洲大陆、澳大利亚和南亚的陆地上空，以及太平洋、大西洋和印度洋的洋面空，高值区最大值达 600 g/m^2 以上；垂直方向高值区位于赤道地区 8 km 附近以及中纬度地区 4～8 km 高度上。液态水路径 LWP 在 300 g/m^2 以上的高值区，主要位于太平洋、印度洋和大西洋的中低纬度海域上，液态水含量随高度递减。冰云有效半径在高纬度地区近地面层达 200 μm 以上，在赤道附近 4～8 km 有 1 个高值区，南北半球中纬度地区 2～4 km

上有 2 个高值区，最大值均达到 80 μm 以上。在 1 km 以下的边界层，水云有效半径值较大，达到 12 μm 以上。总云光学厚 COD 在全球大部分地区小于 40，高值区普遍位于中高纬度的广阔地区和低纬度靠近大陆的洋面上空；垂直方向上，COD 的高值集中在 2 km 以下的边界层；COD 的分布受云量、云水含量和云滴有效半径的影响，云量大的地区基本对应云光学厚度大值区。

为了分析比较东亚地区（15°～60°N，70°～150°E）云微物理量分布特征，张华等（2015）将这一地区划分为北方、南方、西北、青藏高原地区和东部海域五个子区域。他们利用 2007～2010 年整四年的 CloudSat 卫星资料，对东亚地区云的微物理量（包括冰/液态水含量、冰/液态水路径、云滴数浓度和有效半径等）的分布特征和季节变化进行了分析。结果显示，东亚地区冰水路径 IWP 的范围基本在 700 g/m^2 以下，高值区分布在北纬 40°以南，在南方地区夏季平均值最大，为 394.3 g/m^2，而在西北地区冬季的平均值最小，为 78.5 g/m^2；液态水路径 LWP 的范围在 600 g/m^2 以下，冬季在东部海域的值最大，达到 300.8 g/m^2，夏季最大值为 281.5 g/m^2，出现在南方地区上空。冰水含量 IWC 的最高值为 170 mg/m^3，发生在 8 km 附近，南方地区夏季值最大，青藏高原地区的季节差异最大；而液态水含量 LWC 在东亚地区的范围小于 360 mg/m^3，垂直廓线从 10 km 向下基本呈逐渐增大的趋势，峰值位于地面之上 1～2 km 的高度上。冰云云滴数浓度在东亚地区的范围在 150 L^{-1} 以下，水云云滴数浓度的值小于 80 cm^{-3}，垂直廓线的峰值均在夏季最大。冰云有效半径在东亚地区的最大值为 90 μm，出现在 5 km 高度上下；水云有效半径在东亚地区的值分布在 10 km 以下，最大值为 10～12 μm，基本位于 1～2 km 高度上。从概率分布函数来看，东亚地区冰/水云云滴数浓度的分布呈现明显的双峰型，其他量基本为单峰型。这些结果可以作为全球和区域气候模式在东亚地区对以上云微物理量的模拟验证的参考。

云的垂直结构和多云层重叠直接影响大气辐射收支及加热/冷却率分布，是模式中难以描述和参数化的问题。彭杰等（2013）将东亚地区划分为六个研究区域，利用 CloudSat 和 CALIPSO 2007～2009 年 3 年的观测资料，研究了不同云类的垂直分布统计特征。分析结果表明，东亚地区不同高度的云量之和具有明显的季节变化趋势，夏季最大，春秋次之，冬季最小；东亚海洋上空的单层云量最大值出现在冬季，而在陆地上空出现在夏季；在春、夏、秋、冬四个季节，东亚地区单层云出现的概率依次为 52.2%、48.1%、49.2% 和 51.9%，而多层（2 层和 2 层以上）云出现概率分别为 24.2%、31.0%、19.7%，15.8%；云出现的总概率和多层云出现的概率，在六个区域都呈现出夏季最大，冬季最小，在 4 个季节中都是东亚南部比北部大，海洋上空比陆地上的大，即云出现的总概率的季节变化主要由多层云的变化决定。东亚地区云系统中最高层云云顶的高度，在夏季最高，为 15.9 km，在冬季最低，为 8.2 km；在东亚南部和海洋上空较高，平均为 15.1 km；在东亚北部较低，平均为 12.1 km。东亚地区的云层厚度基本位于 1 km 到 3 km 之间，夏季较大，冬季小；对同一季节，不同区域的云层厚度差别较小；当多层云系统中的云层数目增加时，云层的平均厚度减小，较高层的云层平均厚度大于较低层的。云层间距的概率分布基本呈单峰分布，出现峰值范围的云层间距在 1 km 到 3 km 之间，各区域之间无明显差别，季节变化不明显。

Chen 等(2016)使用 3 年 CloudSat L2 云产品资料，分析了中国东部暖季 8 类云垂直结构特征以及气溶胶的影响。通过分析气溶胶洁净和污染条件下雷达反射率 Z 廓线看出，浅积云的 Z 受到抑制，而浓积云、雨层云和深对流上部受到增强。总体上，云的修正重心和云顶高也受气溶胶的影响。

夏季云水含量时空分布的观测资料对于数值天气预报、气候预测以及人工影响天气试验都十分重要。杨大生和王普才(2012)利用 CloudSat 卫星资料分析了 2006～2008 年中国地区夏季月平均云水含量的垂直和区域变化特征，结果显示，青藏高原地形以及东亚夏季风对月平均云含水量分布具有明显影响；中国中部纬度上对流层中层的月平均液态水含量比南部及北部的量值大，各月平均云液水含量垂直廓线存在两个不同高度上的峰值区，原因可能主要是受大尺度参数的控制以及受到青藏高原和东亚季风环流的影响；平均冰水含量纬向垂直分布的高值区主要在对流层中上部。在中国地区夏季 6～8 月星载云雷达探测到云中液态水含量上限是在 9 km 高度附近，冰相云发展的上限是 19 km，北部地区的对流发展高度比南部地区略有偏低。夏季云月平均液态含水量经向垂直分布的高值区基本都在 2 km 以下的对流层下部，且经向分布主要在 25°～32°N 之间，反映出中国地区夏季 6～8 月高含水量性低云主要分布在这一纬度区，这与中国夏季降水分布紧密相关。另外，在 27°～35°N 之间的中部纬度区，对流层中层 4～7 km 高度上的月平均云液水含量明显比南部及北部纬度地区的月平均云液水含量要高，说明青藏高原对所在纬度地区对流层中层云的明显影响。中国夏季各月平均云液水含量垂直廓线存在两个不同高度上的峰值区：一个在海拔高度 0.5～1.0 km 之间；另一个在 3.5～4.5 km。对于中国中部区和北部区，第二峰值比较明显，且北部区第二峰值高度要比中部区低 1～2 km。对于中国南部区，第二峰值区不够明显。这种情况说明，即使是青藏高原和东亚季风环流都对云的液态水含量 LWC 产生影响，对不同区域的影响也是有所差别的。中国地区夏季，平均冰水含量经向垂直分布的高值区(大于 0.15 g/m^3)基本都在 6～18 km 的对流层上部，主要分布在 20°～35°N 之间。云冰水含量在 80°～130°E 之间的海拔高度 6～11 km 范围内存在一个明显的纬向高值区分布带的特征，说明青藏高原对云的纬向垂直结构影响能够达到冰云部分。

对云的水凝物含量进行研究有利于认识云的辐射性质和强迫效应，以及改善模式的预报性能。耿蓉等(2018)结合目前几种较为常用的卫星观测资料，包括 ISCCP、MODIS 和 CloudSat 及再分析资料(CFSR 和 ERA-Interim)，对中国及其周边地区的多种水凝物变量，包括积分的云水路径、液水路径和冰水路径，以及分层的液态水含量和冰水含量的气候态水平及垂直分布特征进行了比较研究。结果表明，在总的水凝物含量方面，无论是描述整个中国及其周边地区的水平分布特征和主要变化模态，还是不同海陆区域的月变化特点，MODIS、ERA 和 CFSR 三种资料都显示出较高的一致性，而 ISCCP 的绝对数值和变化幅度与它们均存在一定差异。在液态水含量方面，无论是水平还是垂直分布，ERA-Interim 都有最高的数值，作为遥感数据的 MODIS 和 ISCCP 则显著偏低。对于冰水含量，不同资料间无论是水平和垂直分布形式，还是具体数值都存在明显差异。通过分析不同水凝物资料间气候态分布的差异性特征，有利于认识目前常用的几种水凝物资料的“不确定性”程度，从而更好地估计云的辐射效应，以及理解其在气候变化中所扮演的角色。

Zhang 等(2010)从 CloudSat 和 CALIPAO 最早两年的观测分析，研究了全球中层顶部含液态水层状云(midlevel liquid-layer topped stratiform clouds，MLTSC)的时空分布和相态垂直分配，这些云顶高度在地面 2.5 km 之上，云顶温度大于−40 ℃。全球平均 MLTSC 出现率约为 7.8%，在全部中云中占比约 33.6%。在不同纬度地区都观测到 MLTSC 出现率显著的季节和昼夜变化。在极区，最大出现率在夏季，最少发生在冬季，而昼夜差别不大。在热带，MLTSC 高出现频数带从 6～8 月到 12～2 月向南转移，在晚上明显地要多。全球平均 MLTSC 云顶高度在地面之上为～4.5 km，云顶温度为−13.6 ℃。总体上，61.8%的 MLTSC 是混合相态，12.4%是过冷液态(仅有液态或含冰量在探测限以下)。混合相 MLTSC 比例随云顶温度减低而增加，快速增加在−10 ℃和−15 ℃之间，随纬度有明显不同。这一温度关联性表明，这些云中冰核的活化在−10 ℃。基于一个雷达反射率 Ze-冰水含量 IWC 的经验关系式，估算的混合相 MLTSCs 全球平均冰水路径 IWP 为～13.4 g/m^2，IWP 随云顶温度降低而增加。为了改进全球气候模式中 MLTSC 的参数化，需要进一步研究来认识 MLTSC 空间分布的纬度依赖关系和微物理特性以及气溶胶和液态水云特性如何影响 MLTSCs 中冰晶的产生。

3. 青藏高原和亚洲季风区云的研究

青藏高原、高原南坡及南亚季风区域的地形差异巨大，其上云的宏微观特性有无显著差异，是值得探究的问题。王胜杰等(2010)利用云卫星上的云廓线雷达(CloudSat CPR)2006 年 6 月～2007 年 12 月的观测资料 2B-GEOPROF，对比分析了该区域不同云类的云顶、云底高度和云量统计量，主要结果有：

(1)三个区域单位面积上的云顶高度频数在不同季节有明显差别，冬季云顶高度在 0～6 km、6～11 km、11～15 km 范围内的频数分别以青藏高原区域、高原南坡区域、南亚季风区域居多；春季的情况与冬季较为类似，云顶高度在不同范围内的分布状况具有一定的连续性；夏季单位面积上的云顶高度频数均有明显增加，在 0～9 km，9～14 km 范围内的频数分别以青藏高原区域和南亚季风区域居多；秋季云顶高度在 0～6 km，7～17 km 范围内的频数分别以青藏高原区域和南亚季风区域居多。

(2)三个区域单位面积上的云底高度在 2 km 以下范围内的频数均以青藏高原区域居多，冬春两季云底高度在 4～9 km 范围内的频数以高原南坡区域居多，在 10～14 km 范围内以南亚季风区域居多；夏、秋两季云底高度在 4～12 km 范围内的频数均以南亚季风区域居多，且夏季的云底高度频数均有明显增加。

(3)各区域不同云类云顶和云底高度的变化区间不同，但是同种云体云顶和云底高度的变化趋势是一致的。青藏高原区域高云(6.5～9 km)、中云(4.5～5.5 km)、厚云(4～6 km)的平均云顶高度低于其他二区域，且均存在不同程度的季节变化，以冬季为最低，夏季达最高。夏季高原南坡与南亚季风区高云的云顶和云底高度基本一致；冬季时南亚季风区域低云的云顶高度低于其他二区域，三个区域低云和厚云的云底高度均较为接近，季节变化不是十分显著。

(4)青藏高原区域高、中、低和厚云的平均厚度分别对应为 1 km、2 km、0.97 km 和

3.8 km，对应高原南坡区域的为 1.8 km、2.5 km、0.97 km 和 6.7 km，南亚季风区域的分别为 2.1 km、3 km、1 km 和 9.6 km）。厚云的平均厚度明显大于其他云类，以南亚季风区最厚（达 9.6 km，表明该区域的对流活动更强），青藏高原最小，且均以冬季为最小，夏季最大。青藏高原区域高云和低云的厚度较为接近，且均小于中云厚度。高原南坡与南亚季风区域中云、高云和低云的厚度均依次减小，冬季厚度有所减少，夏季厚度有所增加。

(5) 各区域不同云类所占的比例随季节更替也有明显变化，青藏高原区域在冬季和秋季均以低云所占比例居多，春季和夏季以中云和低云居多，高云所占比例始终较小，仅在夏季时达到最大约 10%左右。高原南坡区域在冬季，春季和秋季均以低云所占比例为最大，夏季高云、中云和低云所占的比例较为接近，而厚云所占比例均始终在 15%附近。南亚季风区域冬季以高云和低云居多，其余季节则均以高云和中云居多，厚云所占比例较小，在冬季最小，夏季达到最大。

亚洲季风和青藏高原对我国的天气和气候有重大影响，其上空的云特征是天气和气候变化的指示器。汪会等（2011）利用 2006 年 9 月至 2009 年 8 月的 CloudSat / CALIPSO 资料，分析了东亚季风区（EAMR）、印度季风区（IMR）、西北太平洋季风区（WNPMR）和青藏高原地区（TPR）的云量和云层垂直结构及其季节变化特征（包括云层的垂直位置、物理厚度、相邻云层间的垂直距离和雷达反射率垂直分布。主要结果有：

(1) 这三年中，EAMR、IMR、WNPMR 和 TPR 总云量分别为 69%、72%、83%和 69%，其中单层云占 56%（IMR 和 WNPMR）至 77%（TPR），多层云中二层和三层云相加占 95%以上。IMR 的总云量在夏季（＞90%）明显高于冬季（约 50%），EAMR 和 TPR 春夏季略高于秋冬季，而 WNPMR 总云量的季节变化不大。

(2) 同属热带季风区的 IMR 和 WNPMR 全年都有底高在 10 km 以上的冰晶云，其月平均云量为 20%（冬季）～7O%（夏季）；海洋边界层云在 WNPMR 全年较常见（月平均云量为 20%～40%），而 IMR 的低云主要出现在夏季（20%～40%）；副热带季风区 EAMR 云层主要位于对流层中低层，10 km 以上高云仅在夏季较多（～30%），其发生频率和垂直位置相对 IMR 和 WNPMR 的高云（12～16 km 高度的云量为 60%～70%）较低；TPR 的云主要位于 4～11 km（平均海拔～4 km），等高度上云内滴谱较宽。

(3) 云顶在 4 km 以下的低云在亚洲季风区的分布在春秋季相似，夏冬季差异较大，冬季低云量最多，主要分布在西北太平洋、中国大陆南部及其以东的洋面和日本附近地区，低云量为 45%～70%；低云量与低对流层稳定性 LTS 的相关性在冬季不强，在其他季节相关性较好。

(4) 四个地区都以薄云为主，有 30%～40%的云层物理厚度小于 1 km，而且多层云中相邻云层间的垂直距离约有 10%小于 1 km，现有大气环流模式需要提高垂直分辨率才能分辨。

青藏高原云物理特征的认识对高原天气和气候的研究有重要意义。赵艳风等（2014）利用 2006 年 6 月～2011 年 4 月的 CloudSat 卫星资料，分析了青藏高原地区云的总云水路径、液态水路径、冰水路径及雷达反射率的分布特征，并对高原与东亚降水云的垂直结构进行对比，得到如下结论。

(1) 总云水路径的大值区分布在高原西南坡、东南部及高原中部，低值区分布在昆仑山脉、祁连山脉及其以北地区；暖季大于冷季；

(2) 高原南部及东部为液水路径大值区，以液相云为主；高原中部、北部及西部为冰水路径大值区，以冰相云为主；

(3) 雷达反射率的垂直分布主要介于−27～17 dBZ，集中在 3～9 km；云粒子群随高度先增大后减小；在 4 km 高度的大小和浓度最大；暖季云高大于冷季，对流活动旺盛；

(4) 高原与东亚降水云的结构不同，季节变化也与东亚有差别；

(5) 雷达反射率在近地面层随纬度的增大减小，垂直方向的递减率是暖季小于冷季；

(6) 冷季的高原上与周边相比为丰水区，南坡的冰水路径与低层雷达反射率大值区对应，表明南坡阻挡作用促进云中冰粒子的形成。

亚洲夏季风对亚洲地区的天气和气候有重大影响，亚洲夏季风爆发改变大尺度环流以及对流云和降水的形式。Wang 和 Wang(2016) 利用 2007～2010 年 4～8 月的两种 CloudSat 标准资料(GEOPROF 和 GEOPROF-lidar 产品)，研究了在季风爆发前后云的垂直结构统计特征；对于不同下垫面，将亚洲夏季季风区分为四个子区域(南亚、西北太平洋、青藏高原和东亚)进行分析与比较。同时分析亚洲季风向北移动时不同下垫面区域的降水和水成物演变。结果表明，夏季风爆发后，云量显著地增加；在热带地区(南亚和热带西北太平洋)，这一增加先出现在上对流层，然后在低的高度；云顶高度上升，在全体云云高和云底之间的垂直高度增加；在 5 个月中(4～8 月)，单层水成物贡献总云量的 1/2，双层贡献 1/3；在四个区域多层云频数增多，且云层厚度增加。这些变化在热带地区比副热带的强烈，但云层之间的垂直距离在热带地区减小，而在副热带地区增加。

4. 云产品数据的比较

CloudSat 主动遥感和 ISCCP 被动成像产品提供了较长时间序列的云宏微观参数资料，对两者进行比较分析研究，可以深入认识各自的优势和局限性。王帅辉等(2010) 利用 2006 年 7 月至 2007 年 6 月的 CloudSat 和 ISCCP 产品数据，分别对比分析了凌晨和午间中国及周边地区两个数据集的年平均云量的分布特征，并分析了两者昼夜变化的差异，主要结果有：

(1) 在中国及周边地区，ISCCP 与 CloudSat 年平均总云量分布形式上，午后与凌晨总体上均比较一致，相对多云与少云中心吻合得比较好；

(2) 研究区域内两者一年的年平均总云量在量值上存在一定差异。午后中国及周边地区年平均云量 ISCCP 为 69%、CloudSat 的是 78%；凌晨 ISCCP 为 61%、CloudSat 的是 76%。总体上，ISCCP 云量少于 CloudSat 的，青藏高原、帕米尔高原、横断山脉、云贵高原以及印度半岛南端和热带部分岛屿上偏差最大，夜间比白天差异更为明显；

(3) 无论午间还是凌晨，中国及周边地区 ISCCP 与 CloudSat 云量差值均随 CloudSat 云量的增大而呈线性变化，即在 CloudSat 少云区 ISCCP 略有偏高，而在多云区则显著偏低；

(4) 在海洋上，ISCCP 年平均云量的昼夜变化与 CloudSat 云量昼夜变化比较一致，而在陆地上，ISCCP 云量昼夜变化大于 CloudSat 的，青藏高原地区最为显著。通过比较分析，他们发现，两者白天的一致性好于夜间，这就使得两者的云量昼夜变化存在一定差异。在海洋上以及中国大陆东南和东北部分地区，两个数据集给出的云量昼夜变化比较一致；而在研究区域西北部以及印度半岛地区，两者云量昼夜变化有很大差异，尤其以青藏高原地区最为明显。这种差异主要是由于两者夜间云量分布检测差异造成的，因为夜间 ISCCP 被动遥感对云探测存在一些问题(例如薄云检测的困难)，而 CloudSat 的测量相对直接可靠。而影响 CloudSat 云量可靠性的因素主要在于其格点化处理的准确性，即格点内的样本是否具有足够的代表性。按照对 CloudSat 资料的格点化处理方式，如果一年的样本数没有足够的代表性，那么 CloudSat 给出的云量分布应该是随机的。但事实上，云量年平均的统计结果显示，CloudSat 云量的分布具有明显的区域性特点，且与 ISCCP 的云量分布形式吻合较好。因此，可以认为对 CloudSat 资料的格点化处理是合理的。作者还指出，总体相对 ISCCP 资料集，CloudSat 测量资料是比较准确的，但 CloudSat 与 CALIPSO 融合产品本身也存在一定的不确定性，例如可能会将气溶胶层误识别为云等。

此外，蔡淼等(2015)利用 2007～2008 年 Cloudsat 云检测产品与 ECMWF 再分析资料的相对湿度进行统计分析，得出了云内外相对湿度判别阈值及其随高度的变化，提出了基于再分析资料的三维云场分布诊断方法。通过应用于实例三维云场诊断，并与卫星、雷达、地面云降水观测等资料进行了对比分析。主要结论有：

(1) Cloudsat 云判别有效值＞20 的云区位置与 Cloudsat 辅助产品给出的 ECWMF 再分析资料的相对湿度高值区有较好的时空对应；

(2) 不同高度范围的云内相对湿度都呈单峰型分布，峰值在相对湿度 100%附近，晴空相对湿度受当地大气环境影响，各地各高度都有差别；

(3) 通过相对湿度对云区和晴空的 TS 评分测试，得出了诊断云区的相对湿度阈值及其垂直分布；

(4) 利用 NCEP 再分析资料对中国三维云场的分布进行个例诊断应用，与卫星、雷达和地面云降水观测的对比表明，云区附近的湿度梯度大，相对湿度阈值法诊断的云区总体比较稳定；

(5) 诊断的云区与上升气流区对应较好，云区和晴空的分布与卫星 TBB 观测大致对应，云厚(即云格点总数)与光学厚度和地面降水的分布比较一致；

(6) 云场垂直剖面可以清晰地看出其分布同天气系统的关系，诊断的云区与地面云观测比较一致，云层密实深厚的区域通常对应着地面降水；

(7) 单点的云垂直结构随时间演变与当地的雷达和地面云降水观测都比较一致。

8.2　定量降水估计及应用

1. 降水产品的定量评估

定量降水估计 QPE(quantitative precipitation estimation)是星载微波气象雷达的主要任务，所以反演算式的研发一直持续进行，包括降水的衰减订正、统计与物理反演、神经网络反演、变分反演等算式的研发(Grecu et al.，2016)。TRMM 和 GPM 资料以及与其他平台遥感数据的组合，生成了可供应用的降水产品(Kummerow et al.，2011)。何文英等(2005)用TRMM卫星上降水雷达PR、微波辐射计TMI资料和河南省站点小时雨量资料，对几种陆面降水的统计反演算式进行比较验证。通过资料匹配分析显示，仅用地面站点小时雨量资料和微波亮温的关系，难以建立较好的陆面反演降水算式。结合时空匹配较好的卫星微波主被动资料，建立新的地面雨量反演算式，并通过比较验证表明，无论是定量降水估测能力，还是误差方面，新算式都有所改进，尤其对于较弱(＜5 mm/h)或较强(＞10 mm/h)的降雨，新算法有明显的改进(10%～20%)，误差减少至少25%。

傅云飞等(2007)利用3年TRMM卫星观测资料，包括测雨雷达(PR)、微波成像仪(TMI)、可见光和红外辐射计(VIRS)和闪电成像仪(LIS)，结合全球降水气候计划降水资料(GPCP)和中国气象台站雨量计观测资料，分析了东亚地区降水分布特点，并比较了TRMM PR与GPCP及地面雨量计观测结果的差异，揭示了中国中东部大陆、东海和南海对流降水和层云降水平均降水廓线的季节变化特征及物理意义，以及TMI高频和低频微波信号对地表降水率变化的响应特点；通过对中尺度强降水系统、锋面气旋降水系统和热对流降水系统的个例分析，探明了降水结构及其与闪电活动的关系、降水云顶部信息与地表雨强之间的关系。具体的相关研究结论如下。

(1) 东亚以层云降水形式为主，对流云降水形式次之，暖云降水形式最少。层云和对流云降水的平均地表雨强分别约为1.6 mm/h和10.5 mm/h，均比热带地区的大。30°N以北地区各季层云降水的面积比可达85%以上。对流降水主要位于20°N以南地区，面积比一般不超过30%。东亚北部层云降水对总降水量的贡献占50%以上(夏季除外)，20°N以南地区对流降水的贡献占50%以上，而在20°～30°N地区两种降水云对总降水贡献在空间分布上呈南北交替变化，秋季和冬季以层云降水的贡献为主，春、夏季则以对流降水的贡献为主。

(2) GPCP雨强明显高于TRMM PR雨强；地面雨量计的降水率季平均值比TRMM PR略大，冬季两者相差0.1 mm/d，其他季节相差0.7 mm/d。

(3) 东亚中纬度地区(陆地和海洋)对流降水和层云降水平均廓线存在明显的季节变化，在低纬度地区，春季至秋季平均降水廓线的季节变化很小，只是在冬季平均降水廓线高度有所降低。东亚大陆夏季对流性降水最为深厚，地面雨强30 mm/h对流性降水的平均“雨顶”在16 km左右，在洋面上其平均“雨顶”约为14 km。

(4) 无论陆地或海洋，夏季东亚对流降水云团在垂直方向可分为冰层、冰水混合层、雨层和蒸发层4层；其他季节，蒸发层消失。层云降水云团在垂直方向只有冰层、冰水混合层和雨层3层。比较对流降水和层云降水，前者的混合层厚于后者，这反映两种降水云团中存在不同的微物理过程。

(5) 无论东亚还是热带，对流降水地表降水率与散射信号-亮温极化差之间存在一一对应的平均关系，且表现出明显海陆差异。当地表降水率增大时，陆地亮温极化差降低速度明显快于洋面。拟合关系表明，陆地上的亮温极化差的斜率是洋面上的两倍。发射信号与地表降水率之间关系的变化还依赖于雨型(对流或层云)，但对季节变化和区域变化不敏感。

(6) 强降水系统个例分析结果表明，对流降水所占面积比层云降水面积小，但对流降水具有很强的降水率，它对总降水量的贡献超过层云降水。强对流降水的“雨顶”高度可达 15 km 或更高，层云降水高度一般不超高 10 km，且在冻结层附近有清晰亮度带。在大片层云降水中常会存在面积不等的强对流降水雨团。强闪电活动均发生在强对流降水云团中，这种云团上部存在大量冰相粒子。

(7) 东亚陆地夏季 500 hPa 副热带高压中心在午后可出现热对流降水云团，其水平尺度多为 30～40 km，平均垂直尺度均超过 15 km；云团的近地面最大雨强超过 50 mm/h。云团顶部特征与近地面雨强的关系是，当近地面雨强小且雨顶高度较低时，云顶高度变化范围大；当近地面雨强大且雨顶越高时，云顶高度与雨顶高度越相近；平均而言，给定地面降水率，云顶高度比雨顶高度高出 1～4 km。非降水云面积约占 86%，晴空面积仅占 2%，雨云面积约为云面积的 1/8。

在定量降水估算方面，卫星降水产品在我国不同地区的适用能力各有不同。刘鹏等(2010) 比较 1998～2005 年 TRMM PR 降雨量和中国南方台站雨量计测量结果，发现两者在年和季节平均降雨率的空间分布较为一致，但是具体的降雨率量值、极值及其范围大小上存在明显差异，基本是地面雨量计结果高于 PR 结果。李嘉睿等(2015) 对 TRMM PR 在青藏高原地区探测的地面降雨率准确性进行统计分析。通过 2005～2007 年 TRMM PR 2A25 资料和逐小时地面雨量计比较发现，青藏高原地区 TRMM PR 地面降雨率在层云降水时平均偏低 35%，在对流云降水时平均偏高 42%。*Z-R* 关系的适用性是 PR 产生偏差的原因之一。通过修正 TRMM PR 层云/对流降水模型中 *Z-R* 关系的初始系数，并验证修正后的降水模型能够提高青藏高原地面降雨率反演的准确度。杨秀芹和耿文杰(2016) 基于淮河流域 26 个气象站的降水数据，采用统计方法评估了 2001～2011 年 TRMM PR 最新一代降水产品 3B42 和 3B42RT 在中国气候过渡带淮河流域的适用性。结果表明，两种降水产品均存在高估现象，3B42 的性能优于 3B42RT，并且夏季性能明显优于冬季；两种降水产品的年降水量几乎均高于地面观测年降水量，3B42RT 年降水量的估算性能比 3B42 差，两种降水产品在湿润年的性能优于干旱年；除在小降水事件(0～1 mm/d) 发生概率明显低外，两种降水产品与站点降水发生频次的趋势几乎一致，并且全年优于汛期。降水强度＜25 mm/d 时，两种降水产品会高估降水量，对＞25 mm/d 的降水事件会低估，两种降水产品的趋势一致且相差不大；汛期 3B42 对降水强度＞25 mm/d 的降水事件拟合较好。与 3B42RT 相比，3B42 有稍高的确报率、临界成功率及较低的错报率；TMPA 产品对小雨或弱降水的确报率较高，对强降水尤其是 25 mm/d 以上的降水错报率高达 70% 以上。陈茜和官莉(2018) 以江苏省 70 个地面雨量站分钟观测数据为基准，对比分析了一年 GPM 卫星搭载的双频降水雷达(DPR) 反演降水产品精度。结果表明，DPR 常规模式(NS)、匹配模式(MS) 和高灵敏度模式(HS) 扫描产品反演降水与地面雨量计观测数据均在过境后几分钟内达到最佳匹配效果。对于 NS 降水产品，全年反演降水均方根误差大致为 2 mm/h，相关系数在 0.5 以上，相对偏差为 20%左右。从四个季节看，夏季卫星反演降水与地面观测降水之间的相关系数最高。夏季和冬季均方根误差都略低，冬季仅为 0.4 mm/h，可能与冬季降水量少有关。四个季节相对偏差均为负，说明卫星反演降水普遍低于地面观测降水量。总的看来，卫星反演降水与地面站观测降水的匹配程度在夏季最好。对反演误差进行初步分析，发现卫星反演降水率算法精度对校正因子 ε 有非常强的敏感性，并且选择 ε 值的算法约束不足会导致最终计算求解模块 SLV 的路径积分衰减 PIA 值异常，引起极端降水反演的误差。杨荣芳等(2019)利用京津冀地区 176 个国家级雨量站 2006～2015 年的实测降水资料检验了同期 TRMM PR 降水产品 3B43 V7 的适用性。结果表明，TRMM 3B43 多年平均降水量与站点实测降水时空分布规律一致，在不同时间尺度下具有良好的相关性，相关系数均在 0.85 以上，随时间尺度的增加精度有所降低；整体上 TRMM 3B43 降水数据略小于站点实测降水，在常年降水高值区域出现低估现象，季尺度上，夏季和冬季误差较大；就区域而言，TRMM 3B43 在西北山地高原地区相对偏差和均方根误差均较小，相关系数基本在 0.9 以上，拟合精度较高，可信度较强。刘江涛等(2019)利用多种定量指标和分类指标评估(precipitation estimation from remotely sensed information using artificial neural networks-climate data record, PERSIANN-CDR)和 TRMM 3B42 V7 两种降水卫星产品在雅鲁藏布江流域的反演精度，并首次在雅鲁藏布江流域使用降水量体积分类指标对卫星数据的适用性进行评价。结果表明：

(1)降水卫星数据的偏差主要表现在弱和强降水的偏差上，两种降水卫星数据总是高估了弱降水，低估了强降水，PERSIANN 降水产品要比 TRMM 降水数据偏离程度小；

(2)PERSIANN-CDR 降水数据与地面实测数据的相关系数为 0.663，TRMM 3B42 V7 降水数据与地面实测数据的相关系数为 0.666。只考虑定量指标的评价体系，两个降水卫星数据的精度差异相对较小；

(3)PERSIANN-CDR 降水数据在各站点的各分类指标数值范围均比 TRMM 3B42 V7 降水数据的指标数值范围大，PERSIANN-CDR 降水数据对降水事件和降水量的反演精度要高于 TRMM 3B42 V7。考虑降水量分类指标的评价指标体系比单纯使用传统定量指标评价降水卫星数据更能有效地反映出降水卫星对资料稀缺的高寒地区地面降水特征的捕捉能力。

2. 雷达探测降水能力的评估

除了比较评估星载雷达的定量降水产品，星载测雨雷达探测降水的能力也得到评估分析。刘晓阳等(2018)通过对比 GPM DPR 与我国江淮地区的地基雷达 CINRAD 的降雨测量值，评估星地雷达联合应用的潜力。为提高对比的准确性，在尽可能高的时空分辨率下，以几何匹配与格点匹配相结合的方式，提取星地雷达降水样本数据。针对 2015 年 6 月 30 日降水过程的对比分析结果表明，地基 CINRAD 雷达反射率因子在两站中分剖面上的平均值偏差 0.94 dB，地基雷达之间有很好的一致性；在 DPR 雷达与地基 CINRAD 雷达同时覆盖的降雨区域，星地之间雷达反射率因子的平均值偏差分别为−1.2 dB 和−1.6 dB，显示星地雷达也有较好的一致性；现有 DPR 雷达陆上衰减订正算法在缩小星地雷达偏差方面起到一定作用，平均订正量 0.4 dB，只要回波覆盖充分，匹配样本的高度以及其到地基雷达的距离对对比结果没有明显影响，而衰减订正和匹配样本区回波覆盖率是影响星地雷达对比结果的重要因素。冯启祯等(2019)使用北京顺义地区的 X 波段双偏振雷达数据结合二维雨滴谱仪数据对 GPM 星载雷达数据在华北地区的适用情况进行检验。除了 GPM DPR 与地基 X 波段雷达之间数据对比，还利用 X 波段雷达偏振数据反演降水，并对 GPM 双频星载雷达降水产品进行定量评估。研究个例比对初步表明，若 X 波段双偏振雷达数据为真值，Ku 波段 GPM 星载雷达反射率观测的相对标准误差约为 15.84%，Ka 波段约为 14.05%，表明空间和地面雷达降雨产品之间的交叉比较是非常有希望的。在降水产品的定量评估中，雨强低于 20 mm/h 的样本对应效果较好，高于 20 mm/h 的样本点对应效果较差。

3. 定量降水的应用

星载降水雷达提供近实时观测数据，而被快速应用到气象业务中，具体业务应用分为以下 4 类：

(1) 监测热带气旋。利用 PR 提供降水系统精细化结构的优点，以及 TRMM 和 GPM 卫星提供热带气旋发展的不同时段观测资料，能够直接监测台风路径和发展演变的过程，也包括台风对流强度和降水系统改变。目前已经形成近实时的台风或飓风监测显示系统。

(2) 监测降水。基于降水测量卫星能够提供近实时降水观测资料，因此广泛用于监测降水引发的灾害性天气，如洪水、山体滑坡、农作物旱涝等灾害。目前已经形成一个全球洪水监测系统(global flood monitoring system，GFMS)，主要使用近实时 TRMM 多卫星降水分析(TMPA)和 GPM 的多卫星降水反演结果作为洪水模式的输入参数，模拟 50°N～50°S、水平分辨率为 0.125°的全球洪水分布。基于 TMPA 数据输入模式计算的 13 年洪水结果，统计分析设定洪水阈值，从而根据近实时观测资料进行洪水探测和强度估算，形成地图直观显示。该系统还能进行短期(4～5 天)洪水预报。

(3) 同化改进数值预报效果。美国大气和海洋研究中心 NOAA 的 NCEP 中心自 2001 年就已经将 TRMM TMI 数据同化进全球数值预报系统，尽管同化改进效果不是很显著。日本气象局 JMA 自 2002 年采用四维同化方法将 TMI 降水数据同化到业务系统。欧洲 ECMWF 于 2005 年将 TMI 降水数据加入其四维变分同化系统(4-DVAR)，并且单独使用 PR 数据确定输入降水信息的错误特征。

(4) 监测气候要素变化(如降水、海表面温度 SST)。

南极的物质累积和冰雪消融在理解南极气候及其在全球系统中的作用是非常关键的参数。局地的质量变化受到许多不同的机制驱动，来自大气的降雪和冰晶粒子的沉积受到地面强风、地表温度和湿度变化的影响，这使得地基设备稀疏站网很难直接测得累积量。此外，南极上的云水/冰含量、变化的地面辐射特性以及弱的固态降水，对于所有频率的空间被动遥感降水反演都很困难。还有，高时空分辨率的数值模式给出的结果很不一致，难以用地基观测来验证。而使用主动空间仪器(例如低轨道 CloudSat 卫星搭载的云廓线雷达 CPR)就能够改进我们对大气降水对南极质量平衡贡献的了解。Milani 等(2015)的工作显示，在考虑南极的降水特征和地面反射率的影响后，在单个事件的时间尺度上，CPR 能反演降雪率。尽管时空采样能力有局限，CPR 仍能有效地观测南极年际降雪周期。他们分析南极上空两年的 CloudSat 降雪产品(2C-SNOW product)资料，将其转换成液水等效降雪率，考虑了两种不同的降水估计方法，分析年和月平均以及瞬时降水值。将所得结果与 ERA-Interim 再分析数据和原位测量进行比较，总体吻合，清楚地看到了在增强降水率和云水中海岸线的效应。一个季节性信号影响降雪格局的平均空间范围。单降雪事件时地基积雪测量与 CPR 反演比较显示出一致性，所有反演的降雪事件对应着地面雪的累积，但数次雪堆高度增加没有反演降雪率相联系，可能是吹雪的局地贡献。在南极，CPR 测量能够在不同时间尺度都是有用的降雪资料源，为数值模式验证和气候研究提供地基观测之外的支撑。

8.3　天气过程与数值模式研究

星载降水雷达观测可用于强天气过程的研究。例如，何文英和陈洪滨(2006)利用 TRMM 卫星上时空匹配的测雨雷达(PR)、微波成像仪(TMI)、可见光和红外扫描仪(VIRS)观测资料，研究了 1999 年 5 月 9 日发生在黄淮地区的一次冰雹降水过程。根据 TRMM 卫星连续 3 个轨道对此次强对流降水的观测，综合分析了该过程不同阶段的降水结构、云顶亮温和降雨厚度以及相应的微波亮温变化特征。分析表明，此次降水过程由对流极强的冰雹降水逐渐演变到对流渐弱的暴雨降水。冰雹降水阶段，云中有多个强对流单体，云体中高层有大量的固态降水粒子，使得中高层降水量在降水柱含量中贡献远大于融化层降水量的贡献；暴雨降水阶段，若干对流单体被大面积的层云降水包围，降水高度逐渐降低，云体中高层降水量明显减少，融化层降水量对柱总量的相对贡献明显增加。比较分析 PR 反演的降水率廓线中不同高度降水量在降水柱量中的贡献表明，中高层降水量占的比例越大，降雨云对流越强；反之，融化层降水量占的比例越大，降雨云越趋向为稳定的层云。

星载 PR 和 CPR 资料应用于数值模式的一种主要方式是，比较遥感观测和模式模拟的云及降水。使用遥感资料对于通过历史回报模拟发展和改进大气模式非常重要，其中如何处理遥感资料以适合评估大气模拟结果是个挑战。通常，是基于一定的标准(误差范围内)，对观测和模拟的相同物理量进行比较。模拟与实地观测比较时，可以直接比较质量(温度、气压等)、能量(长短波辐射等)和速度等。但是，遥感测量的是大气和地表参数的间接信息。现在有两种方法来统一遥感观测和模拟计算的物理量：一是将遥感信号转化为大气或地表的某一(某些)物理参数，这是所谓的遥感反演，需要研发相应的物理或统计反演算法；反演的产品(例如降水和云水含量等)可以与模式输出进行比较，从而评估模拟的性能；如果反演的产品质量好，则可以用做模式的初始场，这在以往回报模拟试验中有许多研究；实时遥感反演资料也已作为大气模式的输入，但对预报效果的改进有时难以评估。二是通过辐射传输模型从大气模式的输出计算遥感可测的信号，然后与实际测量比较；合适的比较取决于模式性能、遥感器和观测平台的类型、其他资料的可用性以及模拟的目标(现象)等。在研究或业务中具体采用哪种方法，首先要清楚该方法的优缺点。

地面降水与人类的生产和生活息息相关，所以是数值天气预报的一个重要内容。云和降水在全球能量和水循环中起重要作用，大气数值模式中必须包含云和降水过程，才能较好地模拟计算潜热、辐射强迫、蒸发冷却等。由于云和降水在全球水和能量循环中的重要性，基于云和降水物理理论和质量连续性方程，云和降水的基本特征、粒子分类以及云水转移过程等在中尺度和全球大气模式中都已有表达，但为了简化计算和由于资料的不足，一些过程只能采用参数化方案，但需要在云分辨和大涡分辨尺度上进行比较。

采用 ERA-Interim 气象分析资料、云顶亮温 TBB 资料、Cloudsat 云雷达资料、降水量资料等，施春华等(2013)对 2009 年 6 月 10 日至 12 日我国东北地区的一次冷涡天气过程进行研究，重现了该冷涡的精细三维结构和演变过程。分析表明冷涡发生前，东北亚地区处于南北双槽结构之间，随后北槽向赤道发展切断后形成东北冷涡。南槽背景的冷涡热力结构特殊，强冷空气集中在涡内西北象限，暖湿空气在东北象限，南部为相对中性空气，该配置导致北部暖锋强盛，西部冷锋仅在发展初期较强，冷涡过程没有经典挪威学派的气旋锢囚锋出现。冷涡发展初期，狭长冷舌快速入侵南下，冷舌前冷锋对流降水较强，冷舌后部左侧还有暖锋降水；冷涡发展后期，冷锋减弱，冷锋上的高层云停止降水，系统内主要为冷涡北部的暖锋雨层云降水；冷涡成熟后，中心辐合加强，有较强的对流性降水。

李思聪等(2018)基于 WRF 数值模式，采用 Lin 微物理方案，对中国南方地区一次冷锋降水过程进行模拟试验，并用 CloudSat 观测数据对模式模拟的云量、云液态水和云冰水含量的垂直分布特征进行检验。结果表明，模式模拟云量的垂直分布范围小于 CloudSat 观测到的分布范围，模拟的云量在低空往往出现缺失，模式可以较好地模拟出 CloudSat 探测到的深对流云的分布，但对零散分布的小尺度云团模拟效果较差；模式模拟的云液态水分布范围也小于 CloudSat 观测到的分布范围，云液态水含量值略低于 CloudSat 观测值，对 CloudSat 观测的云液态水含量值较低的区域，模式往往不能模拟出云液态水的存在；模式模拟的云冰水垂直分布特征与 CloudSat 观测结果较为一致，特别是对冰水含量大值中心的位置模拟效果较好，但模式模拟的云冰水含量值远低于 CloudSat 观测值。整体来看，模式对云冰水垂直分布的模拟效果优于对云液态水的模拟，但 Lin 微物理方案对云液态水和云冰水的模拟还需进一步改进与完善。

况祥等(2018)利用 Cloud Sat 卫星资料和 WRF 中尺度模式，结合 NCEP 再分析资料及 FY2G 静止气象卫星资料，研究了发生在黄淮地区的一次深对流天气过程，分析了此次过程的天气特征、动力结构，重点分析了该次强对流过程中各水成物的时空演变特征。结果表明：

(1) 黄淮下游地区处于副高西北边缘，温度高，湿度大，对流潜势好。在地面冷锋和低层切变线的抬升触发下，气流不断辐合上升，同时高层冷平流与低层暖湿空气为强对流的发展提供了热力不稳定条件。

(2) 使用静止卫星 TBB 产品可以很好地定位、追踪深对流系统，但单一的 TBB 产品无法分辨深对流云和较厚的高云。结合 CloudSat 卫星资料和 TBB 产品把剖面上的云分为 3 种：非对流云(NDC)、一般深对流云(DC)、深对流云核(DCC)。

(3) 深对流云核(DCC)位于对流系统南部边缘，在 3 种云中 DCC 中冰相粒子粒径大、数浓度多、冰水含量大，且其最大值区域都位于 12 km 高度附近，这一区域可能是对流云内冰晶凝华增长、凇附增长、聚并增长形成大冰相粒子的关键发生区。

(4) 耦合了 NSSL 双参方案的 WRF 模式对于本次过程体现了较好的模拟效果，并通过模拟再现了此次天气过程中水成物的分布特征，发现本次过程深对流云中存在过冷水累积带特征。冰核核化形成的冰晶通过碰并过程形成雪晶，霰又由雪晶碰撞冻结过冷水滴以及过冷雨滴冻结产生，之后不断增长转化形成冰雹，雹增长到足够大后降落，其中雪晶和过冷水累积带对霰(雹胚)及雹的产生及增长至关重要。

赵宇等(2018)利用常规观测、CloudSat 卫星云廓线雷达的探测资料和 NECP/NCAR 再分析资料，分析了 2 次暴雪过程中江淮气旋云系结构和微物理特征。结果表明：

(1)北上江淮气旋的冷锋云系较窄，以深厚对流云为主，回波核心在 2～7 km，其结构在气旋发展的不同阶段变化不大。

(2)逗点头云系范围宽广，在气旋的不同发展阶段，结构和强度有显著差异。气旋初始锋面波动和锋面断裂阶段，逗点头云系有两个降水区：北部为由多个单体组成的大范围层状云区，强回波从地表向上伸展，上空有高空对流泡，建立了播撒云-供水云机制，有利于下部冰晶粒子长大；南部有对流云柱发展，逗点头西部的冷输送带云系主要集中在 6 km 以下，强度弱，冰粒子含量少。

(3)气旋暖锋后弯阶段，干侵入加强，冷锋后部的无云区或少云区范围扩大，逗点头云系南北范围收缩、变窄，云系的高度、强度和含水量减弱，冷锋云系也减弱。

(4)气旋冷锋云系和逗点头南部的对流云柱以降雨为主，位于高纬度陆地上的逗点头云系以降雪为主，当逗点头云系处于海上有对流不稳定发展，以降雨为主。冷锋云系北部和逗点头云系南部均有由层积云或高积云组成的低云，以毛毛雨为主。冷锋云系和逗点头云系北部 100～200 km 的范围为随高度和距离逐渐变薄的高层云，无降水对应。

Lang 等(2007)使用 3D 积云集合模式模拟了 1999 年巴西两个对流系统，它们发生在两种不同的环境中，并且有 TRMM 的观测。分析显示，初始模拟捕捉了事件的结构和强度，但改进模式分辨率和微物理参数化使得模拟与观测更为一致；减低冰晶对云水的收集效率可以减少过多的降雪，这与雷达观测更为符合。

虽然当前的卫星微波降水雷达还不是业务型的，但其发展的相关工具与资料集(例如前向模式和降水分布等)可以业务化应用。TRMM 和 GPM 主被动遥感资料已应用于数值天气预报模式的同化研究，虽然他们的观测幅度很窄。例如 TRMM 雷达资料的同化试验显示其对热带气旋预报有正的效应(Benedetti et al.，2005)；基于 TRMM 的 TMPA 降水资料同化进入全球模式改进 5 天的预报(Lien et al.，2016)。

TRMM 和 GPM 降水资料已被用于实时的热带气旋监测、全球洪水估测和滑坡泥石流等灾害的评估(例如 Wu et al.，2011；Wu et al.，2014)。Siddique-E-Akbor 等(2014)在一个 12.5～25 km 分辨率的水文模式中，使用 TRMM 多卫星降水分析产品 TMPA 3B42RT，模拟结果表明，比使用气候预测中心产品 CMORPH 作为强迫的要好；在季节和年际尺度上，卫星资料强迫在恒河-雅鲁藏布江-梅根河流域的模拟给出了水平衡研究有用的结果；在缺少实地测量资料地区，对于水管理空间分布式水文建模是可行的。He 等(2017)使用湄公河上游山区 2 年地基密集的雨量网资料，比较了 TRMM 和 GPM 多卫星融合降水产品(TRMM 3B42 和 IMERG)，结果表明，在格点尺度上 IMERG 减小了系统偏差，在区域上比 3B42 有更大的能力捕捉降水变化；IMERG 展示了捕捉极端降水事件的能力，但过高地估计极端降水量；在驱动水文模拟时，IMERG 输出与 3B42 等同的日径流模拟量，但在对模式参数定标后表现更好。基于 TRMM 3B42 日产品，Demirdjian 等(2018)发展了一个统计模式，改进现有的极端降水监测系统。

深对流云系统 DCS(deep cloud system)往往带来冰雹、雷电和大风等天气会对人类社会产生影响，并在上下层物质和能量交换中起重要作用。Peng 等(2014)使用 4 年(2007～2010 年)CloudSat 和 CALIPSO 观测分析了全球深对流云的时空分布，结果显示，在北半球，深对流系统 DCS 数目在夏季达到最大、冬季最小；在南半球，DCS 数目的季节变化随纬度而变。DCS 最频繁出现在中非、南美和澳大利亚北部以及我国西藏。在所有季节，深对流核的平均云顶高度随纬度而降低，具有最高核顶高度和最深核的 DCS 出现在东亚和南亚季风区、西部中非和北部南美；而 DCS 的宽度向高纬方向增加。总体上，在高纬度区，DCS 在水平尺度上比垂直方向上有更大的发展，而在低纬正相反。在低纬区的大部分 DCS 是深对流云，具有最高的对流核云顶高度和最小的水平宽度；中纬度的 DCS 更多是由气旋产生，其垂直发展程度不如低纬的；高纬度 DCS 主要由大的锋面系统产生，所以其宽度最大而核顶高度最低。

利用 CloudSat/CALIPSO 和 FY-2E 卫星观测数据，杨冰韵等(2019)研究了中国海域及周边地区非穿透性对流(DCwo)及穿透性对流(CO)的海-陆分布、云顶红外亮温和云团特征，包括：对流系统(CS)和对流单体(CC)的面积、活跃性对流比、偏心率、最低亮温、平均亮温梯度。结果发现，穿透性对流比非穿透性对流的云顶红外亮温更低，垂直高度上的雷达反射率更高；从发生次数来看，非穿透性对流/穿透性对流在海洋比陆地多，低纬度比高纬度多，夏季比其他季节多，冬季海陆差异最大；从云顶亮温的分布来看，海洋比陆地、穿透性对流比非穿透性对流集中分布区间的亮温值更低，穿透性对流的分布区间比非穿透性对流集出现较大面积的对流系统/对流单体，海洋穿透性对流的活跃性对流比相对较高；偏心率在 0.5 以上的发生频率较高，对流系统形状更偏向于圆形，在海洋上更加明显；穿透性对流在海陆上的最低亮温集中分布区间为 190～195 K，比非穿透性对流的分布更集中，平均亮温梯度在 0.1 K/km 以下的发生频率较高。

8.4　对气候变化研究的贡献

TRMM 卫星首次搭载测雨雷达 PR，能够直接测量降水垂直结构，并且主被动微波探测技术联合遥感降水，明显减少以往空基遥感降水的不确定性，改进热带地区降水估算，尤其长达 17 年的降水观测资料，为研究热带降水气候特征提供一个更为可靠的气候背景参考场。通过检测热带地区降水的年度变化特征，发现 TRMM 数据探测出热带降水年际变化与向外长波辐射(outgoing longwave radiation, OLR)、海表面温度(sea surface temperature, SST)变化有关(Nakazawa，2009)。对于海洋性大陆的西部和东部，拉尼娜年比厄尔尼诺年存在更多中尺度对流系统，并且西部/东部地区在拉尼娜/厄尔尼诺年分别出现很多深对流性降水。

针对热带大气季节内振荡(madden julian oscillation, MJO)不同发展阶段，利用 TRMM 降水和潜热资料分析云、降水和 LH 廓线结构特征。结果表明，LH 廓线结构变化与 MJO 发展过程紧密相关，而且在 MJO 不同阶段，云和降水垂直结构的改变与对应的潜热廓线改变有较好一致性，这表明降水云的类型和 LH 廓线对于研究 MJO 演变机理的重要性(Jiang et al.，2011；Lau and Wu，2010)。Zhang 和 Sodowsky(2016)使用 16 年(1998～2013 年)的 TRMM 降水产品，在印度洋区域识别出 205 个热带辐合带

(inter-tropical convergence zone, ITCZ)和 99 个 MJOs。研究表明，大部分 MJOs(约 55%)开始前 2 周内都有 ITCZ，这使研究者推测 ITCZ 能够是后续 MJOs 的主要水汽源。

TRMM LH 产品可以作为初始场和观测场同化进天气和气候模式，改进模式预报性能。在气候模式中利用 LH 产品改进积云参数化方案里的浅对流过程，改进模拟的大尺度环流场(Takayabu et al., 2010; Hirota et al., 2011)。在区域模式预测季风中，加入 TRMM LH 产品，采用多模式超级集合方法识别出模式和观测 LH 廓线的差异，并且除去差异最大、明显系统误差部分，改进了模式对 4 天季风的预测能力(Krishnamurti et al., 2010)。

一些研究使用星载主被动微波遥感资料来评估气候研究模式(climate research models, CRMs)在不同方面的性能，找出了云微物理参数化方案的几个缺陷，并已在很大程度上加以解决(例如 Lang et al., 2014)。TRMM 的观测和产品(特别是 TMPA 降水)还用于大气环流和气候模式的研究，特别地是用来评估大气环流模式模拟再现观测到的降水空间分布和日变化的能力(例如 Deng et al., 2007; Dirmeyer et al., 2012)，评估新参数化相对于旧的优点。数个研究显示，大气环流模式在再现 MJO 现象方面很困难。

Yuan 等(2013)评估了团体大气模式版本 5(community atmosphere model, version 5; CAM5)对副热带东亚地区夏季降水和低层风日循环的模拟，其中使用了 TRMM 2A25 降水资料(分成对流性、层状和其他类降水三类)。模式能够成功模拟凌晨有极大值的层状性降水日变化，但模拟的对流性降水出现在中午，这比观测的要早且幅值偏大。高分辨率模式在模拟日降水幅度上有些改进，但由于对流参数化的问题，模式在降水日循环模拟中都有偏差。

Kusunoki 和 Arakawa(2015)比较了耦合模式比较计划 5 和 3 阶段 CMIP5 与 CMIP3 (the coupled model intercomparison project)模拟东亚降水的表现，使用全球降水气候计划 GPCP 降水资料为“真值”，其中 1998～2010 年(13 年)含有 TRMM 3B42 格点资料。比较表明，CMIP5 和 CMIP3 都在夏半年低估和冬半年高估降水，但 CMIP5 在降水和极端事件的地理分布上有更高的再现能力。CMIP5 和 CMIP3 中高分辨率的模式表现较好；CMIP5 模拟东亚气候的一个强项是在夏季对西太平洋副热带高压的描述有改进。

Palerme 等(2017)使用 CloudSat 降雪资料评估不同全球增温情景下南极冰雪层过程，发现 CMIP5 模拟的历史降雪率过高，一些模式比 CloudSat 观测的高 100%，40 个模式中只有 13 个的模拟与观测相差在±20%以内。在全球增温条件下，所有模式模拟都显示南极降水有所增加。

为了评估 GCMs 模拟云水的可信度，Li 等(2008)使用了卫星被动遥感反演的液水路径 LWP 和 CloudSat 测得的云液水含量 LWC。CloudSat 的垂直探测能力使得可以反演云液水和冰水含量 LWC/IWC，从 ECMWF 再分析的温度廓线划分暖云(＞0°C)和冷云(＜−20°C)，在这之间水和冰进行线性地分配。使用降水标识，将非降水云分离出来。在使用 CloudSat 长时间观测资料统计量验证模式结果前，与其他云产品数据集进行了比较。虽然在某些地区，与卫星被动遥感(CERES/MODIS /SSM/I)的液/冰水路径相比较有相当大的差异，但与 ISCCP 的吻合较好。他们对 ECMWF 及 MERRA 再分析、IPCC 第 4 次评估所用的模拟和三个 GCMs 模拟进行了比较，发现模式之间及与观测估计比较有很大差异，即 GCMs 模拟的 LWP 比观测估计和两个再分析的大很多。CloudSat 观测的

LWP 最大值出现在边界层层积云地区，这一特征在模式和再分析结果中不明显。GCMs 和再分析的 LWC 垂直向上范围要大于 CloudSat 反演的。

尽管近 20 年来 GCMs 考虑云冰过程的参数化变得越来越复杂，但其发展却与全球尺度的观测关联不大。空基微波主被动遥感(微波临边探测器 MLS 和 CloudSat CPR)产生的冰云产品，可以用于 GCMs 的评估。Waliser 等(2009)通过比较 IPCC 第 5 次报告评估的模拟比较，揭示模式表达云冰方面的明显缺陷，给出了模式参数化中描述云冰和相关场的关键分量。他们讨论了在进行模式-资料有关云冰比较时必须考虑的关注点，说明了在应用卫星云冰资料于模式诊断中的进步与不确定性，显示了模式改进的方面，并讨论了一些存在的问题和改进方向的建议。从 IPCC 第 4 次报告所用的 20 个模式模拟的 1970～1994年全球平均量可见，对有比较可靠的全球观测参数(平均降水、大气可降水量和云量)模式之间的模拟比较一致，而对于当时没有全球观测的云冰量，模式之间的差异有 10 倍以上。相对于被动遥感，CloudSat CPR 反演的 IWC 和 IWP 具有较高的水平和垂直分辨率，与实地观测比较的偏差较小(±40%)。

Li 等(2012)用观测资料，评估了当时 GCMs(主要是 20 世纪 CMIP5)的云冰水含量(CIWC)和云冰水路径(CIWP)，将结果与 CMIP3 和两种最新的再分析资料进行比较。使用了 3 种不同的 CloudSat+CALIPSO 冰水产品和两种方法依据不同的尺寸和下落速度去除对流核的冰和/或降水云水成物的贡献，使得为了模式评估得到坚实的观测估计。结果显示，对于年平均 CIWP 和一些区域，在观测与大部分 GCMs 模式之间存在 2～10 倍的差异。然而，有一些 CMIP5 的模式，包括 CNRM-CM5、MRI、CCSM4 和 CanESM2 以及 UCLA 的 CGCM，与先前的评估相比有好的表现。CIWC 垂直结构的系统偏差出现在低和中对流层，在那里模式高估了 CIWC，偏差最多发生在副热带。热带在最大 CIWC 层(约 250～550 hPa)有明显的模式偏差。相比 CMIP3，CMIP5 集合的表现有很大改进。尽管 CMIP5 集合平均和每个模式的表现并不好，而且一些模式与观测比有很大的偏差。作者讨论了这些结果对地球辐射平衡模式的表达的意义，同时说明降水和非降水云冰成分的观测估计、模式和观测表达以及有关物理过程和参数化的不确定性。

张华等(2013)通过分析云观测卫星 CloudSat 2007～2009 年的观测资料，研究给出了东亚地区云的垂直结构。在此基础上，首次计算了在气候模式云辐射过程中表征云的垂直结构特征的一个重要参数：抗相关厚度 L^*_{cf}(即表示云层重叠假设方案的重叠系数减小为 1/e 时云层之间的距离)。结果表明，6 个研究区域的抗相关厚度的范围在 0～3 km，根据研究子域云量的不同来划分，抗相关厚度极值出现在云量为 0.6～0.8 的范围，平均约为 2.5 km。6 个研究域的 L^*_{cf} 纬向差异明显，处于较高纬度的北方地区和西北地区的 L^*_{cf} 整体大于较低纬的青藏高原地区和南方地区，而东部海域和东亚地区介于两者之间。不同季节之间的差异表明，东亚地区研究域和位于东亚地区西部的西北地区、青藏高原地区和南方地区三个研究域的 L^*_{cf} 在夏季最大，春、秋次之，冬季最小；位于东亚地区较东部的东部海域和北方地区研究域的 L^*_{cf} 则呈现出冬季最大、春秋次之和夏季最小的特点。此外，利用全球气候模式研究了不同的 L^*_{cf} 值对模拟的云辐射强迫的影响，不同 L^*_{cf} 取值对模拟的云辐射强迫有很大影响，特别是对全球几个主要的季风区和中东太平洋地区的影响很大，最高达 40～50 W/m^2。结果表明，在气候模式中精确描述云的垂直重叠结构，可以提高云辐射强迫的模拟精度及反馈效应评估的可信度。

由于传统的 GCMs 还不能分辨云过程的小尺度特性，并需要一定的计算效率，在模式中云微物理过程都进行参数化处理。虽然这些方案的复杂度在增加，但它们需要仔细评估以找到改进的方向。Eidhammer 等(2014)将通用大气模式版本 5(CAM5：community atmospheric model version 5)的云特征结果与实地观测进行了比较，实地资料来自大气辐射测量春季云加强期(ARM-IOP)在中纬度和热带的两次外场飞机观测。结果显示，模式高估了云冰和雪花粒子指数分布的斜率参数，而温度(高度)的变化接近；模式还高估了冰/雪粒子总数，低估了高阶(2～5 阶)矩；模式的质量加权下落速度低于观测的。这是在较短时间和小范围的比较。CloudSat 10 多年的云分类和云特性反演产品可用于全球范围内气候模式结果的比较验证研究。

全球气候模式模拟的不确定性相当大一部分归因于云本身及其与辐射和气溶胶相互作用表达的不完善。Dolinar 等(2014)使用 NASA 卫星资料，对参与 CMIP5 AMIP 的 28 个模式模拟的云参数(云量、云水路径)和大气层顶 TOA 的辐射及云的辐射强迫(cloud radiative forcings, CRFs)进行了评估。多模式集合平均云量(57.6%，在南北纬 60°之间)与 CERES-MODIS 和 ISCCP 相比低估了约 8%，而与 CloudSat/CALIPSO 结果比少 17.1%；云水路径偏差与云量的类似，与 CERES-MODIS 结果比少 16.1 g/m^2。通过综合误差分析，他们发现云量是大气增温或冷却的主要调节器，指出模式与观测的比较将帮助今后的 CMIP 版本模拟的改进。

8.5 多源资料融合与验证

同一卫星多传感器和多卫星传感器观测的融合，将产生更多和精度更高的资料产品。例如，TRMM 和 GPM 卫星上主被动微波传感器融合(PR+TMI 和 PR+GMI)，已生成不确定性更小和空间范围更大的降水数据集。CloudSat CPR 与 CALIPSO 激光雷达融合，可以更好地识别高层薄卷云和近地面的降水，生成云相态、微物理和降水率廓线产品。微波雷达、激光雷达和近红外及可见光多通道成像仪的融合(如 CloudSat CPR+CALIPSO/CALIOP+Aqua/MODIS，或 EarthCARE 四个载荷)，不仅相互补充形成云、降水和气溶胶粒子类型、垂直分布、衰减(消光)廓线和光学厚度等精度更好的产品，而且可以生成这些物理参数 3D 资料集，进一步使用辐射模式计算得到辐射及通量数据。

虽然星载微波辐射计遥感的水平分辨率较低(随频率降低而降低)和几乎零垂直分辨率，但是其观测幅度大，还是希望在降水区域提供定量降水估计。由于有微波主被动遥感的同步观测，可以使用雷达测量对微波辐射计的反演进行订正，从而提高大观测范围内的反演精度。

多源融合产品的一个典型代表是 TRMM 多卫星降水分析产品(TRMM multi- satellite precipitation analysis, TMPA)，主要融合 TRMM 长达 17 年观测中不同被动微波辐射计获取的降水信息和静止卫星上提供的红外信息，扩展了卫星测量降水的时空覆盖范围(Huffman et al.，2007)。该融合方法以 TRMM 为基础，将有关卫星降水测量组合起来，生成覆盖南北纬 50°每 3 小时一次的降水场资料。TMPA 数据主要源自以下几方面：TMI

一级亮温(L-1 T_b)，AMSR-E 、SSMI 、AMSU-B、MHS 的二级(L-2)降水估算以及 4 km 融合的静止卫星红外亮温 T_b。为了提供数据融合准确性，采用 PR 作为定标参考，即在有 TRMM PR 观测时以它标定其他卫星的降水反演(月和季尺度上的降水)，这是因为分析研究显示，TRMM 反演的降水与地基实地测量的一致性最好。虽然，自 1998 年以来有关降水反演卫星有所变化，TRMM 于 2015 年 4 月停止运行，但 TMPA 仍在提供连续的资料。现在的 GPM 融合产品也是基于 TRMM TMPA 产品的方法，继续融合 GPM 任务中更多卫星提供的降水信息，获得全球更好时空分辨率的降水数据库。

卫星遥感是对大气-地表的间接探测，其反演结果需要使用地面和飞机观测进行验证。卫星降水和云观测项目都有系列的地面验证研究(Kummerow，2000；Shimizu et al.，2001；Takahashi and Iguchi，2004；Stephens et al.，2002；Schwaller and Morris，2011；Illingworth et al.，2017)。

星载微波雷达具有很高的垂直分辨率能力，且比微波辐射计有更高的水平空间分辨率，通常使用雷达观测资料验证微波辐射计的反演结果，并对后者进行订正。例如，Kummerow(2000)分析比较了 TRMM 资料中 PR 与 TMI 反演的降雨率，发现在 Version 5 数据中降雨率存在 24%的误差，最大误差出现在 2A25 与 2A12 反演的降雨量，后者在热带反演降雨结果最大。两者差异主要原因是：①辐射计和雷达遥感降水的物理机理不同，雷达直接测量降水三维结构，而辐射计依赖一些三维云模式提供的微物理廓线与微波亮温 T_b 关系来反演降水；辐射计有 9 个通道信息可以综合利用，PR 仅仅一个频率(13.8 GHz)，该频率对一般冰粒子不敏感，除非粒子尺度足够大。此外，两者观测像素空间分辨率不一致，如 TMI/10.65 GHz 近似 63 km，PR 是 4.3 km。②在 TMI/PR 反演算法中有不同的假设。首先是粒子尺度谱 DSD 的假设，TMI 低频对 DSD 不敏感，因此 DSD 的假设对微波亮温 T_b 影响不显著；而对 PR，DSD 却很重要(Z–D^6)。③在反演中设定了降雨率 RR 与 D^3 的关系，但粒子下落末速度 $V_t(D)$ 也有影响，而 TMI 和 PR 观测中都不能准确提供 $V_t(D)$，因此计算的 RR 也有差异。比较分析表明，在热带，对于降雨极值，TMI 估计的比较正确，PR 估计的偏低(主要是雨强大时 PR 衰减越发明显，影响正确反演降雨量)；在中纬度，PR 估计更为准确，而 TMI 低估(主要是 TMI 廓线方法主要建立在热带降雨云结构，对中纬度地区使用能力减弱)。

TRMM 降水雷达 PR 与 CloudSat 云雷达 CPR 观测也已融合，两种不同波长的星载雷达结合，能互相弥补各种缺陷，增强双方优势，获取更丰富的云、气溶胶和降水信息，也能直接准确估算弱降水。

蔻蕾蕾等(2016)结合高垂直分辨率、低灵敏度的 TRMM PR 探测资料和高水平分辨率和灵敏度、低垂直分辨率的地基雷达观测资料，将两者的雷达反射率因子进行三维数据融合，发现融合后的图像丰富了降水信息，能更好地探测弱降水以及降水区域细节变化。

傅云飞(2016)等利用最新版本，即第七版的 TRMM PR 数据以及同步扫描的可见光和红外扫描仪(VIRS)观测数据形成融合数据集，研究了夏季青藏高原上降水类型的特征。统计结果表明，最新版的 PR 降水回波强度及降水率廓线资料(2A25)仍旧误判青藏高原上以层云降水为主(比例高达 85%)；以云顶相态定义的青藏高原降水类型统计表明，冰相云顶和冰水混合相云顶的降水分别占 43%和 56%；以降水回波顶高度定义的降水类型统计表明，深厚弱对流降水和浅薄降水分别占 77%和 22%，而深厚强对流降水仅占 1%。空间分布的统计表明，冰相云顶降水和冰水混合相云顶降水的频次和强度自高原西部向高原东部和东南部增加，其降水回波顶高度自高原西、中部向东部降低。深厚强对流降水和浅薄降水的频次由西向东增加，而深厚弱对流降水频次分布是西少、北少、南多，高原南部比北部的深厚弱对流降水频次高出近 1 倍；深厚弱对流降水和浅薄降水的平均强度也表现了自高原西部、中部向东部的增大，而其降水回波顶高度分布则相反。总体上，夏季青藏高原降水频次和强度自西向东增多和增大，而云顶和降水回波顶高度则相反。

为了了解降水云内的大气温湿结构特点，夏静雯和傅云飞(2016)利用 14 年 TRMM PR 和全球探空数据集(IGRA)的探测结果，融合计算获得了一套大气温湿廓线和降水廓线的准时空同步资料，并利用该融合资料研究了雨季东亚和南亚降水云内的温湿结构和不稳定能量特点。个例研究结果表明，深厚对流降水表现出整层大气湿润、高空风速小的特点，层云降水则表现出 850 hPa 以下大气湿润、水汽随高度升高显著减少、高空风速大的特点。统计结果表明，东亚季风区降水强度更大，对流和层云降水的回波顶高度分别可达 17 km 和 12 km；南亚季风区降水强度较弱，回波顶高度比东亚约低 1 km；统计结果还表明，南亚季风区对流活动受季风推进的影响显著。两个季风区降水云团内的温度结构差异主要出现在近地面，南亚的近地面温度比东亚约高 4 ℃，南亚对流降水云内的大气较东亚更干燥；整个雨季南亚降水的对流有效位能(CAPE)要大于东亚。研究结果为模式模拟降水云温湿结构提供了观测依据。类似地，王梦晓等(2019)利用 TRMM PR 的降水回波反射率因子廓线(降水率廓线)与全球探空大气温湿廓线(IGRA)融合资料，研究了青藏高原拉萨站夏季降水结构及相应的大气温湿结构特征。结果表明，该站降水回波反射率因子分布在 17～45 dBZ，大部分小于 26 dBZ；回波顶高度达 17 km，呈现“瘦高”外形；相应的大气低层湿润，降水云内大气并非饱和，但温度露点差比全部状态时的值小。深厚降水系统的回波外形也呈现“瘦高”，按照降水率随高度的非线性变化，其垂直结构可分为三层，而浅薄降水系统的垂直结构呈现一层，即平均降水率斜率随高度呈对数线性变化，最大平均降水率(0.7 mm/h)出现在地面。深厚降水与浅薄降水云体内 400 hPa 高度(7.5 km)上下的露点温度递减的速率不同。降水云体内的零度层高度大约 6.3 km，但 PR 没有探测到零度层亮带。统计结果还表明，拉萨探空站及附近的大气可降水量为 20.89 mm/d，降水转化率为 27.0%，深厚降水系统的降水转化率是浅薄降水系统的 2.9 倍，深厚降水系统和浅薄降水系统的 CAPE 值分别为 1941.7 J/kg 和 1451.8 J/kg。

由于 TRMM PR 的观测稳定性好，其提供的产品经过系统的检验和验证，也反过来用于地基天气雷达观测的比较验证(例如：Bolen and Chandrasekar，2000；Liao and Meneghini，2009)。朱艺青等(2016)用几何匹配法处理了 TRMM PR 的探测资料，统计分析了 2008～2013 年共 245 个时次的匹配数据。以多年持续稳定工作的 TRMM PR 为参照，考查了南京 S 波段天气雷达 6 年的探测资料情况。结果表明，南京雷达和 TRMM PR 探测降水具有较好的一致性，但 6 年时间里存在一定的运行不稳定，0 ℃ 层以下回波强度数据存在 3 时段“跳变”特征，有统计显著差异，而 3 个时段内保持相对稳定；地基雷达与 TRMM PR 的回波强度差值随回波强度的变化呈线性关系，在中低回波值时 TRMM PR 比地基雷达的大，在中高回波值时 TRMM PR 测量值小。基于两种雷达回波强度值的拟合关系，对南京地基雷达的反射率因子进行分段线性订正，有效地改善了南京雷达 6 年观测的一致性，整体差异减小到 0.75 dB 以内，地基与卫星雷达观测的相关系数增大，而标准差减小。

Han 等(2018)研发了一个建立 TRMM PR 与地基雷达最佳可比资料集的方法，实现 TRMM 标准产品 2A25 资料与中国新一代天气雷达降水资料的最佳匹配，进而比较分析和订正了多部地基雷达降水反演的偏差，改进了中国南方天气雷达网络降水产品的质量。

韩静等(2017)将热带降雨测量卫星 TRMM PR 测量作为统一的参照，针对 2010 年 5～8 月长江中下游 7 次匹配降水天气期间苏南(南京、常州、南通)三部雷达的资料进行一致性分析，并利用经质量控制后得到的比较适宜于对比分析的数据集建立订正关系进行偏差订正。结果表明，南京雷达反射率因子强度比常州雷达低约 3.5 dB，常州比南通低 0.9 dB 左右，3 km 高度的回波强度拼图存在明显的不连续；利用预处理后的雷达观测数据样本，计算得出南京、常州、南通各地基雷达与 PR 的差值，并进行偏差订正后，南京与常州、常州与南通之间的反射率因子差值减小成为 0.3 dB 和 0.2 dB，明显改善拼图效果。

CloudSat CPR 也进行了完整仔细的评定，在发射前有非常精确的内部各节点测量，发射后与理论计算的海面后向散射进行比较，与飞机机载雷达直接比较，以及与全球不同地点的地基云雷达的统计比较。所以，CloudSat CPR 的定标精度可以保证在 0.5～1 dB。这样，CloudSat CPR 测量可与地基云雷达或其他卫星观测进行统计比较，对地基雷达进行标定，或检测出地基雷达在长时间序列测量中的异常。Protat 等(2011)证明了 CloudSat CPR 可作为地基和机载云雷达的标定器，他们使用了多个地基云雷达和一个机载雷达数据。研究发现，在 2008 年美国 ARM Barrow 站雷达的资料中偏高 9.8 dB，而 Cabauw 站雷达资料偏低 8.0 dB。沿轨同步飞行观测比较显示，CloudSat 与飞机云雷达的测量有很好的一致性。

第 9 章　技术和应用展望

目前，在卫星主被动遥感云和降水的技术及其应用方面已取得长足进步，但是仍然不能满足科研与业务工作的需要。例如，星载云和降水雷达的水平分辨率过粗，观测刈幅过窄，时间分辨率过粗(以天计)，观测的要素不全(例如缺降水云中风场)，反演的参量有一定的不确定性(例如，近地层降水强度估计误差可达 50%以上)，等等。随着卫星、雷达、通信、计算机和信号处理等技术的进步，上述不足将一一得到克服弥补，新技术的应用将提供更多更好的可用资料与信息，以满足日益增长的业务与科研需求。

本章主要对星载微波雷达遥感降水和云的观测方法和技术方面进行展望，对涉及的具体器件技术(射频、天线、电源、热控、信号处理、数传和通信等)不做介绍，因为这些技术大多是通用性的，也超出了本书范围。本章第 1 节从现有技术的不足和应用需求出发，介绍需要研发与应用的未来星载降水雷达技术；第 2 节介绍我国新一代降水雷达的技术特点；第 3 节简略列出未来星载测云雷达的技术特点；在第 8 章介绍的基础上，本章最后 1 节给出未来星载主动微波遥感云和降水研究与应用的展望。

9.1　未来星载降水雷达

1. 大天线技术

增加天线的尺寸，可以提高星载降水雷达的水平分辨率，能够有效地消除波束充塞不均匀的影响。对流降水的典型尺寸一般要比目前星载微波遥感器的视场小。例如，Goldhirsh 和 Musiani 发现偏离弗吉尼亚海岸的对流风暴的中等尺度为 1.9 km(Goldhirsh and Musiani，1986)，比 TRMM 雷达天底点足迹的一半还要小些。由此产生的波束充塞不均匀会导致降水强度的剖面分布反演出现偏差。有研究表明，如果将 TRMM 降水雷达的分辨率提高一倍，波束充塞造成的偏差将减少 40%(Durden et al.，1998)。波束的非均匀充塞还会导致降水的垂直速度测量出现偏差。Tanelli 等证明如果由卫星运动引入的多普勒频谱宽度扩展比较小，那么星载多普勒雷达就可以获得 1 m/s 的测量精度(Tanelli et al.，2002)，这同样需要有足够大的天线来减小波束宽度。

星载降水雷达使用大尺寸天线，还可以减轻地表杂波对降水回波的污染。对于运行在 350 km 高度的 TRMM 雷达而言，当扫描角为最大值 17°时杂波干扰可以出现在从地面一直到 1.5 km 的所有高度(Hanado and Ihara，1992)。由于全球三分之二的降水本质上是普遍的层状降雨，而层状降雨的高度一般在 3～5 km，故地表杂波问题不能忽略。如果将天线尺寸扩大一倍，那么杂波干扰的高度就被限制在从地面到低于 750 m 高度的区域。此外，由于杂波的减少，雷达还可以提供更宽的扫描刈幅。

为了提高观测的水平空间分辨率，未来星载降水雷达将采用更大的真实孔径或合成孔径天线，使近地面像素直径从 5 km 减少至 1 km 或更小；使用脉冲压缩技术，进一步提高垂直(径向)分辨率(从 250 m 减少至 30～50 m)。

在极轨卫星上，雷达进行以星下点为中心的圆锥扫描观测(图 9.1)，圆直径(刈幅)大于 800 km，地面入射角 30°～50°。这样有利于多普勒功能的完满实现，前后向的径向速度测量易于实现三维风场反演。此外，圆锥扫描双角度观测有利于偏振信号的提取与利用，对云和降水分类以及粒子谱参数的反演帮助很大。不采用目前的跨轨扫描而采用圆锥扫描的一个好处是，对于各个方向的探测雷达脉冲重复频率可以固定不变。

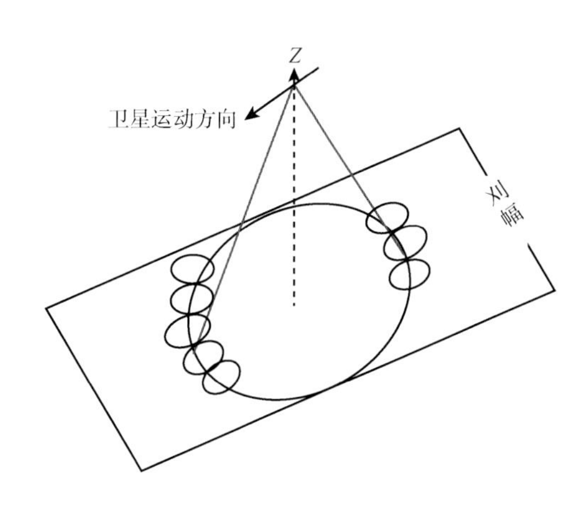

图 9.1　星载雷达多波束圆锥扫描观测

为了提高空间分辨率，未来将可能使用合成孔径雷达(synthetic aperture radar, SAR)。合成孔径气象雷达能够获得很高的地面像元分辨率(优于 100 m 甚至 10 m)，有较宽的观测刈幅(～450 km)，已为多个航天飞机和卫星上的实验与应用所证明。当前已上天的 SAR 主要探测陆地和海面的特征，但也已用于飓风/台风形态的研究，给出飓风眼的结构、中尺度涡旋、雨带、弧形云及眼内大风等特征(Li et al.，2013)。未来多功能云-降水-地海表探测雷达，将使用 SAR 与自适应扫描技术，结合变频、多重复频率和多脉冲宽度发射与超强的信号接收和处理技术，因太过专业和技术上的不成熟，这里不做进一步介绍。

2. 多频率雷达

TRMM PR 工作的中心频率是 13.8 GHz，可检测的最小降雨约为 0.7 mm/h，对较小雨滴的后向散射不够灵敏。为了显著增强小雨和雪的测量灵敏度，GPM 核心卫星上的 DPR 和风云 3 号降雨测量卫星(FY-3 RM)上的降水测量雷达(PMR)都增加了频率更高的 Ka 波段。此外，降水强度是由雨滴谱分布(DSD)推算出来的，双频系统能够测量描述 DSD 的多个参数，因而有助于改进降水强度反演的精度。研究表明，双频雷达方法可以将小雨到中雨的强度反演精度提高 25%到 200%(Im et al.，2003)。如果需要探测云，还要使用更高频率的 W 波段。W 波段雷达既增强了弱降水的测量能力，还扩展了对降水云的探测，有助于研究从云到降水的演化过程。因此，未来的星载降水雷达将普遍采用双频甚至多频工作模式。

全球降水测量计划(GPM)已使用双波长雷达进行遥感，未来可以同时使用多波长(例如 W、Ka、Ku 和 C 四个波段)，实现对云、小雨到暴雨的全部监测。多波长雷达有利于衰减订正的实现，提高云水、降水量的定量遥感精度。

3. 双偏振和多普勒技术

自 1970 年以来雷达气象学中最重要的进步之一，就是将偏振技术用于遥感反演降水。未来的星载降水雷达将有能力同时测量同偏振和交叉偏振两种回波，通过非球形降水粒子偏振特征上的明显区别，来提高雷达对不同类型降水粒子的识别能力。国际上多个部门已成功研制和应用了机载双偏振降水和云雷达，例如美国 NASA 喷气推进实验室(Jet Propulsion Laboratory, JPL)的机载雨测绘雷达(airborne rain-mapping radar, ARMAR)，其所获得的同偏振 HH 和交叉偏振 HV 降雨剖面，展示了在融化高度附近混合水成物独一无二的散射特征。

典型的地基气象雷达就是脉冲多普勒雷达，这是因为多普勒气象雷达不但可以获得诸如反射率和雨强等常规气象雷达所能够得到的信息，而且还能够借助多普勒技术，从气象目标运动的径向速度谱中推导出大气风场及垂直速度的分布以及湍流情况，从而增强对大尺度风暴系统的运动结构、对流性风暴内部的环流、产生龙卷和冰雹的中尺度强风暴等强对流天气的探测，同时对于研究降水的形成、分析中小尺度天气系统也有重要意义。未来星载降水雷达将通过多普勒谱分析技术来测量雨滴的垂直速度，并可能达到 1 m/s 左右的测速精度。

4. 宽刈幅与自适应扫描

以 TRMM 的轨道和降水雷达 PR 刈幅宽度(约 220 km)，PR 在任意地表一点的采样频率被限制在大约每 50 小时一个样本(还部分依赖于纬度)。GPM 核心卫星运行于高度 407 km 和倾角 65°的轨道上，以覆盖更高纬度地区；对于跨轨±17°扫描角度，在纬度为 50°以下的很多区域将一个月甚至更长时间才被采样一次。如此长时间间隔的采样，会使得月平均降水量出现很大偏差，从而妨碍了雷达对细微及短周期降水变化的检测，而这些变化往往与缓慢变化的气候有关，或者是与诸如 El Nino 年份里降雨模式变换等季度到年度的气候异常有关。未来，星载降水雷达有能力使天线扫描范围提高到±30°以上，卫星采样覆盖全球和某一地区的周期会有显著的缩短。

观测更大的地面刈幅意味着停留在区域内任一点的时间会显著减少。为了不减少独立样本数及影响测量精度，新一代星载降水雷达还将采用自适应扫描技术，合理分配有限的观测时间。要获得宽刈幅扫描探测与在一个特定角度有一定数量脉冲积分，往往是有冲突的。为了解决这个问题，需要研发多波束天线和自适应扫描等方法和技术。多波束天线能够同时对多个方向进行观测；自适应观测方法使雷达仅对云和降水区进行探测，而对晴空区不做观测或少做观测。全球降水区的覆盖面积很小，星载降水雷达自适应观测可以使降水区获得更多的观测，增加驻留观测时间提高信噪比，从而提高观测精度。

在大量非降水区不做观测或少做观测，原则上可以减少卫星的功耗。自适应观测的前提是，降水云与非降水云区的区分，这种信息可以由其他宽幅传感器(例如微波辐射成像仪)的观测提供，也可通过雷达本身测量的时间和空间连续性分析给出。

TRMM 降水雷达观测提出了一种简单可行的自适应观测方案，可以节省功耗。该方案是对瞬时视场中的最初几个脉冲回波进行快速分析，判断该视场中是否有降水；如果回波低于某个阈值就停止发射后续脉冲，到下一个视场进行同样的操作。该方案可以得到连续的地面(海面)散射资料，但不能增加雷达单视场的采样数和扫描宽度。

5. 脉冲压缩与高速信号处理

限制充分利用星载雷达进行降水测量的一个关键问题是，卫星上难以使用高峰值功率发射机。由于相比陆地和海洋表面，降水粒子的反射非常微弱，因此观测降水就需要相当高的发射功率。为了可靠地检测交叉偏振的降水回波，还需要更高的功率。星载降水雷达今后将会采用持续时间相对较长的脉冲，并通过频率调制等脉冲压缩技术在保证距离分辨率的同时降低雷达的峰值发射功率而不降低信噪比。因此，在保持现有星载降水雷达发射功率不变的情况下，新一代星载降水雷达对降水云的检测灵敏度会得到显著提高。

脉冲压缩和多普勒与双偏振信息提取等，需要星载高速信号处理器。数字信号处理器除了进行脉冲压缩外，还可进行功率谱分析以计算多普勒速度。因此，未来的星载降水雷达将会大量应用现场可编程门阵列(field programmable gate array, FPGA)等成熟技术，实现每秒百亿次以上的运算能力。

6. 多卫星星座

为了实现全球高时间分辨率的监测，当前在(低)极轨轨道上运行 1～2 颗降水雷达卫星是不够的。目前，GPM 国际降水测量计划星座中仅有 GPM-CO 卫星上搭载了双频雷达，其他卫星携带不同国家/机构研制的微波辐射计，这些卫星包括美国的 NOAA 18 和 19 号气象卫星、国防气象卫星(defense meteorological satellite program，DMSP，3 颗)、国家极轨环境卫星系统 NPOESS 预先项目卫星(National polar-orbiting operational environmental satellite system preparatory project, NPP)、欧洲极轨气象卫星 MetOp、日本全球变化观测卫星–水 1 号 GCOM-W1(global change observation mission-water 1)和法国-印度大热带卫星(megha-tropiques satellite)。微波成像仪的观测幅度宽，易于实现全球覆盖，虽然其降水反演精度在逐步提高，并有主动遥感校验，但是其降水测量反演更为间接，不可能获得令人满意的测量精度。

随着雷达和卫星平台综合技术的进步，未来有望建立专门的降水和云测量雷达极轨卫星星座，像全球定位导航卫星系统 GNSS(global navigation satellite system)那样使用多轨道组网。假设未来的降水雷达星座由 6 个极轨轨道、每轨 4 颗卫星组成(共计 24 颗)，雷达扫描宽度为 1 200 km，则在赤道地区的时间分辨率为 2 h，在 60°纬度为 1 h；如在热带和中纬地区要提高到 1 h 的时间分辨率，需要增加 1 倍的卫星数(达 48 颗)。在当前多项技术(如超级卫星星座)蓬勃发展的趋势下，快速发射几十颗乃至几百颗专用卫星的时代很快就会到来。

NASA 下一代 GPM 集成多卫星反演计划(integrated multi-satellite retrievals for GPM, IMERG)中，卫星星座由 10 多颗国际卫星组成，时间分辨率 30 min，空间分辨率 0.1°× 0.1°(约 10 km×10 km)。通过对降雨和降雪更加精细的测量，为许多研究与业务工作提供新的信息，例如：降水结构与强度的详细特征、飓风或台风从热带到中纬度的转移、洪水与滑坡的近实时评估以及天气和气候模式所需的输入资料等。资料可从以下网址获取：http：//gpm.nasa.gov 或 sharaku.eorc.jaxa.jp/GSMaP。GPM 还是国际协调地球观测系统(coordinated earth observing system, CEOS)降水星座(precipitation constellation, PC)的主要基石。

7. 地球静止卫星搭载气象雷达

地球静止卫星位于赤道上空 35 800 km 高度的轨道上，很容易获得较大的覆盖范围，还可以对热带和副热带重点关注区域进行“凝视式”时空加密观测。但使用真实孔径雷达要获得较高的水平空间(像元)分辨率则很困难，因为波束展宽随探测距离的增加而增大。随着大天线技术的进步，这一困难将逐渐得以克服。如果采用合成孔径雷达，则可以获得较理想的空间分辨率，这时静止卫星上“驻点”多时间采样将保证所需的信噪比。

在 GPM DPR 研发的同时，美国 NASA 于 2007 年提出地球静止轨道多普勒天气雷达(geostationary Doppler weather radar, GDWR)的研制计划，目前这一设计和研制方案还在优化之中，其主要技术参数列于表 9.1 中。为了在静止轨道上获得可接受的水平空间分辨率(12～14 km)，GDWR 拟采用可伸展型球面反射天线，展开后直径达 35 m。GDWR 工作频率选择 35 GHz 而不是 14 GHz，虽然中等以上强度降水的衰减影响很大，但是对弱降水有很高的灵敏度，最主要的是在天线有限尺寸下获得很窄的波束宽度。GDWR 波束宽度是 0.019°，对星下点 0°～4°进行螺旋式自内向外的扫描(图 9.2)。

表 9.1　地球静止轨道多普勒天气雷达(GDWR)系统技术参数(取自 Im et al.，2005)

参数	数值	参数	数值
工作频率/GHz	35	带宽/MHz	0.58
天线直径/m	35	脉冲宽度/μs	100
波束宽度/(°)	0.019	发射路径损耗/dB	2
天线增益/dB	77.2	接收路径损耗/dB	2
旁瓣电平/dB	−30	系统噪声温度/K	910
最大扫描角/(°)	4	峰值功率/W	100
垂直分辨率/m	300	最小可测 Z(单脉冲)/dBZ	15.4
水平分辨率(星下点)/km	12	最小可测 Z(积累后)/dBZ	5.0

由于地球的曲率，静止卫星 4°下视扫描角对应地面 28°的入射角(波束与地面垂直线的夹角，见图 9.2(b))；扫描覆盖南北纬 24°的圆盘，直径达 5 300 km，总“像素”(扫描点)约 200 个；完成一个圆盘全部扫描需时约 1 h。但是，GDWR 可以根据指令缩小扫描范围，仅对重点区域高影响天气过程进行加密的快速扫描观测，例如对热带台风展开追踪观测。

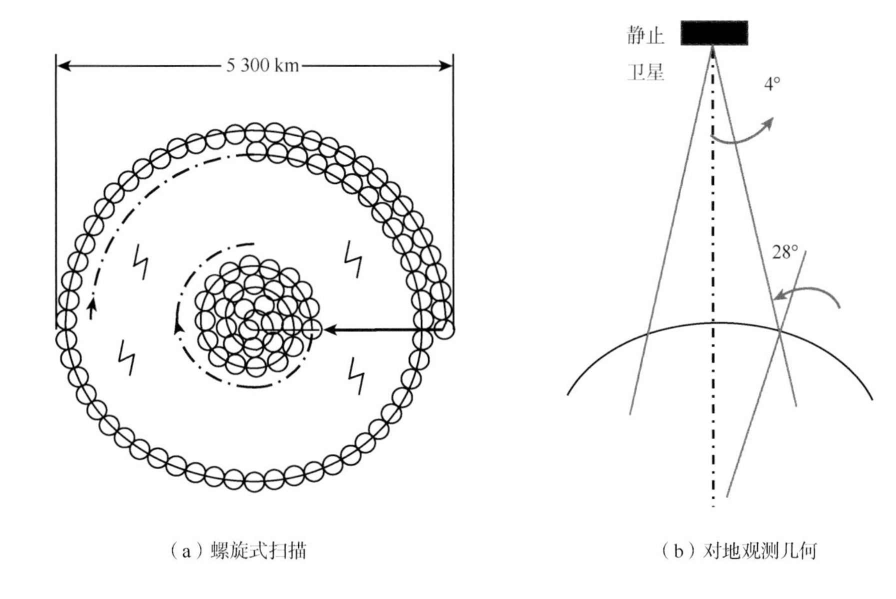

（a）螺旋式扫描　　（b）对地观测几何

图 9.2　GDWR 观测方式

GDWR 的大天线需采用轻质材料，在发射入轨前能够折叠，入轨展开后要保持形状并能主动校正变形。为了实现螺旋形扫描，分离的发射和接收两对馈源跟随导轨杆做螺旋式的匀速运动。GDWR 的一大特色就是这样的天线设计，但其研制实现的难度也很大。

GDWR 的各项性能都进行了分析(表 9.1)，它具有多普勒测速功能，对多普勒功率谱处理分析后，可以得到气象目标的径向速度和谱宽。与极轨星载天气雷达一样，GDWR 不能直接测得气象和水文工作者最感兴趣的地面降水，这是因为有地海表反射回波的干扰，而且由于 GDWR 的水平和垂直分辨率都不够高，地杂波对近地降水观测的影响更大，并随观测扫描角增大而增大，当 4° 扫描角斜向观测时地杂波将影响地海面之上 6 km 高度范围的降水测量。已有一些研究工作来分析和评估地杂波对 GDWR 测量的影响(唐顺仙等，2017)。

星地多基地雷达：一种设想是在地球静止轨道上安装发射机，进行大视场照射(直径 500～1 000 km)，地面上部署很多窄波束天线接收机，探测(散射功率积分)区域是发射脉冲和接收波束相交的体积(图 9.3)。在重点区域部署密集的接收设备，可以对同一体积实现 2～3 方向的侧向散射观测，从 2～3 个径向速度的测量可以反演降水的平均下落速度和风场。星上宽视场电磁脉冲发射与地基多接收机的扫描接收同步协调问题，由于有全球定位系统的授时将得到很好地解决。星地多基地雷达的方程和多普勒效应分析在 Meneghiri 和 Kozu(2013) 专著第 44～45 页给出，有关雷达参数、衰减订正、波束充塞等因素在其中的引用文献中给出，还可参见地基多基地天气雷达有关文献。

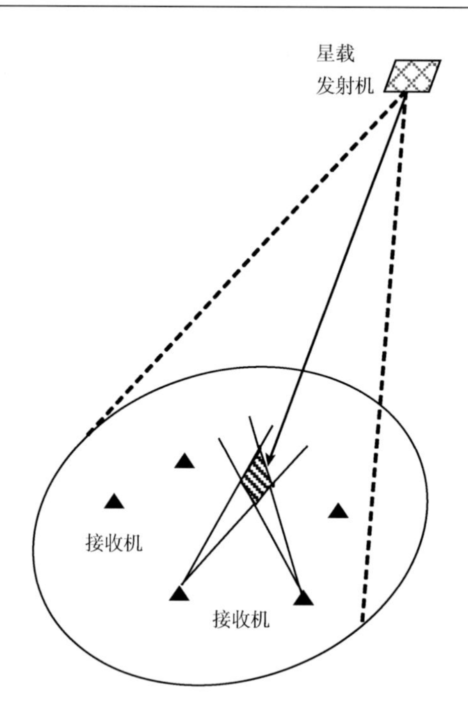

图 9.3　星地多基地联合观测示意图

9.2　中国新一代低轨降水雷达系统特点

中国第一代专门的降水测量卫星 FY-3 RM 包括两颗卫星，第一颗卫星预计于 2022 年发射，两颗卫星预计可以接续工作 10 年以上的时间。因此，搭载在 FY-5 卫星上的中国新一代低轨降水雷达(precipitation measurement radar 2, PMR 2)预计于 2032 年左右投入使用。PMR 2 在第一代星载降水雷达 PMR 的基础上，将采用大尺寸高精度天线、多普勒测量、双偏振等新技术，来大幅度改进观测刈幅、空间分辨率、灵敏度等性能指标，从而显著提高降水测量精度。参考国外在新一代极轨降水雷达系统研究和设计方面的经验，依据 FY-5 的任务目标提出了如表 9.2 的 PMR 2 的基本探测能力要求。以下对 PMR 2 的基本要求和技术设计做一简要介绍。

表 9.2　中国新一代低轨降水雷达 PMR 2 探测能力要求

项目	要求
观测刈幅	600 km
空间分辨率	水平(天底)：2.5 km；距离：250 m
最小可检测降水强度	Ku 波段：0.2 mm/h；Ka 波段：0.05 mm/h
观测高度范围	15 km + 5 km(镜像)
其他能力	同极化和交叉极化测量，降水粒子垂直下落速度测量

1. 空间分辨率、观测刈幅与轨道高度的折中

如前所述，提高星载降水雷达的水平分辨率，不但可以降低波束不均匀充塞的影响，减轻地表杂波的污染，而且还能改善多普勒速度的测量精度。但这也意味着需要使用更大尺寸的天线。例如，对于 FY-3 RM 搭载的 Ku 波段雷达，如果天底分辨率由 5 km 提高到 1 km 意味着天线的有效口径要达到 10 m。显然，如此大的天线会给加工和安装发射带来极大的困难。考虑到单体雷暴一般的宽度有 2～3 km，所以将 PMR 2 的天底分辨率选为 2.5 km。雷达的距离分辨率选为 250 m，主要是出于气象应用的考虑，它对于详细研究云或云团的运动是必要的。

卫星轨道高度的选择是考虑既能提供一个较好的水平分辨率又可以得到较大的扫描刈幅。在相同的天线尺寸下，卫星轨道高度越低，获得的水平分辨率越高。从科学应用角度而言，需要大的地面刈幅宽度，但是大刈幅会使垂直分辨率在天线扫描边缘出现较大的拖影，导致地面杂波干扰到更高处的降水测量。选择较高的轨道高度可以减小扫描边缘的天线入射角，因而可以减轻地表杂波的干扰影响。另外，大气阻曳对卫星运动的影响也是轨道高度选择的一个因素。为了减小天线尺寸并降低重量，PMR 2 可以选择反射面天线。对于 2.5 km 的空间分辨率，400 km 高的轨道需要 4 m 以上的天线。在此高度运行，搭载大尺寸反射面天线的卫星受到的气阻影响明显，维持轨道高度需要消耗大量燃料。综合考虑后，将中国新一代降水测量卫星的轨道高度设定为 600 km，并据此分析 PMR 2 的系统参数。

在 600 km 高度的轨道，2.5 km 水平分辨率对应的天线波束宽度为 0.2387°。出于采样连续覆盖的目的，将波束扫描间隔选为 0.23°。为了观测 600 km 的地面刈幅区域，天线波束需要覆盖±26.3°。因此，覆盖±26.3°的区间需要 229 个雷达像元。在扫描边缘，水平分辨率会有所下降，即跨轨方向大约 2.8 km、沿轨方向约为 3.2 km。

2. 发射脉冲设计

由于交叉偏振降水回波一般要比同偏振降水回波低 10 dB 以上，PMR 2 将需要使用脉冲压缩技术实现对交叉偏振弱回波的检测。当系统峰值功率确定时，增加发射脉冲的持续时间 τ_p 可以获得更大的回波平均功率，从而增加了信噪比。在脉冲压缩情况下，回波信号必须保持相干性。也就是说，在压缩前脉冲长度 τ_p 必须满足下面的条件

$$\tau_p \leqslant T_{dec} \tag{9.1}$$

式中，T_{dec} 是回波信号的去相关时间，即

$$T_{dec} = D_a/(2v_{ss}) \approx \gamma\lambda/(2\theta_{3dB}v_{ss}) \tag{9.2}$$

式中，v_{ss} 是卫星投影在地面上的速度；D_a 是天线的尺寸；θ_{3dB} 是天线波束宽度。取 $\gamma=1.22$ 可以得到，对于 Ka 波段有 τ_p 小于 170 μs，对 Ku 波段有 τ_p 小于 460 μs。但是，较长的脉冲持续时间也会使地表杂波干扰更高的降水单元。这里取 $\tau_p=40$ μs 以满足式(9.1)的要求。

采用脉冲压缩技术的发射信号距离主瓣宽度约为信号带宽 B 的倒数。显然，增加带宽可以提高雷达的距离分辨率，或者在保持距离分辨率不变时增加独立样本数。但是，增加发射信号的带宽意味着接收机的带宽也要变大，由于系统噪声与系统噪声带宽(主要由接收机带宽决定)成正比，所以这会导致系统噪声变大，雷达可能无法满足最小可检测降水强度的要求。作为折中的结果，这里取 $B=10$ MHz，独立样本大约增加 8 倍。

雷达需要在两个脉冲发射的间隙接收降水回波，因此脉冲重复频率(pulse repetition frequency, PRF)应满足以下公式：

$$\frac{n-1}{\mathrm{PRF}}<t_1<t_2<\frac{n}{\mathrm{PRF}} \tag{9.3}$$

式中，

$$\begin{cases} t_1 = \dfrac{2\left[L(\theta,\varphi) - h_1/\cos\alpha\right]}{c} - T_{\mathrm{m}} - T_1 - \tau_{\mathrm{p}} \\ t_2 = \dfrac{2\left[L(\theta,\varphi) + h_2/\cos\alpha\right]}{c} + T_{\mathrm{m}} + T_1 + \tau_{\mathrm{p}} \end{cases} \tag{9.4}$$

式中，h_1 和 h_2 分别是降水测量雷达观测高度范围的上下限；L 表示地面扫描点到降水测量雷达的斜距(大小与扫描角度 θ 和卫星的纬度位置 φ 有关)；α 是雷达波束在地面的入射角；c 表示光速；T_{m} 是收发脉冲的时间余量；T_1 是由于卫星平台的高度变化 ΔH 引起的时间余量。这样计算得到的 PRF 在 3 700 Hz 与 4 200 Hz 之间。

此外，多普勒速度处理需要相干的测量。当降水的归一化频谱宽度 σ_{vn} 满足 $\ll 1$ 时，相隔 1/PRF 的两个回波样本之间就存在相关性(Atlas，1964)。归一化频谱宽度 σ_{vn} 表示为

$$\sigma_{\mathrm{vn}} = \sigma_{\mathrm{v}}/(2V_{\mathrm{a}}) = 2\sigma_{\mathrm{v}}/(\lambda\mathrm{PRF}) \tag{9.5}$$

式中，V_{a} 表示雷达可测的最大无模糊速度；σ_{v} 是降水回波的速度谱宽度。更精确一点，Doviak 等(1979)证明，当归一化频谱宽度超过 $1/2\pi$ 时，相干性就会有可观的下降，而平均多普勒速度估计的方差以 $\exp\left(4\pi\sigma_{\mathrm{v}}/\lambda/\mathrm{PRF}\right)^2$ 增加。这意味着脉冲重复频率应满足

$$\mathrm{PRF} \geqslant 4\pi\sigma_{\mathrm{v}}/\lambda \tag{9.6}$$

降水的固有多普勒谱宽 σ_{v} 通常在 2～5 m/s 之间。当取 $\sigma_{\mathrm{v}}=5$ m/s 时，可以得到 Ku 频段 PRF＞2850 Hz，Ka 频段 PRF＞7440 Hz。这表明，Ka 频段星载降水雷达只能测量垂直末速度较小的降水。

3. 天线和扫描设计

FY-3 RM 上的 PMR 天线采用了两个 128 个隙缝波导单元组成的主动相控阵列系统，分别工作在 Ku 和 Ka 两个波段。隙缝波导阵列具有简单的平面结构，电性能优秀，气动阻力相对较小。由于双频段共用波导会导致出现较大的栅瓣，加上波导隙缝阵列天线的偏振隔离设计太过复杂，所以双频双偏振体制的 PMR 2 就需要使用四副阵列天线。但是，仅 Ku 波段一个偏振通道天线口径就要达到六米以上才能满足分辨率的要求，尺寸巨大

需要采用可展开的天线。设计可折叠的波导并补偿由此带来的电性能下降非常困难。此外，隙缝波导阵列天线比较重，例如单频雷达PR的天线重量就接近350 kg。

NASA为PR-2设计了另一种天线，即偏置抛物柱面薄膜反射器天线，并开发了半尺寸模样用于进一步的研究(Rahmat-Samii et al.，2005)。该天线采用了可膨胀刚性结构，通过沿焦线设置的两个主动线性阵列(分别用于Ku和Ka波段)进行馈电和交轨扫描。该天线具有重量轻、收藏体积小、造价低的优点。与传统的双曲抛物面反射器不同，抛物柱面反射器可以在交轨平面内进行大角度扫描。主动线性馈源阵列有效地消除了移相器的插入损耗，相比平面阵列减少了T/R模块的数目，偏置安装还避免了对反射器的遮挡。薄膜反射器是简单的金属化表面，其固有的宽带特性能够适应Ku波段和Ka波段的工作。

PMR 2必须在顺轨方向2.5 km的采样间隔内完成整个跨轨扫描，这段时间约为362 ms。如果在整个扫描角上平均分配这一时间，每个扫描角分配到的时间约为1.58 ms。由于多普勒雷达功率谱的一阶矩(即平均多普勒频移或径向速度)的测量精度与测量脉冲数有关，即便脉冲重复频率取4 200 Hz的上限值，得到的脉冲数量也难以满足速度测量精度的要求。同时PMR 2进行跨轨扫描时获得的径向速度除了降水粒子垂直速度外，还包含了跨轨平面内的水平风速。综合以上考虑，将PMR 2的多普勒测量限制在了卫星足迹两侧共三个波束范围内，并占用60 ms的时间，每个扫描角获得的测量脉冲数为76个。

剩余的302 ms由其他扫描角度单元平均分配，那么每个距离单元的独立样本数为

$$N_{\mathrm{d}} = \frac{T_{\mathrm{d}} \cdot N_{\mathrm{r}}}{N_{\mathrm{c}}} \mathrm{PRF} \tag{9.7}$$

式中，T_{d}=302 ms，N_{r}是为获得需要的距离分辨率而被平均的距离单元数(=8)；N_{c}是除了天底3个角度外剩下的扫描单元数(=226)。由上式可以算出N_{d}最多也不到45个。为满足至少64个独立样本的要求，PMR 2需要使用频率捷变技术，同时发射两个或更多不同中心频率的脉冲来增加独立样本数。

9.3　未来星载测云雷达

星载测云雷达技术的改进方向与降水雷达类似，只是工作的波长在毫米波段。为了工程技术人员参考的方便，要点重复如下：

(1) 提高水平空间分辨率，采用大天线或合成孔径天线；

(2) 提高垂直空间分辨率和减低发射功率要求，采用脉冲压缩等技术；

(3) 增加探测范围和角度，实现圆锥形或多角度宽幅扫描；

(4) 增加多普勒功能，测量反演云中三维风场和粒子下落速度；

(5) 增加测量参数，使用多波长、多偏振通道雷达；

(6) 采用多星组网(像北斗卫星)，实现全球覆盖的高时间分辨率的观测；

(7) 星载降水雷达和激光雷达资料的快速融合，构建实时的三维云和降水场；

(8) 大数据快速分析与同化技术的研发与应用。

还可设计星地多基地多波段云和降水雷达系统(图9.2)。在静止卫星上安装W、Ka

和 Ku 波段的发射机，同时照射较大的面积；由于接收机相对经济、易于维护，可以在地面上大量部署。这些接收机能够扫描探测四周云层或降水的散射信号，获得立体的云或/和降水分布。当接收机对准发射方向，可以接收经云或降水层衰减后的信号。从三波长的衰减可以较准确地得到发射–接收方向路径的云水和降水量，例如，对暖云得到的是斜向液水量(slant liquid water path)，而对高云就得到斜向冰水量(slant ice water path)；具体观测方法见陈洪滨(2002)。这些精度高一级的斜向云水或降水量，能够对全云场和降水场的反演进行约束标定。

此外，水汽在云和降水过程中起着关键性作用，也是全球水循环中的一个重要环节。水汽还是最多的温室气体(二氧化碳排第二)，在许多大气化学过程中不可忽略。鉴于水汽在天气和气候等过程中的重要性，在进行云和降水全球立体监测的同时，需要加强对水汽场的遥感和实地测量(郑国光等，2005)。在当前多个全球气候变化和地球环境卫星遥感项目中，多传感器多波段遥感反演水汽时空分布与变化都是不可或缺的重要任务。

9.4　未来应用展望

当未来先进的云和降水雷达在多极轨卫星星座和地球静止卫星上运行时，将实现覆盖全球、水平空间 1 km 和 30 min 时间分辨率的观测，向不同用户实时提供三维云和降水场资料，其应用价值无法估量。美国 NOAA 主要基于地面雷达站网和雨量站网资料，开发了多雷达多传感器降水产品(multi-radar multi-sensor, MRMS)，其水平空间～1 km 和时间分辨率～10 min，已于 2013 年正式对用户发布。但全球范围高时空分辨率的资料产品有待国际合作共同开发。

卫星微波主动遥感获得的雷达三维云和降水场资料，将有效地填补当前气象水文地基观测站网的空白，尤其是广大的海域和荒漠高山地区。例如，对我国下游地区天气和气候都有重要影响的青藏高原地区，由于山高路少，气象、水文、生态和环境等观测资料难以获得，卫星定量遥感是获得这些地区监测资料的有效而又经济的手段。

高时间和空间分辨率的三维云和降水场资料结合地理信息系统，再与大气辐射、热力、动力及气溶胶等资料融合，允许我们开展云-降水-气溶胶-辐射等相互作用研究，这些研究一方面深化云和降水宏观物理和微物理过程的认识；另一方面将减小这些过程气候效应(如云的辐射强迫)估算的不确定性。

来自多源资料具有高垂直和水平分辨率的全球三维云与降水场，是未来高分辨率数值天气预报所需要的输入。快速资料同化和循环预报系统将使未来云场、辐射场和降水场的预报精度得到革命性的提高，实现降水的定点、定时和定量预报。高时空分辨率降水场的实时获得与快速分析预报，将极大地帮助对暴雨事件的短时与临近预报预警，从而减少洪水直接造成的及其相伴的地质灾害损失。

云与降水是全球水循环中的重要环节，也是潜热的制造者；云和降水与辐射的相互作用影响局地乃至全球的能量收支。三维云与降水场水资料的提供，必将提高我们对全球水和能量循环的认识，从而改进气候、天气与水文等模式中有关模块的模拟性能。

卫星微波主动遥感与地基观测资料的结合，可以产生更大的价值：一方面，星上经过定标的、稳定可靠的资料可用于地面众多站点气象雷达的标定，与地基天气雷达网络和云雷达网络联合生成在时间和空尺度上更加连续可靠的资料；另一方面，卫星遥感反演需要地面和空中实地观测的验证与标校。美国能源部(Department Of Energy, DOE)自20 世纪 90 年代初实施和管理的大气辐射观测(atmospheric radiation measurement, ARM)，逐步建立和运行了几个固定观测站点和移动设施(ARM mobile facility, AMF)。在固定的超级站点(例如美国南部大平原，southern great plain, SGP)，部署了多部厘米波段降水雷达和毫米波云雷达，还配备多种类型的激光雷达、多通道微波辐射计、全天空成像仪、长短波辐射表与光谱仪、气溶胶观测系统和气球探空系统等仪器；在加强观测期，使用有人和无人驾驶飞机携带多种实地探测和遥感设备，开展飞行立体测量，有时对云层多高度进行多机协同的同步测量。这些站点和移动设施的长期观测，为卫星遥感的验证提供了大量的数据和反演产品。

参 考 文 献

蔡淼, 周毓荃, 欧建军, 等. 2015. 三维云场分布诊断方法的研究. 高原气象, 34(5): 1330-1344.

柴乾明, 王文彩, 黄忠伟. 2016. 基于卫星数据研究热带气旋眼壁及周围螺旋云带宏微观结构特征. 热带气象学报, 32(2): 172-182.

陈海山, 范苏丹, 张新华. 2009. 中国近50年极端降水事件变化特征的季节性差异. 大气科学学报, 32(6): 744-751.

陈洪滨. 2002. 测量云液水柱含量的一个设想. 大气科学, 26(5): 695-701. doi: 10. 3878/ j. issn. 1006-9895. 2002.05.10.

陈茜, 官莉. 2018. GPM 卫星反演降水产品在江苏地区的适用性. 气象科技, 46(06): 1103-1110.

冯启祯, 肖辉, 姚振东. 2019. 利用地面双偏振雷达检验 GPM DPR 降水测量华北地区适用性初探. 成都信息工程大学学报, 34(4): 321-332.

傅云飞, 曹爱琴, 李天奕, 等. 2012. 星载测雨雷达探测的夏季亚洲对流与层云降水雨顶高度气候特征. 气象学报, 70(3): 436-451.

傅云飞, 潘晓, 刘国胜, 等. 2016. 基于云亮温和降水回波顶高度分类的夏季青藏高原降水研究. 大气科学, 40(1): 102-120.

傅云飞, 宇如聪, 崔春光, 等. 2007. 基于热带测雨卫星探测的东亚降水云结构特征的研究. 暴雨灾害, 26(1): 9-20.

傅云飞, 张爱民, 刘勇等. 2008a. 基于星载测雨雷达探测的亚洲对流和层云降水季尺度特征分析. 气象学报, 66(5): 730-746.

傅云飞, 刘奇, 自勇, 等. 2008b. 基于 TRMM 卫星探测的夏季青藏高原降水和潜热分析. 高原山地气象研究, 28(1): 8-18.

高洋, 方翔. 2018. 基于 CloudSat 卫星分析西太平洋台风云系的垂直结构及其微物理特征. 气象, 44(05): 597-611.

耿蓉, 王雨, 傅云飞, 等. 2018. 中国及其周边地区多种水凝物资料的气候态特征比较. 气象学报, 76(1): 134-147.

顾震潮. 1980. 云雾降水物理基础. 北京: 科学出版社.

韩静, 楚志刚, 王振会, 等. 2017. 苏南三部地基雷达反射率因子一致性和偏差订正个例研究. 高原气象, 36(6): 1665-1673.

何文英, 陈洪滨. 2006. TRMM 卫星对一次冰雹降水过程的观测分析研究. 气象学报, 64(3): 364-375.

何文英, 陈洪滨, 周毓荃. 2005. 微波被动遥感陆面降水统计反演算式的比较. 遥感技术与应用, 20(2): 221-227.

霍娟. 2015. 基于 CloudSat/CALIPSO 资料的海陆上空中云的物理属性分析. 气候与环境研究, 20(1): 30-40.

寇蕾蕾, 楚志刚, 李南, 等. 2016. TRMM 星载测雨雷达和地基雷达反射率因子数据的三维融合. 气象学报, 74(2): 285-297.

况祥, 银燕, 陈景华, 等. 2018. 基于 WRF 模式和 CloudSat 卫星资料对黄淮下游一次强对流天气过程的诊断分析和数值模拟. 气象科学, 38(3): 331-341.

李嘉睿，卢乃锰，谷松岩．2015．青藏高原地地区 TRMM PR 地面降雨率的修正．应用气象学报，26(5)：636-640.
李锐，李文卓，傅云飞，等．2017．青藏高原 ERA40 和 NCEP 大气非绝热加热的不确定性．科学通报，62：420-431.
李思聪，李昀英，孙国荣．2018．基于 CloudSat 观测资料对 WRF 模式的冷锋降水过程云参数模拟效果检验．气象与减灾研究，41(2)：81-89.
廖国男．2012．大气辐射导论．郭彩丽和周诗健译．北京：气象出版社.
刘江涛，徐宗学，赵焕，等．2019．不同降水卫星数据反演降水量精度评价——以雅鲁藏布江流域为例．高原气象，38(2)：386-396.
刘鹏，傅云飞，冯沙，等．2010．中国南方地基雨量计观测与星载测雨雷达探测降水的比较分析．气象学报，68(6)：822-835.
刘鹏，李崇银，王雨，等．2012．基于 TRMM PR 探测的热带及副热带对流和层云降水气候特征分析．中国科学：地球科学，42(9)：1358-1369.
刘晓阳，李郝，何平，等．2018．GPM/DPR 雷达与 CINRAD 雷达降水探测对比．应用气象学报，29(6)：667-679.
刘屹岷，燕亚菲，吕建华，等．2018．基于 CloudSat/CALIPSO 卫星资料的青藏高原云辐射及降水的研究进展．大气科学，42(4)：847-858.
彭杰，张华，沈新勇．2013．东亚地区云垂直结构的 CloudSat 卫星观测研究．大气科学，37(1)：91-100.
邵慧，冼桃，陈风娇，等．2017．基于 TRMM PR 探测的夏季合肥地区降水特征分析．气象学报，75(5)：744-756.
施春华，李慧，郑彬，等．2013．基于 Cloudsat 探测的一次非典型东北冷涡结构及其降水．地球物理学报，56(8)：2594-2602.
孙军，张福青．2017．中国日极端降水和趋势．中国科学：地球科学，47(12)：1469-1482.
唐顺仙，吕达仁，何建新，等．2017．地球同步轨道星载毫米波降雨雷达数据模拟及地表杂波抑制．红外与毫米波学报，4: 481-489.
汪会，罗亚丽，张人禾．2011．用 CloudSat/CALIPSO 资料分析亚洲季风区和青藏高原地区云的季节变化特征．大气科学，35(6)：1117-1131.
王梦晓，王瑞，傅云飞．2019．利用 TRMM PR 和 IGRA 探测分析的拉萨降水云内大气温湿廓线特征．高原气象，38(3)：539-551.
王胜杰，何文英，陈洪滨，等．2010．利用 CloudSat 资料分析青藏高原、高原南坡及南亚季风区云高度的统计特征量．高原气象，29(1)：1-9.
王帅辉，韩志刚，姚志刚．2010．基于 CloudSat 和 ISCCP 资料的中国及周边地区云量分布的对比分析．大气科学，34(4)：767-779.
王咏梅，任福民，李维京，等．2008．中国台风降水的气候特征．热带气象学报，24(3)：233-238.
夏静雯，傅云飞．2016．东亚与南亚雨季对流和层云降水云内的温湿结构特征分析．大气科学，40(3)：563-580.
杨冰韵，吴晓京，王曦．2019．基于 CloudSat、FY-2E 资料的中国海域及周边地区深对流和穿透性对流特征．气象学报，77(2)：256-267.
杨冰韵，张华，彭杰，等．2014．利用 CloudSat 卫星资料分析云微物理和光学性质的分布特征．高原气象，33(4)：1105-1118.
杨大生，王普才．2012．中国地区夏季 6～8 月云水含量的垂直分布特征．大气科学，36(1)：89-101.

杨军. 2012. 气象卫星及其应用. 北京：气象出版社.

杨荣芳, 曹根华, 张婧. 2019. TRMM 3B43 卫星降水数据在京津冀地区的适用性研究. 冰川冻土, 41(3): 689-696.

杨秀芹, 耿文杰. 2016. 淮河流域 TRMM 多源卫星降水产品精度评估. 水电能源科学, 34(07): 1-5.

尹红刚, 董晓龙. 2009. 星载脉冲压缩降雨雷达的海面杂波分析. 南京航空航天大学学报, 41(2): 192-197.

尹红刚, 吴琼, 谷松岩, 等. 2016. 风云三号(03)批降水测量卫星探测能力及应用. 气象科技进展, 6(3): 55-61.

俞小鼎, 姚秀萍, 熊廷南, 等. 2007. 多普勒天气雷达原理与业务应用. 北京: 气象出版社.

宇路, 傅云飞. 2017. 基于星载微波雷达和激光雷达探测的夏季云顶高度及云量差异分析. 气象学报, 75(6): 955-965.

张华, 彭杰, 荆现文, 等. 2013. 东亚地区云的垂直重叠特性及其对云辐射强迫的影响. 中国科学: 地球科学, 43: 523-535.

张华, 杨冰韵, 彭杰, 等. 2015. 东亚地区云微物理量分布特征的 CloudSat 卫星观测研究. 大气科学, 39(2): 235-248.

张培昌, 杜秉玉, 戴铁丕. 2000. 雷达气象学. 北京: 气象出版社.

赵艳风, 王东海, 尹金方. 2014. 基于 CloudSat 资料的青藏高原地区云微物理特征分析. 热带气象学报, 30(2): 239-248.

赵宇, 朱皓清, 蓝欣, 等. 2018. 基于 CloudSat 资料的北上江淮气旋暴雪云系结构特征. 地球物理学报, 61(12): 4789-4804.

赵震. 2019. 2016 年台风“莫兰蒂”结构特征的多源卫星探测分析. 高原气象, 38(1): 156-164.

郑国光, 陈洪滨, 卞建春, 等. 2008. 进入 21 世纪的大气科学. 北京: 气象出版社.

郑建宇, 刘东, 王志恩, 等. 2018. CloudSat/CALIPSO 卫星资料分析云的全球分布及其季节变化特征. 气象学报, 76(03): 420-433.

朱艺青, 王振会, 李南, 等. 2016. 南京雷达数据的一致性分析和订正. 气象学报, 74(2): 298-308.

Bringi V N, Chandrasekar V. 2010. 偏振多普勒天气雷达原理与应用. 李忱和张越译. 北京: 气象出版社.

Meneghiri R, Kozu T. 2013. 天基气象雷达. 李艳华和李凉海主译. 北京: 机械工业出版社.

Adhikari A, Liu C T, Kulle M S. 2018. Global distribution of snow precipitation features and their properties from 3 years of GPM observations. J of Clim, 31: 3731-3754.

Aires F, Prigent C, Bernardo F, et al. 2011. A tool to estimate land-surface emissivities at microwave frequencies for use in numerical weather prediction. Quarterly Journal of the Royal Meteorological Society, 137(656): 690-699.

Amitai E, Marks D A, Wolff D B, et al. 2006. Evaluation of radar rainfall products: lessons from the NASA TRMM validation program in Florida. Journal of Atmospheric and Oceanic Technology, 23(11): 1492-1505.

Anderson J L. 2003. A local least squares framework for ensemble filtering. Monthly Weather Review, 131(4): 634-642.

Andronache C (Editor). 2018. Remote Sensing of Clouds and Precipitation (eBook). Springer International Publishing AG 2018.

Atlas D. 1964. Advance in radar meteorology. In: Landsberg H E, Mieghem J V, eds. Advances in Geophysics. New York: Academic Press: 317-478.

Atlas D. 1990. Radar in Meteorology. Boston: American Meteorological Society: 86-97.

Atlas D, Ulbrich C W. 1974. The physical basis for attenuation-rainfall relationships and the measurement of rainfall parameters by combined attenuation and radar methods. Journal de Recherches. Atmospheriques, 8: 275-298.

Atlas D, Ulbrich C W. 1977. Path- and area-integrated rainfall measurement by microwave attenuation in the 1-3 cm band. Journal of Applied Meteorology, 16(12): 1322-1331.

Awaka J, Iguchi T, Kumagai H, Okamoto K. 1997. Rain type classification algorithm for TRMM precipitation radar. Proc. IEEE IGARSS, 317-319.

Awaka J, Iguchi T, Okamoto K. 1998. Early results on rain type classification by the Tropical Rainfall Measurement Mission precipitation radar. Proceeding 8th URSI Commission F Open Symposium, Aveiro, Portugal, 143-146.

Awaka J, Iguchi T, Okamoto K. 2009. TRMM PR standard algorithm 2A23 and its performance on bright band detection. Journal of the Meteorological Society of Japan, 87A: 31-52.

Awaka J, Le M, Chandrasekar V, et al. 2016. Rain type classification algorithm module for GPM dual-frequency precipitation radar. J. Atmos. Oceanic Technol., 33: 1887-1898.

Battaglia A, and Kollias P. 2014. Using ice clouds for mitigating the EarthCARE Doppler radar mispointing. IEEE Trans Geosci Remote Sens, 53: 2079-2085, doi: 10. 1109/TGRS. 2014. 2353219.

Battaglia A, and Tanelli S. 2011. Doppler multiple scattering simulator. IEEE Trans Geosci Remote Sens, 49: 442-450, doi: 10. 1109/TGRS. 2010. 2052818.

Battan L J. 1973. Radar Observation of the Atmosphere. Chicago, University of Chicago Press, 324.

Bell T L, D. Rosenfeld, K-M Kim, et al. 2008. Midweek increase in U. S. summertime rainfall suggests air pollution invigorates rainstorms. J. Geophys. Res., 113, doi: 10. 1029/2007JD008623.

Bell T L, Yoo J M, Lee M I. 2009. Note on the weekly cycle of storm heights over the southeast United States. J. Geophys. Res., 114, D15201, doi: 10. 1029/2009JD012041.

Benedetti A, Lopez P, Bauer P, et al. 2005. Experimental use of TRMM precipitation radar observations in 1D+4D-Var assimilation. Quart J Roy Meteor Soc, 131: 2473-2495.

Berg W, L'Ecuyer T, Kummerow C. 2006. Rainfall climate regimes: the relationship of TRMM rainfall biases to the environment. J Appl Meteor, 5: 434-454.

Berg W, T L'Ecuyer, S van den Heever. 2008. Evidence for the impact of aerosols on the onset and microphysical properties of rainfall from a combination of satellite observations and cloud-resolving model simulations. J Geophys Res, 113, D14S23, doi: 10. 1029/2007JD009649.

Bidwell S W, Durning J F, Everett D F, et al. 2004. Preparations for global precipitation measurement ground validation. IEEE International Geoscience and Remote Sensing Symposium, 2: 921-924.

Bolen S M, Chandrasekar V. 2000. Quantitative cross validation of space-based and ground-based radar observations. J Appl Meteor, 39: 2071-2079.

Bolen S M, Chandrasekar V. 2003. Methodology for aligning and comparing spaceborne radar and ground-based radar observation. Journal of Atmospheric and Oceanic Technology, 20(5): 647-659.

Braham R R, Squires P. 1974. Cloud Physics—1974. Bull Am Meteor. Soc., 55: 543-556.

Cesana G, et al. 2016. Using in situ airborne measurements to evaluate three cloud phase products derived from CALIPSO. J Geophys Res, 121.

Chandrasekar V, Zafar B. 2004. Precipitation type determination from spaceborne radar observations. IEEE

Transactions on Aerospace and Electronic Systems, 42(10): 2248-2253.

Chen G, Sha W, Iwasaki T. 2009. Diurnal variation of precipitation over southeastern China: Spatial distribution and its seasonality. J Geophys Res, 114, D13103, doi: 10. 1029/2008JD011103.

Chen S S, Knaff J A, Marks F D. 2006. Effects of vertical wind shear and storm motion on tropical cyclone rainfall asymmetries deduced from TRMM. Mon Wea Rev, 134: 3190-3208.

Chen T M, et al. 2016. A CloudSat perspective on the cloud climatology and its association with aerosol perturbation in the vertical over Eastern China. J Atmos Sci, 73: 3599-3616.

Chen W T, Woods C P, Li J L F, et al. 2011. Partitioning CloudSat ice water content for comparison with upper tropospheric ice in global atmospheric models. J Geophys Res, 116, D19206, doi: 10. 1029/2010JD015179.

Clothiaux E E, et al. 1995. An evaluation of a 94-GHz radar for remote sensing of cloud properties. J Atmos Oceanic Tech, 12: 201-229.

Demirdjian L, Zhou Y P, Huffman G J. 2018. Statistical modeling of extreme precipitation with TRMM data. J Appl Meteor Clim, 57: 15-30.

Deng Y, Bowman K P, Jackson C. 2007. Differences in rain rate intensities between TRMM observations and community atmosphere model simulations. Geophys Res Let, 34: L01808.

Dirmeyer P A, et al. 2012. Simulating the diurnal cycle of rainfall in global climate models: resolution versus parameterization. Climate Dynamics, 19(1-2): 399-418.

Dolinar E K, Dong X Q, Baike Xi B K. 2014. Evaluation of CMIP5 simulated clouds and TOA radiation budgets using NASA satellite observations. Clim Dyn, DOI 10. 1007/s00382-014-2158-9.

Doviak R J, Zrnić D S. 1993. Doppler Radar and Weather Observations. San Diego, Academic Press.

Doviak R J, Zrnić D S, Sirmans D S. 1979 . Doppler weather radar. Proceedings of the IEEE, 67(11): 1522-1553.

Durden S L, Haddad Z S, Kitiyakara A, et al. 1998. Effects of Nonuniform Beam Filling on Rainfall Retrieval for the TRMM Precipitation Radar. Journal of Atmospheric and Oceanic Technology, 15(3): 635-646.

Durden S L, Li L, Im E, et al. 2003. A surface reference technique for airborne Doppler radar measurements in hurricans. Journal of Atmospheric and Oceanic Technology, 20(2): 269-275.

Eidhammer T, Morrison H, Bansemer A, et al. 2014. Comparison of ice cloud properties simulated by the Community Atmosphere Model(CAM5) with in-situ observations. Atmos Chem Phys, 14: 10103-10118. https: //doi: 10. 5194/acp-14-10103-2014.

Elsaesser G S, Kummerow C D, L'Ecuyer T S, et al. 2010. Observed self-similarity of precipitation regimes over the tropical oceans. J Climate, 23: 2686-2698.

Fabry F, Zawadzki I. 1995. Long-term radar observations of the melting layer of precipitation and their interpretation. Journal of Atmospheric Sciences, 52(7): 838-851.

Freilich M H, Vanhoff B A. 2003. The relationship between winds, surface roughness and radar backscatter at low incidence angles from TRMM precipitation radar measurements. Journal of Atmospheric and Oceanic Technology, 20(4): 549-562.

Fujita M. 1983. An algorithm for estimating rain rate by a dual-frequency radar. Radio Science, 18(5): 697-708.

Gasiewski A J, Staelin D H. 1990. Statistical precipitation cell parameter estimation using passive 118-Ghz O2 observations. Journal of Geophysical Research Atmospheres, 94(D15): 18367-18378.

Goldhirsh J. 1988. Analysis of algorithms for the retrieval of rain-rate profiles from a spaceborne dual-wavelength radar. IEEE Transaction on Geoscience and Remote Sensing, 26(2): 98-114.

Goldhirsh J, Musiani B. 1986. Rain cell size statistics derived from radar observations at Wallops Island, VA. IEEE Transaction on Geoscience and Remote Sensing, 24: 947-954.

Gordon I E et al. 2017. The HITRAN2016 molecular spectroscopic database. J Quant Spect Radiat Transf, 203: 3-69.

Grant C R, Yaplee B S. 1957. Back scattering from water and land at centimeter and millimeter wavelength. Proceedings of the IRE, 45: 976-982.

Grecu M, et al. 2016. The GPM combined algorithm. J Atmos Ocean Tech, 33: 2225-2245.

Grecu M, Tian L, Olson W S, et al. 2011. A robust dual-frequency radar profiling algorithm. Journal of Applied Meteorology and Climatology, 50(7): 1543-1557.

Groisman P Y, Karl T R, Easterling D R, et al. 1999. Changes in the probability of heavy precipitation: important indicators of climatic change. Climatic Change, 42: 243-283.

Haddad Z S, Meagher J P, Durden S L, et al. 2006. Drop size ambiguities in the retrieval of precipitation profiles from dual-frequency radar measurements. J Atmos Sci, 63: 204-217.

Hagihara Y, Okamoto H, Yoshida R. 2010. Development of a combined CloudSat- CALIPSO cloud mask to show global cloud distribution. J Geophys Res, 115, D00H33, doi: 10. 1029/2009JD012344.

Hagos S, et al. 2010. Estimates of tropical diabatic heating profiles: commonalities and uncertainties. J Climate, 23: 542-558.

Han J, Chu Z G, Wang Z H. 2018. The establishment of optimal ground-based radar datasets by comparison and correlation analyses with space-borne radar data. Meteorol Appl, 25: 161-170.

Han L M, Shepherd J M. 2009. An investigation of warm season spatial rainfall variability in Oklahoma City: Possible linkage to urbanization and prevailing wind. J Appl Meteor Climatol, 48: 251-269.

Hanado H, Ihara T. 1992. Evaluation of surface clutter for the design of the TRMM spacebome radar. IEEE Transaction on Geoscience and Remote Sensing, 30(3): 444-453.

He H, et al. 2017. Intercomparisons of rainfall estimates from TRM and GPM multisatellite products over the upper Mekong river basin. J Hydrometeorology, 18: 413-430.

Heymsfield G M, Tian L, Li L, et al. 2013. Airborne radar observations of severe hailstorms: Implications for future spaceborne radar. J Appl Meteor Clim, 52: 1851-1867.

Hiley M J, Kulie M S, Bennartz R. 2011. Uncertainty analysis for CloudSat snowfall retrievals. J Appl Meteorol Clim, 50: 399-418.

Hirota N, Takayabu Y N, Watanabe M, et al. 2011. Precipitation reproducibility over tropical oceans and its relationship to the double ITCZ problem in CMIP3 and MIROC5 climate models. J Climate, 24: 4859-4873.

Hitschfeld W, Bordan J. 1954. Errors inherent in the radar measurement of rainfall at attenuating wavelengths. Journal of Meteorology, 11(1): 58-67.

Horie H, Takahashi N, Ohno Y, et al. 2012. Remote Sensing of the Atmosphere, Clouds, and Precipitation IV-Simulation for spaceborne cloud profiling Doppler radar: EarthCARE/CPR. SPIE Proceedings(SPIE Asia-Pacific Remote Sensing-Kyoto, Japan, Monday 29 October 2012). 8523: 852318.

Hou A Y, Jackson G S, Kummerow C D, et al. 2008. Global precipitation measurement. Precipitation: Advances in Measurement, Estimation, and Prediction. S. Michaelides, Ed., Springer, 131-169.

Hou A Y, et al. 2014. The Global Precipitation Measurement Mission. Bulletin of the American Meteorological Society, 95: 701-722.

Houze R A. 2010. Clouds in tropical cyclones. Mon Wea Rev, 138: 293-344.

Houze R A, Wilton D C, Smull B F. 2007. Monsoon convection in the Himalayan region as seen by the TRMM precipitation radar. Quart J Roy Meteor Soc, 133 (627): 1389-1411.

Hsu K, Gao X, Soroshian S, et al. 1997. Precipitation estimation from remotely sensed information using artificial neural networks. J. Appl. Meteor., 36: 1176-1190.

Huffman G J,et al. 2007. The TRMM Multi-satellite Precipitation Analysis: Quasi-Global, Multi-Year, Combined-Sensor Precipitation Estimates at Fine Scale. J. Hydrometeor., 8: 38-55.

Huffman G J, et al. 2017. NASA Global Precipitation Measurement (GPM) Integrated Multi- satellitE Retrievals for GPM (IMERG). Algorithm Theoretical Basis Doc., version 4. 6, 28.

Huo J, Lu D. 2014. Physical properties of high-level cloud over land and ocean from CloudSat-CALIPSO data. J of Climate, 27: 8966-8978.

Iguchi T, Meneghini R. 1994. Intercomparison of single-frequency methods for retrieving a vertical rain profile from airborne or spaceborne radar data. J. Atmos. Oceanic Technol., 11: 1507-1516.

Iguchi T, Kozu T, Kwiatkowski J, et al. 2009. Uncertainties in the rain profiling algorithm for the TRMM precipitation radar. Journal of the Meteorological Society of Japan, 87: 1-30.

Iguchi T, Kozu T, Meneghini R, et al. 2000. Rain profiling algorithm for the TRMM precipitation radar. J. Appl. Meteorol., 39: 2038-2052.

Iguchi T, Oki R, Smith E A, Furuhama Y. 2002. Global precipitation measurement program and the development of dual-frequency precipitation radar. Journal of Communications Research Laboratory, 49 (2): 37-45.

Iguchi T, et al. 2012. An overview of the precipitation retrieval algorithm for the dual-frequency precipitation radar (DPR) on the global precipitation measurement (GPM) mission's core satellite. Proc. SPIE 8528, Earth Observing Missions and Sensors: Development, Implementation, and Characterization II, 85281C; doi: 10. 1117/12. 977352.

Illingworth A J, et al. 2015. The EarthCARE satellite: the next step forward in global measurements of clouds, aerosols, precipitation, and radiation. Bull Amer Meteorol Soc, 96: 1311-1332.

Im E, Durden S L, et al. 2000. System concept for the next-generation spaceborne precipitation radar. IEEE Aerospace Conference Proceedings, 5: 151-158.

Im E, Durden S L,et al. 2003. Next Generation of Spaceborne Rain Radars: Science Rationales and Technology Status. Proceedings of SPIE, 4894: 178-189.

Im E, Durden S L. 2005. Instrument concepts and technologies for future spaceborne atmospheric radar. Conference on Ennabling Sensor & Platform Technologies for Spaceborne: 2005.

IPCC. 2013. Climate Change 2013: The Physical Science Basis. New York: Cambridge University Press.

Jiang H, Zipser E J. 2010. Contribution of tropical cyclones to the global precipitation from eight seasons of TRMM data: regional, seasonal, and interannual variations. J Climate, 23: 1526-1543.

Jiang X, et al. 2011. Vertical diabatic heating structure of the MJO: Intercomparison between recent reanalyses and TRMM estimates. Mon Wea Rev, 139: 3208-3223.

Joyce R J, Janowiak J E, et al. 2004. CMORPH: A method that produces global precipitation estimates from passive microwave and infrared data at high spatial and temporal resolution. J. Hydromet., 5:

487-503.

Kakar R, Goodman M, Hood R, et al. 2006 Overview of the convection and moisture experiment (CAMEX). Journal of the Atmospheric Sciences, 63 (1): 5-18.

Kanemaru K, Kubota T, Iguchi T, et al. 2017. Development of a precipitation climate record from spaceborne precipitation radar data. part i: mitigation of the effects of switching to redundancy electronics in the trmm precipitation radar. J. Atmos. Oceanic Technol., 34: 2043-2057.

Kikuchi M, Suzuki K. 2019. Characterizing vertical particle structure of precipitating cloud system from multiplatform measurements of A - Train constellation. Geophys Res Lett, 46: 1040-1048.

Kikuchi M, et al. 2017. Development of algorithm for discriminating hydrometeor particle types with a synergistic Use of CloudSat and CALIPSO. J Geophys Res, 122.

Kirschbaum D B, et al. 2017. NASA's remotely-sensed precipitation: a reservoir for applications users. Bull Amer Meteor Soc, 98: 1169-1184.

Klaassen W. 1988. Radar observations and simulation of the melting layer of precipitation. Journal of Atmospheric Sciences, 45 (24): 3741-3753.

Kojima M, Miura T, et al. 2012. Dual-frequency precipitation radar (DPR) development on the Global Precipitation Measurement (GPM) Core Observatory. Proc. SPIE 8528, Earth Observing Missions and Sensors: Development, Implementation, and Characterization II, 85281A (9 November 2012); doi: 10. 1117/12. 976823.

Kollias P, et al. 2016. Chapter 17: Development and Applications of ARM Millimeter-Wavelength Cloud Radars. DOI: 10. 1175/ AMSMONOGRAPHS -D-15-0037. 1.

Kollias P, et al. 2014. Evaluation of EarthCARE Cloud Profiling Radar Doppler Velocity Measurements in Particle Sedimentation Regimes. J Atmos Ocean Tech, 31: 366-386, DOI: 10. 1175/JTECH-D-11-00202. 1.

Kollias P, Szyrmer W, Zawadzki I. 2007. Considerations for spaceborne 94 GHz radar observations of precipitation. Geophys Res Lett, 2007, 34 (21): L21803.

Kozu T. 1995. A generalized surface echo radar equation for down-looking pencil beam radar. IEICE Transactions on Communications, 78 (8): 1245-1248.

Kozu T, Kawanishi T, et al. 2001. Development of precipitation radar onboard the TRMM satellite. IEEE Transaction on Geoscience and Remote Sensing, 39 (1): 102-116.

Krishnamurti T N, Chakraborty A, et al. 2010. Improving multimodel forecasts of the vertical distribution of heating using the TRMM profiles. J Climate, 23: 1079-1094.

Kucera P A, et al. 2013. Precipitation from space: advancing earth system science. Bull Amer Meteor Soc, 94: 365-375.

Kulie M S, Bennartz R. 2009. Utilizing spaceborne radars to retrieve dry snowfall. J Appl Meteorol Clim, 48: 2564-2580.

Kumagai, H, Kozu T, Satake M, et al. 1995. Development of an active radar calibrator for the TRMM precipitation radar. IEEE Trans. Geosci. Remote Sens., 33: 1316-1318.

Kummerow C D, Ringerud S, et al. 2011. An observationally generated a priori database for microwave rainfall retrievals. J Atmos Ocean Tech, 28: 113-130.

Kummerow C, et al. 2000. The status of the tropical rainfall measuring mission (TRMM) after two years in orbit. J. Appl. Meteor., 39: 1965-1982.

Kummerow C, Barnes W, Kozu T, et al. 1998. The tropical rainfall measurement mission (TRMM) sensor package. J. Atmos. Oceanic Technol., 15: 809-817, doi: 10. 1175/1520- 0426 (1998) 015, 0809: TTRMMT. 2. 0. CO；2.

Kusunoki S, Arakawa O. 2015. Are CMIP5 models better than CMIP3 models in simulating precipitation over East Asia? J Climate, 28: 5601-5621, DOI: 10. 1175/JCLI-D-14-00585. 1.

Lang S, et al. 2007. Improving simulations of convective systems from TRMM LBA: easterly and westerly regimes. J Atm Sci, 64: 1141-1164.

Lang S E, Tao W, Chern J, et al. 2014. Benefits of a fourth ice class in the simulated radar reflectivities of convective systems using a bulk microphysics scheme. J Atm Sci, 71: 3583-3612.

Lau W K-M, Wu H-T. 2010. Characteristics of precipitation, cloud, and latent heating associated with the Madden-Julian oscillation. J Climate, 23: 504-518.

Le M, Chandrasekar V. 2013a. Precipitation type classification method for Dual-Frequency Precipitation Radar (DPR) onboard the GPM. IEEE Trans. Geosci. Remote Sens., 51: 1784-1790.

Le M, Chandrasekar V. 2013b. Hydrometeor profile characterization method for dual-frequency precipitation radar onboard the GPM. IEEE Trans. Geosci. Remote Sens., 51: 3648-3658.

L'Ecuyer T S, Berg W, Haynes J, et al. 2009. Global observations of aerosol impacts on precipitation occurrence in warm maritime clouds. J Geophys Res, 114, D09211, doi: 10. 1029/2008JD011273.

Lhermitte R M. 1987. Small cumuli observed with a 3 mm wavelength Doppler radar. Geophys Res Lett, 14: 707-710, doi: 10. 1029/GL014i007p00707.

Lhermitte R M. 1989. Satellite-borne millimeter wave Doppler radar. URSI Commission Open Symposium, La Londe-Les-Maures, France, Sept. 11-25.

Li J-L F, Waliser D, Woods C. 2008. Comparisons of satellites liquid water estimates with ECMWF and GMAO analyses, 20th century IPCC AR4 climate simulations, and GCM simulations. Geophys Res Lett, 35: L19710.

Li L, Heymsfield G M, Racette P E, et al. 2004. A 94-GHz cloud radar system on a NASA High-Altitude ER-2 Aircraft. J Atmos Ocean Tech, 21: 1378-1388, doi: 10. 1175/1520-0426.

Li X F, the et al. 2013. Tropical cyclone morphology from spaceborne synthetic aperture radar. Bull1 Am Meteor Soc, 215-230, DOI: 10. 1175/BAMS-D-11-002211. 1.

Li R, Guo J, Fu Y, et al. 2015. Estimating the vertical profiles of cloud water content in warm rain clouds, J. Geophys. Res. Atmos., 120, doi: 10. 1002/2015JD023489.

Li, R., Min Q, Fu Y. 2011, 1997/1998 El Nino induced changes in rainfall vertical structure in East Pacific, J. Climate, 24, 6373-6391, doi: 10. 1175/JCLI-D-11-00002. 1.

Li R, Shao W, Guo J, et al. 2019: A simplified algorithm to estimate latent heating rate using vertical rainfall profiles over the Tibetan Plateau, J. Geophys. Res. Atmos., 124, DOI: https: //doi. org/10. 1029/2018JD029297.

Liao L, Meneghini R, Tokay A. 2014. Uncertainties of GPM DPR rain estimates caused by DSD parameterizations. J. Appl. Meteor. Climatol., 53: 2524-2537.

Liao L, Meneghini R. 2004. A study of air/space-borne dual-wavelength radar for estimation of rain profiles. Advances in Atmosphere Sciences, 22 (6) : 841-851.

Liao L, Meneghini R. 2009a. Validation of TRMM precipitation padar through comparison of its multiyear measurements with ground-based radar. J. Appl. Meteor. Climatol., 48: 804-817.

Liao L, Meneghini R. 2009b. Changes in the TRMM version 5 and version 6 precipitation radar products due to orbit boost. Journal of the Meteorological Society of Japan - J METEOROL SOC JPN. 87A: 93-107. 10. 2151/jmsj. 87A. 93.

Liao L, Meneghini R. 2019. A modified dual-wavelength technique for Ku- and Ka-band radar rain retrieval. Journal of Applied Meteorology and Climatology, 58(1): 3-18.

Liebe H J. 1989. MPM—An atmospheric mm-wave propagation model. Inter J Infr Millim Waves, 10(6): 631-650.

Lin J C, Matsui T, Pielke R A, et al. 2006. Effects of biomass-burning -derived aerosols on precipitation and clouds in the Amazon Basin: a satellite-based empirical study. J Geophys Res, 111(19): Art. No. D19204.

Liu C T. 2011. Rainfall contributions from precipitation systems with different sizes, convective intensities and durations over the tropics and subtropics. J Hydrometeor, 12: 394-412.

Liu C T, and Zipser E J. 2005. Global distribution of convection penetrating the tropical tropopause. J Geophys Res, 110(D23), Art. No. D23104.

Liu C T, Zipser E J. 2009. "Warm Rain" in the tropics: seasonal and regional distributions based on 9 yr of TRMM data. J Climate, 22: 767-779.

Liu G. 2008. Deriving snow cloud characteristics from CloudSat observations. J Geophys Res, 113, D00A09, doi: 10. 1029/2007JD009766.

Liu N N, Liu C T, Lavigne T. 2019. The variation of the intensity, height, and size of precipitation systems with El Niño-Southern Oscillation in the tropics and subtropics. J Climate, 32: 4281-4297.

Lu D R, Yang Y J, Fu Y F. 2016. Interannual variability of summer monsoon convective and stratiform precipitations in East Asia during1998-2013. Int J Clim, 36, 3507-3520, doi: 10. 1002/joc. 4572.

Luo Y L, Zhang R H, Wang H. 2009. Comparing occurrences and vertical structures of hydrometeors between eastern china and the indian monsoon region using CloudSat/CALIPSO data. J Climate, 22: 1052-1064.

Manabe T, Okamato K, Ihara T. 1988. A feasibility study of rain Radar for the tropical rainfall measuring mission, 5: Effects of surface clutter on rain measurements from satellite. Journal of Communications Research Laboratory, 35: 163-181.

Mardiana R, Iguchi T, Takahashi N. 2004. A dual-frequency rain profiling method without the use of a surface reference technique. IEEE Transaction on Geoscience and Remote Sensing, 42(10): 2214-2225.

Marks D A, Wolff D B, Carey L D, et al. 2011. Quality Control and Calibration of the Dual Polarization Radar at Kwajalein, RMI. J. Atmos. Ocean. Tech., 28: 181-196

Marchand R, Mace G G, Ackerman T, et al. 2008. Hydrometeor detection using Cloudsat - an Earth-orbiting 94-GHz cloud radar. J Atmos Ocean Tech, 25: 519-533.

Marks, D A, Wolff D B, Silberstein D S, et al. 2009. Availability of high quality TRMM ground validation data from Kwajalein, RMI a practical application of the relative calibration adjustment technique. J. Atmos. Ocean. Tech., 26: 413-429.

Marshall J S, Hitschfeld W. 1953. Interpretation of the fluctuation from randomly distributed scatterers. Part I. Canadian Journal of Physics, 31(6): 962-994.

Matrosov S Y. 2007. Modeling backscatter properties of snowfall at millimeter wavelengths. J. Atmos. Sci., 64: 1727-1736.

Mega T, Hanado H, Okamoto K, et al. 2002. Rain Parameters Calculated from Raindrop Size Distribution for the Design of Future Spaceborne Precipitation Radar. URSI XXVII General Assembly. Maastricht.

Meneghini R. 1978. Rain rate estimates for an attenuating radar. Radio Science, 13: 459-470.

Meneghini R, Nakamura K. 1988. The emissivity of the ocean surface between 6 and 90 GHz over a range of wind speeds and earth incidence angles. IEEE Transaction Geoscience and Remote Sensing, 50(8): 3004-3026.

Meneghini R, Kozu T. 1990. Spaceborne Weather Radar. Artech House, 199.

Meneghini R, Eckerman J, Atlas D. 1983. Determination of rain rate from a spaceborne radar using measurements of total attenuation. IEEE Transactions on Geoscience and Remote Sensing, GE-21(1): 34-43.

Meneghini R, Iguchi T, et al. 2000. Use of the surface reference technique for path attenuation estimates from the TRMM precipitation radar. Journal of Applied Meteorology, 39(12): 2053-2070.

Meneghini R, Jones J A, Gesell L H. 1987. Analysis of dual-wavelength surface reference radar technique. IEEE Transaction Geoscience and Remote Sensing, GE-25(4): 456-471.

Meneghini R, Jones J A, Iguchi T, et al. 2004. A hybird surface reference technique and its application to the TRMM precipitation radar. Journal of Atmospheric and Oceanic Technology, 21(11): 1645-1658.

Meneghini R, Kim H, Liao L, et al. 2015. An initial assessment of the surface reference technique applied to data from the dual-frequency precipitation radar on the GPM satellite. Journal of Atmospheric and Oceanic Technology, 32(11): 2281-2296.

Meneghini R, Liao L, Iguchi T. 2002. Integral equations for a dual-wavelength radar. IGARSS 2002, 1: 272-274.

Milani L. 2015. Analysis of long-term precipitation pattern over Antarctica derived from satellite-borne radar. The Cryosphere Discuss, 9: 141-182.

Miura T, Kojima M, et al. 2011. Status of proto-flight test of the dual-frequency precipitation radar for the global precipitation measurement. Proc. SPIE 8176, Sensors, Systems, and Next-Generation Satellites XV, 81760P; doi: 10. 1117/12. 898083.

Noh Y J, Liu G, Seo E K, et al. 2006. Development of a snowfall retrieval algorithm at high microwave frequencies. J Geophys Res, 111, D22216, doi: 10. 1029/ 2005JD006826.

O'Gorman P A. 2015. Precipitation extremes under climate change. Current Climate Change Reports, 1(2): 49-59.

Okamoto H, et al. 2008. Vertical cloud properties in the tropical western Pacific Ocean: Validation of the CCSR/NIES/FRCGC GCM by shipborne radar and lidar. J Geophys Res, 113, D24213, doi: 10. 1029/2008JD009812.

Okamoto K, Kozu T. 1993. TRMM precipitation radar algorithms. Proc. IGARSS'93, Tokyo, Japan, IEEE Geoscience and Remote Sensing Society, 426-428.

Palerme C, et al. 2017. Evaluation of current and projected Antarctic precipitation in CMIP5 models. Climate Dyn, 48: 225-239, https: //doi. org/10. 1007/s00382-016-3071-1.

Peng J, Zhang H, Li Z Q. 2014. Temporal and spatial variations of global deep cloud systems based on CloudSat and CALIPSO satellite observations. Adv Atmos Sci, 31(3): 593-603, doi: 10. 1007/s00376-013-3055-6.

Petersen W A, et al. 2002. TRMM observations of intraseasonal variability in convective regimes over the amazon. J Climate, 15: 1278-1294.

Protat A, et al. 2011. CloudSat as a global radar calibrator. J Atmos Ocean Tech, 28: 445-452.

Rahmat-Samii Y, Huang J, et al. 2005. Advanced precipitation radar antenna: array-fed offset membrane cylindrical reflector antenna. IEEE Transaction on Antennas and Propagation, 53(8): 2503-2515.

Robinson W D, Kummerow C, Olson W S. 1992. A technique for enhancing and matching the resolution of microwave measurements from SSM/I instrument. IEEE Transaction Geoscience and Remote Sensing, 30(3): 419-429.

Rose C R, Chandrasekar V. 2005. A system approach to GPM dual-frequency retrieval. IEEE Transaction Geoscience and Remote Sensing, 43(8): 1816-1826.

Rose C R, Chandrasekar V. 2006. Extension of GPM dual-frequency iterative retrieval method with DSD-profile constraint. IEEE Transaction Geoscience and Remote Sensing, 44(2): 328-335.

Rose C R, Chandrasekar V. 2006a. A GPM dual-frequency retrieval algorithm: DSD profile-optimization method. Journal of Atmospheric and Oceanic Technology, 23(10): 1372-1383.

Rosenfeld D, Wolff D B, Amitai E. 1994. The window probability matching method for rainfall measurements with radar. J. Appl. Meteor., 33: 682-693.

Ryzhkov A, Zrnic D. 1996. Assessment of rainfall measurement that uses specific different phase. Journal of Applied Meterology, 35: 2080-2090.

Sassen K, Matrosov S, Campbell J. 2007. CloudSat spaceborne 94 GHz radar bright bands in the melting layer: An attenuation-driven upside-down lidar analog. Geophys Res Lett, 34, L16818, doi: 10. 1029/2007GL030291.

Sassen K, Wang Z E. 2012. The clouds of the middle troposphere: composition, radiative impact, and global distribution. Surv Geophys, 33: 677-691. DOI 10. 1007/s10712-011-9163-x.

Sassen K, Wang Z. 2007. Level 2 cloud scenario classification product process description and interface control document, version 5.0, 2007, available at http: //cloudsat. cira. colostate. edu/dataICDlist. php?go=list&path=/2B-CLDCLASS.

Sassen K, Wang Z. 2008. Classifying clouds around the globe with the CloudSat radar: 1-year of results. Geophys Res Lett, 35: L04805. doi: 10. 1029/2007GL032591.

Sassen K, Wang Z, Liu D. 2009. Cirrus clouds and deep convection in the tropics: insights from CALIPSO and CloudSat. J Geophys Res, 114: DOOH06. doi: 10. 1029/2009JD011916.

Satake M, Oshimura K, Ishido Y, et al. 1995. TRMM PR data processing and calibration to be performed by NASDA. Proc. IGARSS'95, Florence, Italy, IEEE Geoscience and Remote Sensing Society, 57-59.

Sato K, et al. 2009. 95-GHz Doppler radar and lidar synergy for simultaneous ice microphysics and in-cloud vertical air motion retrieval. J Geophys Res, 114, D03203, doi: 10. 1029/2008JD010222.

Schroeder L C, Schaffner P R, et al. 1985. AAFE RADSCAT 13. 9-GHz Measurements and Analysis: Wind-Speed Signature of the Ocean. IEEE Journal of Oceanic Engineering, 10(4): 346-357.

Schumacher C, Houze R A. 2003. Stratiform rain in the tropics as seen by the TRMM precipitation radar. J Climate, 16: 1739-1756.

Schwaller, M R, Morris K R. 2011. A ground validation network for the global precipitation measurement mission. J Atmos Oceanic Technol, 28: 301-319.

Shimizu S, Oki R, Igarashi T. 2001. Ground validation of radar reflectivity and rain rate retrieved by the TRMM precipitation radar. Adv Space Res, 28(1): 143-148.

Siddique-E-Akbor A, et al. 2014. Satellite precipitation data-driven hydrological modeling for water resources management in the Ganges, Brahmaputra, and Meghna Basins. Earth Interactions, paper 18-017.

Silberstein D S, Wolff D B, Marks D A. 2008. Ground clutter as a monitor of radar stability at Kwajalein, RMI. J. Atmos. Oceanic Technol., 25: 2037-2045.

Simpson J. 1988. TRMM—a satellite mission to measure tropical rainfall. Report of the Science Steering Group. NASA Goddard Space Flight Center, Greenbelt, MD.

Simpson J, Adler R F, North G R. 1988. A proposed Tropical Rainfall Measuring Mission (TRMM) satellite. Bull. Amer. Meteor. Soc., 69: 278-295.

Skofronick-Jackson G, Hudak D, Petersen W, et al. 2015. Global Precipitation Measurement Cold Season Precipitation Experiment (GCPEX): For Measurement's Sake, Let It Snow. Bull Amer Meteor Soc, 96: 1719-1741.

Srivastava R C. 1967. On the role of coalescence between rain-drops in shaping their size distribution. Journal of Atmospheric Sciences, 24 (3): 287-292.

Srivastava R C. 1971. Size distribution of raindrops generated by their breakup and coalescence. Journal of Atmospheric Sciences, 28 (3): 410-415.

Steiner M R, Houze R A Jr, Yuter S. 2018. Climatological characterization of three-dimensional storm structure from operational radar and rain gauge data. Journal of Applied Meteorology, 34 (9): 1978-2007.

Stephens G L, et al. 2002. The CloudSat mission and the A-train: A new dimension of space-based observations of clouds and precipitation. Bull Amer Meteorol Soc, 83: 1771-1790.

Stephens G L, et al. 2008. CloudSat mission: Performance and early science after the first year of operation. J Geophys Res, 113, D00A18, doi: 10. 1029/2008JD009982.

Stephens G L, et al. 2018. CloudSat and CLIPSO within the A-Train- Ten years of actively observing the Earth system. Bull Amer Meteorol Soc, 99: 569-581.

Stokes G M, Schwartz S E. 1994. The Atmospheric Radiation Measurement (ARM) Program: Programmatic background and design of the Cloud and Radiation Test Bed. Bull Amer Meteor Soc, 75: 1201-1221.

Takahashi N, Iguchi T. 2004. Estimation and correction of beam mismatch of the precipitation radar after an orbit boost of the tropical rainfall measuring mission satellite. IEEE Trans Geosci Remote Sens, 42 (11): 2362-2369.

Takahashi Y N, Shige S, Tao W-K, et al. 2010. Shallow and deep latent heating modes over tropical oceans observed with TRMM PR spectral latent heating data. J Climate, 23: 2030-2046.

Tanelli S, et al. 2008. CloudSat's cloud profiling radar after 2 years in orbit: Performance, external calibration, and processing. IEEE Trans Geosci Remote Sens, 46: 3560-3573.

Tanelli S, Im E, Durden S L, et al. 2002. The effects of nonuniform beam filling on vertical rainfall velocity measurements with a spaceborne Doppler radar. J Atmos Ocean Tech, 19 (7): 1019-1034.

Tang L, Tian Y, Lin X. 2014. Validation of precipitation retrievals over land from satellite - based passive microwave sensors. Journal of Geophysical Research Atmospheres, 119 (8): 4546-4567.

Tao W K, et al. 2016. Chapter 2: TRMM latent heat retrieval: application and comparisons with field campaigns and large-scale analyses. Meteorological Monographs, 56: 1-34.

Tao W K, Lang S, Simpson J. 1993. Retrieval algorithms for estimating the vertical profiles of latent heat release: Their applications for TRMM . J. Meteor. Soc. Japan, 71 (6): 685-700.

Tao W K, Lang S, Zeng X P. 2014. The Goddard cumulus ensemble: improvements and applications for studying precipitation processes. Atmospheric Research, 143 (15): 392-424.

Testud J, Amayenc P, Marzoug M. 1992. Rainfall-Rate retrieval from a spaceborne radar: comparison between single-frequency, dual-frequency and dual-beam techniques. Journal of Atmospheric and Oceanic Technology, 9(5): 599-623.

Testud J S, Qury S, Black R A, et al. 2001. The concept of normalized distributions to describe raindrop spectra: A tool for cloud physics and cloud remote sensing. Journal of Applied Meterology, 40(6): 1118-1140.

Ulaby F, et al. 1986. Microwave Remote Sensing, Vol. III. Dedham(MA): Artech House.

Ulaby F T, Moor R K, Fung A K. 1982. Microwave remote sensing: active and passive. Volume II. Massachusetts: Addison-Wesley Publishing Company, 476-495.

Waliser D. 2009. Cloud ice: a climate model challenge with signs and expectations of progress. Journal of Geophysical Research 114: D00A21.

Wang Y, Wang C H. 2016. Features of clouds and convection during the pre- and post-onset periods of the Asian summer monsoon. Theor Appl Climatol, 123: 551-564.

Wang Yu, et al. 2013. Liquid water in snowing clouds: implications for satellite remote sensing of snowfall. Atmos Res, 131: 60-72.

Webster P J, Lukas R. 1992. TOGA COARE—The coupled ocean-atmosphere response experiment. Bulletin of the American Meteorological Society, 73: 1377-1416.

Wertz J R. 1978. Spacecraft attitude determination and control. Dordrecht, Reidel Publishing Company.

Wolff D B, Marks D A, Amitai E, et al. 2005. Ground validation for the tropical rainfall measuring mission. J. Atmos. Ocean. Tech, 22(4): 365-380.

Wood N. 2013. Level 2C Snow-Profile process description and interface control document, available at: http: // www. cloudsat. cira. colostate. edu/dataICDlist. php?go=list&path= /2C-SNOW-PROFILE(last access: 6 January 2015).

Wu H, Adler R F, Tian Y, et al. 2014. Real-time global flood estimation using satellite-based precipitation and a coupled land surface and routing model. Water Resources Research, 50: 2693-2717.

Wu L G, Liang J, Wu C C. 2011. Monsoonal influence on typhoon Morakot(2009). Part I: observational analysis. J Atm Sci, 68: 2208-2221.

Yokoyama C, Zipser E, Liu C T. 2014. TRMM-Observed Shallow versus Deep Convection in the Eastern Pacific Related to Large-Scale Circulations in Reanalysis Datasets. J. Climate, 27: 5575-5592.

Yuan W H, et al. 2013. Diurnal cycle of summer precipitation over subtropical East Asia in CAM5. J Climate, 26: 3159-3172.

Yuter S E, Houze R A Jr. 2013. Measurements of raindrop size distributions over the pacific warm pool and implications for Z-R relations. Journal of Applied Meteorology, 36(7): 847-867.

Zhang D, Wang Z, Liu D. 2010. A global view of midlevel liquid-layer topped stratiform cloud distribution and phase partition from CALIPSO and CloudSat measurements. J Geophys Res, 115: DOOH13. doi: 10. 1029/2009JD012143.

Zhang J Q, Chen H B, Xia X A, et al. 2016. Dynamic and thermodynamic features of low and middle clouds derived from atmospheric radiation measurement program mobile facility radiosonde data at Shouxian, China. Adv Atmos Sci, 33(1): 21-33, doi: 10. 1007/s00376-015-5032-8.

Zhang J Q, Li Z Q, Chen H B, et al. 2013. Validation of a radiosonde-based cloud layer detection method against a ground-based remote sensing method at multiple ARM sites. J Geophys Res, 118: 846-858, doi:

10. 1029/2012JD 018515.

Zhang J, Howard K, Langston C. 2016. Multi-Radar Multi-Sensor (MRMS) quantitative precipitation estimation: initial operating capabilities. Bull. Amer. Meteor. Soc., 97: 621-638.

Zhang C, Sodowsky R C. 2016. Large-scale and convective characteristics of the ITCZ and MJO initiation over the Indian Ocean. 2016 Fall Meeting, San Francisco, CA, Amer. Geophys Union, Abstract A31H-0149.

Zrnic D S. 1975. Moments of estimated input power for finite sample averages of radar receiver outputs. IEEE Transactions on Aerospace and Electronic Systems, AES11 (1): 109-113.

英文缩写与中英文对照表

英文缩写	英文全称	中文全称
ATLID	atmospheric lidar	大气激光雷达
ARMAR	airborne rain-mapping radar	机载雨测绘雷达
AMF	ARM mobile facility	ARM移动设施
ARCs	active radar calibrators	主动（有源）雷达定标器
ARM	atmospheric radiation measurement	大气辐射观测（项目）
BB	bright band	（零度层）亮带
BBR	broadband radiometer	宽带辐射计
CALIOP	cloud-aerosol lidar with orthogonal polarization	云-气溶胶正交偏振激光雷达
CALIPSO	cloud-aerosol lidar and infrared pathfinder satellite observation	云-气溶胶激光雷达和红外探测卫星
CAM	community atmosphere model, version 5	团体大气模式版本 5
CAMEX	convection and moisture experiment	对流和湿度测量试验
CCN	cloud condensation nuclei	云凝结核
CERES	the clouds and the earth's radiant energy system	云和地球辐射能量系统
CMIP 5/3	coupled model intercomparison project	耦合模式比较计划5和3阶段
COARE	coupled ocean-atmosphere response experiment	耦合海洋-大气响应试验
COD	cloud optical depth	云光学厚度
CPR	cloud profiling radar	云廓线雷达
CRM	cloud resolving model	云分辨模式
DAA	discrete dipole approximation	离散偶极近似
DB	double beam	双波束
DF	double frequency	双频
DFRm	measured dural-frequency ratio	双频比值法
DMSP	defense meteorological satellite program	（美国）国防气象卫星
DROP	disdrometer, radar and raingauge observations of precipitation	雨滴谱仪、雷达和雨量计降水观测
DPR	dual-frequency precipitation radar	双频降水雷达
DSD	drop size distribution	雨滴谱分布
D3R	dual-frequency dual-polarized Doppler radar	双频双偏振多普勒雷达

EASM	east Asian summer monsoon	东亚夏季季风
EarthCARE	earth clouds, aerosols and radiation explorer	地球云-气溶胶-辐射探索卫星
ECEF	earth centered earth fixed	地心地固
ECMWF	European Centre for Medium-Range Weather Forecasts	欧洲中期天气预报中心
EFOV	effective field of view	有效视场
EIK	extended interaction klystron	扩展相互作用速调管
EnKF	ensemble Kalman filtering	集合Kalman滤波
EOS	earth observing system	地球观测系统
ESA	European Space Agency	欧洲空间局
ESSP	earth system science pathfinder	地球系统科学计划
FCIF	frequency converter and intermediate frequency	频率转换和中频
FOV	field of view	视场
FPGA	field programmable gate array	现场可编程门阵列
FY	FengYun meteorological satellite	风云气象卫星
FY-3 RM	FengYun-3 rain measurement	风云3号降雨测量卫星
GCE	Goddard cumulus ensemble	戈达德积云模型
GCOM-W1	global change observation mission-water 1	（日本）全球变化观测卫星-水1号
GDWR	geostationary Doppler weather radar	地球静止轨道多普勒天气雷达
GFMS	global flood monitoring system	全球洪水监测系统
GMI	GPM microwave imager	GPM微波成像仪
GNSS	global navigation satellite system	全球定位导航卫星系统
GPM	global precipitation measurement mission	全球降水测量卫星
GPM-CO	GPM Core Observatory	GPM核心观测站
GPS	global positioning system	全球定位系统
GSFC	Goddard Space Flight Center	戈达德空间飞行中心
GV	ground validation	地面验证
HS	high-sensivity scan	高灵敏度扫描
ICSU	International Council of Scientific Unions	国际科学协会理事会
IFOV	instantaneous field of view	瞬时视场
IMERG	integrated multi-satellite retrievals for GPM	GPM集成多卫星反演
IN	ice nuclei	冰核
ISCCP	international satellite cloud climatology project	国际卫星云气候计划

ITCZ	inter-tropical convergence zone	热带辐合带
ITU	International Telecommunication Union	国际电信联盟
IWC	ice water content	冰水含量
JAXA	Japan Aerospace Exploration Agency	日本宇宙航空研究开发机构
JMA	Japan Meteorological Agency	日本气象局
JMANHM	Japan meteorological agency nonhydrostatic model	日本气象局非静力模式
JPL	Jet Propulsion Laboratory	喷气推进实验室
LBL	line-by-line	逐线
LEO	low earth orbit	低地球轨道
LES	large eddy simulations	大涡模拟
LH	latent heat	潜热
LIS	lightning imaging sensor	闪电成像仪
LNA	low noise amplifier	低噪声放大器
LWP	liquid water path	液态水路径/柱量
MCS	mesoscale convective systems	中尺度对流系统
MJO	madden-Julian oscillation	季节内振荡
ML	melting layer	融化层
MODIS	moderate-resolution imaging spectroradiometer	中分辨率成像光谱仪
MPM	an atmospheric mm-wave propagation model	大气毫米波传输模式
MRMS	multi-radar multi-sensor	多雷达多传感器降水产品
MS	matched scan	匹配扫描
MSI	multispectral imager	多光谱成像仪
NASA	National Aeronautics and Space Administration	美国国家航空航天管理局
NICT	National Institute of Information and Communications Technology	（日本）国家情报通信研究机构
NOAA	National Oceanic and Atmospheric Administration	国家海洋和大气局
NPOESS	national polar-orbiting operational environmental satellite system	国家极轨业务环境卫星系统
NPP	NPOESS preparatory project	NPOESS预先项目卫星
NUBF	non-uniform beam-filling	非均匀波束充塞
OLR	outgoing longwave radiation	向外长波辐射
PC	precipitation constellation	降水卫星星座
PDF	probability density function	概率密度函数
PF	precipitation feature	降水特征

PHS	PIN-diode phase shifter	PIN二极管移相器
PIA	path-integrated attenuation	路径总（积分）衰减
PMR	precipitation measurement radar	降水测量雷达
PR	precipitation radar	降水雷达
PRF	pulse repetition frequency	脉冲重复频率
PSCs	polar stratospheric clouds	极地平流层云
PSD	particle size distribution	粒子尺度分布
PSL	peak sidelobe level	峰值旁瓣电平（天线）
QPE	quantitative precipitation estimation	定量降水估计
RADAR	radio detection and ranging	雷达
RCA	relative calibration adjustment	相对标定调整
RCS	radar cross-section	雷达截面
SAR	synthetic aperture radar	合成孔径雷达
SB	single beam	单波束
SCDP	system control and data process	系统控制与数据处理
SCR	signal to clutter ratio	信杂比
SDSU	satellite data simulator unit	卫星数据模拟器
SF	single frequency	单频
SFs	snow features	降雪特征
SI	snow index	降雪指数
SRT	surface reference technique	地面参考技术
SSMI	the special sensor microwave imager	专用微波成像仪
SSPA	solid-state power amplifier	固态功率放大器
SST	sea surface temperature	海表面温度
TMI	TRMM microwave imager	TRMM微波成像仪
TMPA	TRMM multi-satellite precipitation analysis	多卫星降水分析产品
TOGA	tropical oceans global atmosphere	热带海洋全球大气（计划）
TRMM	tropical rainfall measuring mission	热带降雨测量卫星
VIIRS	visible infrared imaging radiometer suite	可见光红外成像辐射计组
VIRS	visible and infrared scanner	可见/红外扫描仪
VPRF	varied pulse repetition frequency	变脉冲重复频率
WPMM	window probability matching method	窗区概率匹配方法